渤海粮仓科技示范工程丛书

黄骅市雨养旱作技术集成

张忠合　杨树昌　主编

中国农业科学技术出版社

图书在版编目（CIP）数据

黄骅市雨养旱作技术集成／张忠合，杨树昌主编．—北京：
中国农业科学技术出版社，2017.7
　ISBN 978-7-5116-3128-2

　Ⅰ.①黄…　Ⅱ.①张…②杨…　Ⅲ.①旱作农业-技术集成-黄骅
Ⅳ.①S343.1

　中国版本图书馆 CIP 数据核字（2017）第 140245 号

责任编辑	鱼汲胜　褚　怡
责任校对	贾海霞

出 版 者	中国农业科学技术出版社
	北京市中关村南大街 12 号　邮编：100081
电　　话	（010）13671154890（编辑室）　　（010）82109702（发行部）
	（010）82109709（读者服务部）
传　　真	（010）82106650
网　　址	http://www.CASTP.cn
经 销 者	各地新华书店
印 刷 者	北京富泰印刷有限责任公司
开　　本	710mm×1 000mm　1/16
印　　张	15.5
字　　数	260 千字
版　　次	2017 年 7 月第 1 版　2017 年 7 月第 1 次印刷
定　　价	59.00 元

《黄骅市雨养旱作技术集成》
编 委 会

主　　任　李国德

策　　划　滕翠林　何寿彪

技术顾问　阎旭东

主　　编　张忠合　杨树昌

副 主 编　郑福敏　张俊彦　黄素芳　岳明强

参编人员　(按姓名拼音排序)

崔素倩	邓淑霞	高　娜	韩　靖	韩　静
胡　玲	焦彦强	李洪义	李孝兰	刘桂英
刘浩升	刘洪波	刘婧婧	刘玉洋	刘振敏
律秀燕	潘宝军	滕义栋	王淑琴	王雪静
许丽平	闫玉英	于荣艳	张国军	张洪梅
赵丽珍	赵振春			

前　言

中国河北省黄骅市辖 10 个乡镇（9 个农业乡镇，1 个渔业乡镇）、327 个行政村，农户 9.3 万户，农业人口 32.3 万人。全市耕地面积 74.06 万亩（1 亩≈667 平方米，15 亩＝1 公顷，全书同），地势低洼平坦，土壤有机质含量低（平均在 1.089%，远低于国家 1.5%～2.0%的中等土肥标准），80% 为盐碱地。属季风型大陆性气候，四季分明，雨量集中，气候干燥，降水不足（年均降水量为 475 毫米），具有春旱、夏涝、秋吊的气候特点。年平均气温 12.1℃，全年无霜期 194 天，年平均日照 2 801 小时。

黄骅市农业种植以小麦、玉米和大豆等传统作物为主。2016 年，全市粮食作物播种面积 110.6 万亩，总产 25.2 万吨。其中，夏粮单产 226 千克，总产 12.17 万吨；秋粮（以玉米、大豆、高粱为主）单产 229.7 千克，总产 13 万吨。

历史上受旱涝盐碱制约，粮食产量低而不稳，农业发展缓慢。近年来，黄骅市着力发挥科技在确保粮食安全的基础支撑作用，全面推进农机农艺结合、良种良法配套。实施渤海粮仓科技示范工程，研究、示范、推广小麦、玉米、高粱、谷子等作物高产新技术、新品种、新模式，示范增产效果明显，2014 年 9 月 4 日，河北省渤海粮仓建设工程观摩推进会在黄骅市召开，副省长沈小平对黄骅市经验做法给予充分肯定。黄骅市推广玉米宽窄行密植技术、小麦缩行增密"六步法"技术、谷子轻简化栽培技术、农机深松技术、测土配方施肥技术 85 万亩，有效改善了耕地质量，提高粮食产能 12% 以上。

为加快推进黄骅市粮食增产增效和现代农业的发展，推进农业供给侧结构性改革和培育发展新功能，实施"藏粮于地、藏粮于技、藏粮于水"战略，充分发挥黄骅市雨养旱作农业的增产潜力，依据近年形成的技术成果，编辑形成了《黄骅市雨养旱作技术集成》一书，供在生产实践中参考应用。

本书共分 11 章，由张忠合指导，其中，1~7 章由杨树昌编写，8~11 章由郑福敏、张俊彦、黄素芳、岳明强等编写。

项目在实施过程中得到了中国农业科学院、河北省农林科学院、沧州市农林科学院等专家的指导和帮助，本书的出版得到了中国农业科学技术出版社大力支持，在此表示衷心感谢。

黄骅市渤海粮仓领导小组办公室

2017 年 1 月 20 日

目　　录

第一章 小 麦

　　小麦是中国最早的栽培作物之一，距今4 000余年历史；也是我国主要粮食作物，播种面积约4.4亿亩，面积和产量仅次于水稻居第二位。在全国粮食消费总额中小麦约占20%，我国以小麦为主食的人口，约占全国人口的1/3，是北方城乡人民的主要细粮。

　　我国栽培的小麦80%以上的是冬小麦，栽培面积约3.4亿亩，其他为春小麦。种植冬小麦面积最多的有河南、山东、河北、山西、安徽、陕西、四川和湖北等省。河北省是我国小麦主产省之一，播种面积和产量均占全国1/10。小麦也是黄骅市主要农作物。

第一节　小麦生产概况

　　黄骅市地貌类型为退海淤积型平原和冲击型平原，海拔1~7米。气候属温暖带半湿润季风气候，因濒临渤海湾略具海洋性气候特征，季风显著，四季分明，夏季潮湿多雨，冬季干燥寒冷，历年平均降水量544.9毫米，年均温12.3℃，年平均日照时数2 801小时，无霜期194天。

　　近年来，黄骅市在普及农业科技，落实惠农政策，优化农机装备和构建产业体系等方面做了大量工作，小麦种植面积常年基本稳定在52万亩左右，尤其是常郭、羊二庄、旧城3个南部乡镇种植较为集中，面积在23万亩左右，由于受水咸地碱、春旱夏涝等自然条件限制，平均亩产约220千克/亩，年总产11万吨以上。2015年种植面积52.72万亩，单产222.8千克/亩，总产117 467吨。虽然黄骅市小麦产量不算突出，但长久以来苛刻环境的择育，造就了黄骅市小麦独特的产业优势。

　　黄骅市地下淡水资源水位较低而且有限，浅层和地表水质pH值和含盐量较高，适合浇灌的水资源较少，农作物水分来源主要靠降雨，适合本地种植的小麦品种主要是冀麦32或其衍生系，种植历史达20多年，该品种抗性较强，耐旱，耐瘠薄，旱年景也能保证平均亩产200千克左右产量，而且，表现出优质中筋小麦的品质特性，其籽粒饱满，光泽透明，富含微量元素和膳食纤维，蛋白质含量高达14%~20%，湿面筋含量达50%以上。该品种加工优势明显，种植面积在黄骅境内能占到80%以上，保证品种纯一性，非常便于收购加工，而且，该品种种植仅限于黄骅境内，具有一定的地域特性，市场开发前景非常好。目前，我们正在积极组织申报地理标识。

第二节　小麦栽培的生物学基础

一、小麦栽培的生物学基础

小麦从播种到种子成熟所经历的天数叫生育期，黄骅市属冬麦区，由于气候条件的差异，小麦生育期长短不同，小麦生育期大都在250~270天。小麦在整个生育过程中，根据外部形态特征呈现的显著变化，可以分为以下几个物候期。

1. 播种期

记载播种的日期，用年、月、日表示。

2. 出苗期

小麦的第一片真叶露出地面2~3厘米时为出苗标准。田间有50%以上的麦苗达到出苗标准时为出苗期。适时播种的冬小麦，一般播种后6~7天出苗。

3. 三叶期

田间有50%以上的麦苗，主茎上生长的第三片绿叶长2~3厘米时为三叶期。

4. 分蘖期

田间有50%以上的麦苗，第一分蘖露出叶鞘2~3厘米时为分蘖期。适时播种的冬小麦，出苗后15天左右分蘖。

5. 越冬期

越冬前气温下降到2~4℃，植株基本停止生长时的日期为越冬期。一般年份自11月中下旬到翌年2月底，约3个月的时间。

6. 返青期

50%以上的植株主茎心叶（跨年度生长的叶片）长出1~2厘米，麦苗仍呈匍匐状为返青期。

7. 起身期

麦苗由匍匐状开始直立生长，主茎第一片叶叶鞘拉长，并和年前最后一片叶的叶耳相差 1.5 厘米左右，内部分化处于二棱期。

8. 拔节期

田间有 50% 以上的植株主茎第一节露出地面 1.5~2 厘米时，即为拔节期。

9. 挑旗期

田间有 50% 以上的旗叶（又叫剑叶）叶片全部伸出叶鞘为挑旗。

10. 抽穗期

田间有 50% 以上的植株穗子其顶端（不包括芒）由旗叶叶鞘伸出 1/3 时为抽穗期。

11. 开花期

有 50% 以上的麦穗开始开花即为开花期。

12. 灌浆期

籽粒开始沉积淀粉粒，用手捏时胚乳呈浆糊状即为灌浆期。一般在开花后 10 天左右。

13. 成熟期

籽粒蜡熟末期。

小麦从种子萌动到成熟有其固有的生育特点。其生物学特性如下。

（一）小麦耐低温

小麦耐低温，它播种时的适宜温度为 18~14℃，分蘖的适宜温度为 15~6℃。温度降至 0℃ 时停止生长，冬季又能耐 -30~-20℃ 低温。早春，当别的作物还没有播种时，它随温度的回升，0℃ 时便开始缓慢生长。2~4℃ 即返青，6~8℃ 起身，10~12℃ 拔节，18~22℃ 抽穗开花。灌浆成熟时的适宜温度为 20~25℃，温度超过 25℃，不利灌浆和正常成熟。

（二）小麦须根多、扎得深

小麦是须根系作物。其根系由种子根（初生根）和次生根（不定根）组成。种子根细而坚韧，倾于垂直分布，一般生 3~5 条，最多的可达 11 条。越冬前每昼夜可长 1.5~2.5 厘米，越冬前可扎深 50~70 厘米以上，到拔节时入土深度可达 2 米以上，以后不再生长。次生根着生在分蘖节上，与种子根相比，较粗壮，上面长有根毛，次生根生长比种子根慢，入土深度较浅，越冬前入土深约 20 厘米，越冬期间可达 30~50 厘米，开花时可达 90 厘米左右。次生根的多少与品种、播期、基本苗、土质、地力、肥水等密切相关。次生根的生长有两个高峰，一是越冬前分蘖期，它伴随分蘖而发生，两者呈显著的正相关关系，高产田的根蘖比多在（1.1~1.2）：1 以上；二是春季分蘖期，从返青到拔节是次生根发根力最旺盛的时期，常超过总次生根数的 40%~50%，其特点是不仅伴随春季分蘖而发生，当分蘖产生两极分化后，它不因分蘖死亡而消亡，还能继续增加。拔节以后，随着茎、穗的生长发育，次生根生长开始变慢，但在高产田中仍可伴随节间的伸长继续生长至开花或灌浆期，其数量约占总次生根数的 25%。根多对高产极为有利。小麦根系还可随耕层深度的增加而向下深扎，根量也随之增加。小麦的根系有 60% 左右分布在 0~60 厘米土层内，20~40 厘米内的根约占 30%，40 厘米以下的约占 10%。小麦生育前期，根系多密集在 0~30 厘米，占总根量的 80%~90%；拔节后，根系向深处发展，在 0~30 厘米的根系下降到 70% 左右。由于小麦根多、量大、扎得深，从而扩大了肥水吸收范围，对促根增蘖，提高产量，关系甚大。如果深翻结合分层施肥，更能诱引根系下扎，增产幅度更大。

（三）小麦生育期长、分蘖调节能力强

小麦生育期一般为 250 天，播种晚的也有 200 天左右。正常播种的小麦一般都具有越冬前和早春两次分蘖高峰，可塑性大，调节能力强。它能根据播期早晚、地力高低、肥水多少、播量大小以及播种方式的不同，自动调节分蘖的多少。同样条件下，适期早播的越冬前分蘖多，年后分蘖少；反之，播期愈晚，越冬前分蘖愈少。年后分蘖虽不按比例增加，但也相应增多。不同地力肥水条件下播种，地力高、肥水足的分蘖多；反之，分蘖少。亩播量少的单株分蘖多，其群体相对小；亩播量多的单株分蘖少，而群体相对大；亩播量与单株分蘖呈显著的负相关关系，而从不同播量的群体比较来看，差异又不十分显著。这些特点说明小麦对环境条件有较强的适应性，表现在生产上有较大的回旋余地，即使在小麦生产的某个环节上出现了失误，也可有较多的弥补机会，对实现高产、稳产非常有利。

（四）小麦阶段发育

研究和实践证明，小麦一生需经过数个循序渐进的质变阶段，才能完成个体发育，产生种子。这种不同阶段的质变过程称为阶段发育。小麦一生可分为春化（感温）和光照（感光）两个阶段。两者在进程中有严格的顺序性，前一个不通过，后一个就无法进行，但可停滞，不能后退、逆转。因此，掌握阶段发育特性，对小麦高产栽培尤为重要。

1. 春化阶段

小麦从种子萌动到分蘖期间，需要经历一定时间的低温条件，才能形成结实器官，这段低温时间叫作春化阶段（感温阶段）。春化阶段所需要的温度、时间因品种类型不同有明显的差别，一般可分为3类：

（1）春性品种　春化温度为3~15℃，时间一般为20~30天。

（2）半（弱）冬性品种　在0~7℃条件下最适于春化的进行，春化时间15~35天。

（3）冬性品种　春化适宜温度0~30℃，春化时间需30~50天。

2. 光照阶段

小麦通过春化阶段后，必须经过较长时间的光照才能抽穗，这一阶段称为光照阶段。该阶段对日照的长短反应不同，大体也可分为3种类型：

（1）反应迟钝型　在每日8~12小时的日照条件下，需16天左右通过光照阶段而抽穗。该类对日照的长短反应不敏感，春性品种多属这一类型。

（2）反应中等型　在每日8小时左右的日照条件下不抽穗，每日12小时左右的日照条件下，约经24天的时间即能正常通过光照阶段而抽穗。半冬性品种属于此种类型。

（3）反应敏感型　在每日8小时和12小时日照条件下都不能抽穗，要在每日12小时以上的日照条件下，经过30~40天才能完成光照阶段而抽穗。冬性品种多属这种类型。

3. 阶段理论的应用

小麦阶段发育规律，是小麦最基本的生物学规律，了解和应用这个规律，对小麦品种选择和采取相应的栽培措施，夺取小麦高产、稳产，都具有实践意义。

（1）引种和调种工作　运用阶段发育理论知识，可以知道为什么北方的冬性小麦品种和南方的春性小麦品种不能随便引种和调种。如北方的冬性小麦品种引种到南方，由于南方冬季气温较高，不能通过春化阶段，麦株一直处于分蘖状态而不能拔节抽穗；而把南方的春性小麦品种引种到北方，由于春性小麦品种春化时间短，对温度要求又不严格，越冬前就可通过春化阶段而拔节，拔节后抗寒力迅速降低，就会造成越冬死亡。所以，引种在同一纬度地区比较容易成功。

（2）品种搭配　春霜冻害或"倒春寒"常发地，应选用在光照阶段对温度条件要求较高，对短日照具有高度敏感的品种，使其植株在早春期间不会过早地进入光照阶段，推迟拔节，从而，避免或减轻春霜冻害。

（3）栽培技术　根据阶段发育规律，可以较好地确定不同品种的播期、播量和管理措施。一是确定播期。半冬性品种，在黄骅市适期播种和早播情况下，由于它春化时间较短，在越冬前极易通过春化阶段而起身拔节，植株抗寒力降低，容易发生冻害和死苗。所以，种植半（弱）冬性品种播种时应适当晚播，使其在即将进入越冬期时通过春化阶段，从而防止冻害和减轻冻害。二是确定播量。根据阶段发育原理，一般冬性品种分蘖力强，半冬性品种居中，春性品种最弱。因此，在播量确定上一般冬性品种宜少，半冬性品种播量可适当增加。三是在肥水运筹上。肥水可以延长光照阶段发育。春季如果阴雨天气多、光照少、气温低，则小麦抽穗延迟。土壤水分状况能显著影响光照阶段的进行。土壤水分稍有不足，小麦生育减慢，但能加速光照阶段的进行；若旱情发展到一定程度，光照阶段进行的速度反而减慢。土壤施用氮素肥料过多，可以延缓光照阶段的进行；施用磷、钾肥较多，可加速光照阶段的进行。因此，合理运筹肥水是使光照阶段正常进行，保证适期成熟，达到增粒、增重实现高产的重要措施。

（五）利用叶、蘖生长特点建立高产群体结构

前已述及，小麦分蘖的可塑性大、自动调节能力强对小麦生产比较有利。下面再分析一下叶、蘖的生长与建立高产群体结构的关系。

1. 叶、蘖的生长与同伸

（1）叶的生长　叶的生长过程是由叶尖向基部逐渐伸长展开，先长成叶片，后长叶鞘，等到叶片全部展开，基部可见叶耳和叶舌时，叶达到最长。小麦一生主茎分化叶数的多少受品种、播期、气候及栽培条件的影响较大。但在一定的生态条件下，有其较稳定的主茎叶片数。适期播种的冬小麦，因生育期长，主茎叶片数多为 12~14 片，其中，越冬前长 4~7 片。小麦叶片因着生部位不同可分为近根叶和茎生叶两组。近根叶即着生在分蘖节上属丛生的叶，是从出苗到起身陆续长出的叶片。它的功能主要在拔节之前，以其光合产物供应分蘖和根系生长，部分碳水化合物贮存在分蘖节和叶鞘中，为安全越冬和返青生长奠定物质基础。拔节之后随中部叶片的建成，其功能相继减弱，乃至衰老死亡。茎生叶是与伸长节间同节位的叶，一般长 5 片，着生于靠下 3 节的称中部叶片，生于靠上 2 节的称上部叶片。中部叶片是小麦起身到拔节期形成的，其光合产物主要供给茎秆伸长与麦穗发育。其功能期的长短，主要取决于群俸大小与肥水状况。群体适宜，肥水充足，功能期长，茎秆就健壮，小穗、小花分化得多；反之，茎秆细弱，穗、花分开得少。上部叶片主要指旗叶和倒二叶，它们生于拔节后期至挑旗期。其光合产物除供应节间伸长和麦穗的进一步分化发育外，主要用于开花结实和籽粒灌浆。

（2）分蘖的生长　分蘖着生于分蘖节（由一群节间极短的节组成）上。分蘖的多少、大小、壮弱对群体的发育与成穗数的多少有密切关系。掌握分蘖发生与发展的规律，可以合理地控制群体，协调穗、粒、重的矛盾，为保证高产提供依据。

适期播种的冬小麦，一般出苗后 15 天左右长出 3 片绿叶（称三叶期）。当长到 3 叶 1 心（15~20 天）时，若肥水适宜，气温正常，便从第一片绿叶的叶腋中长出第一个分蘖。随着叶片的生长，越冬前每长一个分蘖约需 0℃以上的积温 30℃左右；越冬前长的分蘖数约占总分蘖数的 70%~80%。冬季若遇暖冬也有少量分蘖发生。春季返青至起身、拔节期间，随着温度的回升，所产生的分蘖数多，为总分蘖数的 20%~30%。然而，冬、春分蘖的多少与地力、肥水、品种、播期、播量等关系甚大。一般情况下，地力高、肥水足、播期早、播量小的冬性品种，越冬前分蘖多，反之分蘖少。春季分蘖除与越冬前影响分蘖的因素有关外，还与越冬前分蘖多少有关，越冬前分蘖多的春季分蘖少，越冬前分蘖少的春季分蘖就多。

小麦的分蘖，根据产生的部位不同又可分为分蘖节分蘖和胚芽鞘分蘖。前者是由分蘖节上各叶腋里长出的分蘖，系各类麦田的主要分蘖，一般越冬前每株可生出 3~5 个，高产田可生长 8~10 个以上。后者是指由胚芽鞘腋里长出的分蘖，一般麦田极少发生，只有在地力高、肥水足和播量较小、播种较浅的情况下才较多发生。

小麦由于分蘖的位次、时间有异，故又有低位蘖和高位蘖、越冬前蘖和年后蘖之分。低位蘖从第一叶下方的不完全叶及早生叶先长出，因出生的位置低而得名，又因生得时间早、长得大，所以也称大蘖；反之，从较晚出生的叶片（包括不完全叶）长出的分蘖，因时间晚、位次高，长得小，故叫高位蘖或小蘖。至于越冬前蘖和年后蘖，既含时间概念，也是大小的区分。不同的分蘖，都有其重要的意义，一般情况下，低位蘖、大蘖、越冬前蘖在群体发展中易成穗，成大穗；而高位蘖、大蘖、越冬前蘖在群体发展中易成穗，成大穗；而高位穗、小蘖、年后蘖不易成穗，但对越冬前培育壮苗、增加根条数和年后吸收肥水供给主茎及大蘖成穗也甚为有利。

（3）叶、蘖同伸　在正常情况下，当叶片长至 3 叶 1 心时，长出第一个一级分蘖；当长至 4 叶 1 心时产生第二个一级分蘖；当长至 5 叶 1 心时，产生第三个一级分蘖，此时第一个一级分蘖即产生第一个二级分蘖；当长至 6 叶 1 心时，主茎第三叶腋产生第四个一级分蘖，此时第二个一级分蘖产生它的第一个二级分蘖，同时第一个一级分蘖产生它的第二个二级分蘖，依此类推。据此，在小麦高产栽培中，为了建立合理的群体动态结构，即需依据叶、蘖的同伸规律，参照当地越冬前0℃以上积温多少，于分蘖后及时察看小麦叶蘖的实际生长状况，以便及早采取肥水、深耘等调控措施，使其群体沿着预定的合理进程向前发展，以求高产目标的实现。

2. 壮苗标准与途径

小麦壮苗与种子饱满度以及土、肥、水、气候和温度等多种因素有关，而在诸因素中尤越冬前积温最为重要，故适期播种成为越冬前培育壮苗的关键。当前，衡量壮苗的标准，一是糖分含量，一般壮苗叶、蘖含糖量高，浓度大，抗冻能力强，易安全越冬；二是麦苗长相，多以苗色、叶型、叶数、蘖数和次生根数为指标，并以越冬前积温来概算。现以分蘖穗为主（精播），主、蘖穗并重（半精播）和以主茎穗为主（独秆麦）3条高产途径分述。

（1）精播壮苗　越冬前要求叶色油绿，匍匐生长，一般长出5叶1心至7叶1心，生长5~10个以上的分蘖，长次生根6~12条以上，使根、蘖比达到（1.1~1.3）:1。越冬前0℃以上积温宜在600~700℃以上。

（2）半精播壮苗　越冬前要求叶色油绿，匍匐生长，一般生出4叶1心至6叶1心，产生3~6个以上的分蘖；次生根3~6条以上，根、蘖比达1~1.1:1。越冬前0℃以上的积温为500~600℃。

（3）常量播壮苗　越冬前要求叶色青绿，半匍匐或匍匐生长，一般长出3叶1心至4叶1心，生长2~3个分蘖，次生根2~3条，根、蘖比为1:1左右。群众称该苗为"鸡爪墩"苗。需越冬前0℃以上的积温为400~500℃。实践证明，以上3种苗情，在较好地力基础上，若能采用适宜的配套技术，其穗、粒、重的乘积相近，均可实现亩产500千克左右的高产指标。

3. 群体结构与高产

高产小麦合理的群体结构，是充分利用地力、光能，协调苗、株、穗、粒，达到增穗、增粒、增重，实现小麦高产、稳产的中心环节。单位面积的产量取决于亩穗数、穗粒数和粒重的乘积。群体是由个体组成的，小麦因个体（壮苗）的多少，而形成了不同的群体结构。据小麦高产实践的调查，其群体结构的变幅是相当大的，亩基本苗从12万左右到50万，越冬前群体从60万~80万，亩穗数从40万~60万。在群体相差悬殊的情况下，基本上都可达到高产。通过归纳分析，纵然高产群体动态范围有很大差别，但其叶面积系数（全田小麦叶面积的总和除以土地面积所得的商）却差异较小，且生育期愈后差异愈小。因此，高产群体是有明显的规律和严格的原则的，不同的表现，只是采取了不同的高产途径所致。

4. 幼穗分化与增粒

（1）穗分化与冻害 黄骅市种植的小麦品种多为冬性、半冬性品种。在常年气候条件下，冬性品种春化时间长，穗分化在翌春返青开始，较易安全越冬；半冬性类型品种春化通过快，穗分化开始早，一旦播种偏早，穗分化进入二棱期（起身拔节），抗冻能力大减，如遭遇零下10℃、持续5小时的低温，幼穗就易受冻。因此，要因地制宜地选用品种、确定播期，做到品种与播期相配套。

（2）穗分化与增粒 小麦穗分化的进程，年际间、品种间差异较大，主要原因是受当时的气温和品种遗传力的影响。穗分化从年后开始，一般伸长期需3~6天，单棱期历时8~12天，二棱期6~18天，护颖分化期3~6天，小花分化历时5~9天，雌雄蕊期6~12天，药隔期6~9天。不同品种、播期间都有前期差异较大，后期逐渐趋向一致的特点。所以，在管理上要满足穗分化期间的肥水供应。小麦穗分化，在黄骅气候和高产栽培条件下，同品种年际间的小穗数、小花数基本上是稳定的。争取穗大粒多的关键是减少不孕小花数，提高结实率。高产麦田拔节至孕穗期追肥浇水，可减少小穗退化，增加粒数。小穗退化处在拔节至拔节后的3~5天，即是生长春4叶至春5叶间；小花退化多处于孕穗至开花期，期间要加强肥水管理，满足营养需要，起到增小穗、增粒数的作用。

5. 籽粒灌浆与成熟

小麦籽粒灌浆阶段的气候特点是气温高，湿度小，常受干热风危害，导致粒重下降。据测定，小麦开花受精后，经10~12天籽粒外形基本形成，这段时间为籽粒形成期。该期籽粒的含水率高达70%以上，干物质增长缓慢，千粒重日增量一般1.2~1.4克。此阶段干物质积累量约为全量的30%。乳熟期历时12~16天，此期含水率缓降为45%左右，籽粒灌浆强度大，千粒重日增1.5~2.5克以上，至乳熟末期干物质积累是超过全量的80%。蜡熟期6~8天，含水率继续降低，干物质积累量显著减慢，日增0.3~0.4克。到蜡熟末期籽粒变硬成熟，干物质积累达100%，含水率降至20%左右，即需抓紧收获。小麦籽粒干物质积累的全过程是开始慢、中间快、后期又慢。籽粒干物质积累的主要来源，一是抽穗前在茎鞘等营养器官中蓄存的物质，二是抽穗后植株绿色器官所形成的光合产物。前者占2/3以上，其中，上部叶片起重要作用，尤其是旗叶，输入籽粒的光合产物占籽粒干物质总量的1/3以上。据资料，来源于穗部的光合产物占29.5%，旗叶约占37.4%，穗下节间的约占20.3%，前三项合计为87.2%，其余来自倒二叶和倒二节间。总之，上部3片叶和穗部对籽粒形成和灌浆强度影响很大，故应注意保护这几片叶子和穗部不受损害，维持较长的绿色功能期限，以发挥其对提高粒重、实现高产的作用。

小麦灌浆阶段的适宜温度为20~22℃，如气温高于25℃，会失水过快而缩短灌浆过程；温度低于18℃，灌浆强度降低，也会影响粒重。小麦成熟前根系活力降低，如降水20毫米以上，使土壤水分增多、空气减少，麦根呼吸受阻，极易窒息死亡，造成青枯，粒重下降；特别雨后高温（28℃以上），"迫熟"现象更为明显，有"霜雨"之称。所以，后期麦田浇水不宜太晚，以免影响粒重的提高。

二、小麦对土、肥、水条件的要求

（一）高产小麦对土壤条件的要求

冬小麦对土壤的要求并不十分严格，各种类型的土壤都可以种植冬小麦，但从全国各地创高产的实践来看，提供良好的土壤条件，是争取小麦高产、稳产的重要基础。

1. 深厚疏松耕作层

小麦根系十分发达，深扎1米多，甚至2米以上，但主要分布在0~60厘米，其中，0~20厘米土层内占全部根量的60%，20~40厘米土层内占30%左右，从这两种土层吸收无机营养分别占总吸收量的47%和30%左右，也就是将近80%的养分是在40厘米内吸收的。目前一般大田耕层厚度在20厘米左右，限制了根系吸收肥水范围。因此，要积极创造条件，加深耕作层，从而提高土壤蓄水、蓄肥性能，增强保肥、保水能力，有利于根系发育，提高产量。

2. 土质肥沃，结构良好

土质肥沃主要是指土壤中含有丰富的有机质和各种有效养分。有机质的多少，是衡量土壤肥力高农业实用技术低的重要标志。土壤耕层有机质多，质地疏松绵软，标志着土壤结构良好，有利于蓄水、保肥，最适宜小麦生长。据调查，小麦亩产400千克以上的高产田，土壤有机质含量大多在1%以上，亩产500千克以上的高产地块土壤有机质含量在1.1%~1.5%，含氮量为0.07%~0.11%，含磷量在0.02%以上。有机质含量高的土壤，夏季地温低，冬季结冻晚，冻层浅，早春解冻早，对小麦生育极为有利。因此，要改善土壤结构，提高土壤有机质含量，途径就是增施有机肥，秸秆还田和种植绿肥作物。

3. 质地良好

质地不同的土壤，其养分、水分、耕性、生产性均不相同。黏土，结构紧密，通透性不良，宜耕性差，前期不发苗，后期易晚熟；沙土地结构松散，保肥、保水能力差，冬季易遭风蚀死苗，前期易发苗，中期易脱水、脱肥，后期易早衰。壤土最适宜小麦生长，因为，壤土结合了黏土、沙土的优点，免除了它们的缺点，因此，肥力状况与土体结构性状最好，土层上虚下实有利于增根长蘖，最适宜小麦生长。

（二）小麦对肥料的要求

1. 小麦的需肥种类

小麦是一种需肥较多的作物。在它的生长发育过程中需从土壤中吸收氮、磷、钾、钙、铁、硫、锰、锌、铜、硼等元素。其中，以氮、磷、钾需要量最大，土壤中如缺乏，要依靠施肥来补充。所以，通称氮、磷、钾为肥料三要素。对钙、铁、硫、镁等元素需要量很少，一般可以从土壤中得到满足。对锰、锌、铜、钼、硼等元素的需要量虽然极少，但缺少了，小麦生育就会失调。总之，这些元素对小麦的生长发育所起的作用不同，不能互相代替，而且，受最小要素限制，应该配合施用，才能达到良好增产效果。

2. 小麦产量与需肥量的关系

小麦一生对氮、磷、钾的需要量受品种、生产条件及栽培技术水平的影响很大。综合各地资料，一般每生产 50 千克小麦籽粒，需要从土壤中吸取纯氮 1.5 千克、五氧化二磷 0.5～1 千克、氧化钾 1～2 千克。氮、磷、钾的比例约为 3∶1∶3。随着小麦产量水平的提高，需肥量也逐渐增大，两者呈正相关。据各高产单位的经验，在土壤肥力较高的情况下，亩产千克小麦大致需纯氮 15～17.5 千克、五氧化二磷 7.5～10 千克、氧化钾 15～20 千克。

3. 小麦各生育期需肥量

小麦不同生育阶段对氮、磷、钾吸收量不同。从出苗到返青，植株生长小，吸收氮、磷、钾的数量较少，依次占该元素总吸收量的 17.04%、11.11% 和 9.5%。此期，虽然需磷少，但磷对促进小麦分生组织的生长分化及对增根生蘖有显著效果，所以播种小麦时要深施磷肥作底肥或种肥。返青以后，随着植株的生长吸收氮、磷、钾又逐渐增加，从拔节到开花是小麦一生生长最快的时期，也是对氮、磷、钾吸收率增长最快的时期，到开花期氮、磷、钾的吸收量分别达到总吸收量的 71.9%、92.59% 和 100%，其中，钾肥到了需肥的顶点。开花到成熟，主要是生殖生长阶段，需氮素较多，仍占总肥量的 28.03%，磷肥较前减少，钾肥产生了倒流。

（三）小麦对水分的要求

由于受大陆季风气候的影响，黄骅市降水量分布很不均衡，春、秋、冬降水少，夏季多雨，有"春旱、秋吊"的特点。在小麦生长季节里，降水很少，经常受到水分的威胁。群众根据常年生产实践经验，把小麦对水分的要求，概括为"麦收八、十、三月雨"，"灌浆有墒，籽饱穗方"。说明土壤水分状况不但影响小麦对水分的需要，也影响土壤养分、空气、热量等肥力因素。因此，根据小麦的需水规律，通过合理灌水，调节土壤水分状况是获得小麦高产、稳产和降低成本的重要措施。

1. 小麦的耗水量和耗水系数

小麦的耗水量（需水量）是指小麦一生期间麦田的耗水总额，一般小麦一生总耗水量为 400~600 毫米。它是由地面蒸发和植株蒸腾两部分组成。地面蒸发耗去的水量占小麦一生总耗水量的 30%~40%，冬小麦由播种到第二年起身以前，地面蒸发大于植株蒸腾，地面蒸发是对植株无利的水分损失，因此，冬、春对麦田进行中耕、锄化等保墒措施，以减少地面蒸发，是小麦田间管理的重要措施。植株蒸腾消耗的水分占小麦总耗水量的 60%~70%，是小麦正常生长发育所必需的生理需水，麦田地面蒸发随植株的生长而减少，植株蒸腾则随植株的生长而增加，并到孕穗至开花期间达到最大值，在高产情况下虽总耗水量有所增加，但植株无利水分散失小，对水的有效利用提高。小麦耗水量随着产量的提高而增加（一般每生产 100 千克小麦籽粒，耗水 74~150 立方米），但耗水系数（即每生产 1 千克小麦籽粒的耗水量）却相对较低。

小麦耗水系数（K 值）＝麦田单位面积总耗水量/单位面积产量

据资料，每生产 100 千克小麦籽粒，耗水量在 74~150 立方米，而小麦耗水系数随着产量提高而逐渐下降。在低产条件下，小麦耗水系数可达 1 000~1 500，而在高产条件下为 740。

2. 冬小麦各生育期对水分的需求

冬小麦在不同生育时期，对土壤水分的需求不同，播种至越冬期间耗水量占全生育期的 15.8%~27.6%，越冬至返青占 5.4%~7.6%，返青至拔节占 10. 9%~12. 1%，拔节至开花占 24. 5%~34. 1%，开花至成熟占 29. 1%~ 32. 5%。因此，播前一定要足墒播种，无墒不种麦。越冬到返青期，由于低温影响，小麦基本处于停滞生长状态，需水量最小。返青到拔节，因气温处在回升阶段，小麦要返青、分蘖、起身，生长量和需水量较越冬前明显增多。拔节到成熟的 2 个月，尤其从拔节到开花的 1 个多月，是小麦生殖生长和营养生长最快的阶段，也是需水量最多的时期。

三、冬小麦栽培技术

（一）做好播前准备

1. 深耕

随着种植制度的改革，复种指数的提高，复种面积不断扩大，由于农时季节紧，一年中，只有种麦前一次深耕整地机会，整地质量好坏，不仅直接影响着小麦的产量，而且，还关系下茬作物的生长，所以，小麦播种前的深耕整地关系全年产量，必须予以足够重视，确保整地质量。

深耕可以改良土壤结构，增强保水、保肥性能，促进有机质分解，提高土壤肥力。根据各地耕作水平，一般要求深耕 20~27 厘米，深耕要细，土垡要小，防止漏耕，水利条件差的地区宜浅耕或以耙代耕。

整地标准是："深、细、透、平、实、墒"。深：就是要在原有的基础上逐年加深耕作层，不宜一次耕得太深，以免翻出大量生土，不利当年增产。细：就是把土块耙碎，没有明暗坷垃。坷垃多的地，不仅容易跑墒，影响出苗，造成缺苗断垄，而且影响扎根，麦苗生长瘦弱，冬季易遭受冻害。透：就是耕耙透，不漏耕、漏耙。平：就是耕前粗平，耕后覆平，作畦后细平，使耕层深浅一致，达到上平下也平。实：就是表土细碎，下无架空暗垡，达到上虚下实。如果土壤不踏实，播种深浅不一，出苗不齐，容易失墒。墒：就是底墒要足，以利小麦发芽出苗和幼苗生长。

2. 施足底肥

小麦是需肥量较多的作物。为使小麦在越冬前能够很好地出苗、分蘖和扎根，长成壮苗，安全越冬，并满足以后各生育期对养分的需要，必须施足底肥。特别是旱地麦，由于冬、春雨雪稀少，表土比较干旱，追肥施入较浅，不易发挥肥效，施足底肥就显得更为重要。底肥要以腐熟的有机肥料为主，配合施用底化肥。有机肥料可以培养地力，改良土壤结构，使沙土变黏，黏土变沙，并能增加土壤蓄水、保温、防旱的作用。盐碱地多施有机肥，还可减轻盐碱为害。

施用磷肥作基肥，也是一项显著的增产措施。随着小麦产量的提高，氮肥施用量增加，土壤中有效磷愈来愈显不足。麦田施用磷肥，普遍都有增产效果，特别对盐碱地、旱薄地等严重缺磷的土壤更应多施。

目前，在高产麦地，沙质土壤上，钾肥已有显著的增产表现，这是值得注意的一个动向。一般亩产 500 千克地块，需亩施有机肥 4 立方米以上，纯氮 13~17 千克，五氧化二磷 7~8 千克，氧化钾 6~8 千克，硫酸锌 1.5 千克；亩产 300 千克地块，需亩施有机肥 3 立方米以上，纯氮 12~16 千克，五氧化二磷 7~10 千克，氧化钾 3~4 千克，硫酸锌 1 千克。施肥原则是：有机肥、磷肥、钾肥全部底施，锌肥可作种肥。氮肥高产田 50% 底施，中产田 70% 底施，旱薄地全部底施。

3. 浇足底墒水

黄骅市入秋以后降水量逐渐减少，一般当秋作物收获后，土壤墒情已显不足，浇足底墒水，不仅满足小麦发芽出苗和苗期生长的需要，而且为中、后期生长奠定良好的基础。小麦种子发芽的临界土壤含水量一般为 15%，土壤含水量低于 17%~18% 时，就应浇底墒水。在秋作物收获较晚的地区，为了争取时间，在前茬作物收获之前，可以带茬洇地，腾茬后即可整地播种；对腾茬较早的地块，在不误适时播种的情况下，也可先耕后洇，待墒情适宜时，再行整地播种。底墒水要浇足，浇水量每亩 60 立方米左右。但在秋雨较多的年份，也要防止底墒水与秋雨相连，延误播期。对于灌溉条件较差或根本不能灌溉的旱地，一方面要多保蓄伏雨、秋雨，防旱蓄墒，另一方面要抢墒播种，采取快收快耕不晾茬，随耕随耙不晾垡，尽量提高播种质量，确保全苗。

（二）选用优良品种

优良品种是小麦增产的内因。能否实现高产，首先决定于品种的生产潜力。各地高产实践证明，有了优良品种，在不增加劳力、肥料的情况下，只要科学管理也可获得较高的产量。在相同的自然和栽培条件下，优良品种可比一般品种增产 10%~15%。因地制宜选好、用好品种，是实现小麦高产、稳产、优质、高效的重要环节。

1. 优良品种的特性

一个优良的小麦品种，必须具备 3 个基本特性：高产性、稳产性、适合当地的种植制度。

高产性就是从直接构成产量的 3 个因素，即亩穗数、穗粒数和粒重来看，必须一个因素突出，其他两个因素比较协调，三者乘积值最大，产量最高。

稳产性就是要求具有较强的抗逆性能，在不利的环境条件下仍能保持较高的产量。只具高产性，不具稳产性的品种，也不能在一个地区长期种植。稳产性能包括抗病性、抗干热风性、抗倒伏性、抗寒性等。就黄骅市来讲，要特别注意品种的抗寒性能。因为黄骅市冬、春严寒少雪，冻害经常发生，不抗寒的品种常因冻害而减产。因此，在品种选择上，应把抗寒性强的冬性品种放在首位。同时，黄骅市在小麦灌浆期间经常发生干热风危害，使许多品种因灌浆不饱满而减产。因此，更应注意品种的抗干热风性能。优良品种还必须适合当地的种植制度。如果某一品种高产又稳产，但不适合当地的种植制度，仍不能大面积推广。

2. 正确使用优种

为了充分发挥优良品种的增产作用，在使用优种时应注意 3 个问题：第一，要合理搭配，防止多、乱、杂。品种合理搭配可以减少自然灾害所造成的损失、利于调节劳动力，做到不违农时，品种单一化往往会造成全面减产。所以，一个乡、村都要有一个全面规划，明确哪些是当家品种，哪些是搭配品种。第二，良种要和良法配套。群众讲："良种是个宝，还得种得好"，这说明良种必须配良法。良种、良法配套要处理好 4 个关系：一是品种和地力的关系，注意品种与地力相适应；二是品种和播期的关系，要根据品种的生育特点确定适宜的播期；三是品种和密度的关系，根据品种分蘖力强弱、株型等特性，结合地力和栽培管理条件确定合理的播种量；四是品种和管理的关系，田间管理要适应品种的特性，以充分发挥其优点，变不利因素为有利因素。第三，良种的使用应保持相对稳定，以持续不断地发挥良种的增产潜力。

3. 当前推广的优良品种

冀麦 32（73-321）、捷麦 19、沧麦 6005、沧 6001 等。

4. 种子处理

小麦播前进行种子处理，方法是：

（1）晒种 晒种可以促进种子后熟，提高种子生活力和发芽势，使其出苗快而整齐。特别是对成熟度较差或贮藏期间吸湿回潮的种子，晒种效果更好。晒种方法：将种子摊在席子或土场上，厚度以 4~6 厘米为宜，每天翻动几次，使其受热均匀。夜晚堆盖好，连晒 2~3 天即可。注意不要把种子放在水泥地上晒，以防温度过高，烫伤种子。

（2）药剂拌种　药剂拌种对防治地下害虫效果良好。方法是用灭幼脲500倍液拌种，拌后堆闷4~6小时后晾干，即可播种。

（3）精选种子　通过精选，清除种子中的杂物和秕粒，留下整齐饱满的、粒大粒重的籽粒作种用，达到苗齐、苗壮的目的。

（三）提高播种质量

"麦好在种，贵在适时"，可见种好小麦是夺取小麦丰产的前提条件。所谓种好，就是在做好播前准备的基础上，做到适期播种，合理密植，提高播种质量，实现苗全、苗匀、苗壮的要求。

1. 合理密植

（1）什么是合理密植　合理密植就是使小麦植株在单位面积和空间上有一个合理的分布，在现有条件下，使群体与个体、地上与地下、营养器官与生殖器官等都能得到协调的发展，从而经济有效地利用地力和光能，提高光合生产效率，最后达到秆硬不倒，穗足、穗大，粒多、粒重，高产、优质的目的。

（2）怎样实现合理密植

①确定合理的基本苗和播种量　确定基本苗和播种量按"以田定产，以产定穗，以穗定苗，以苗定播种量"的原则进行。以田定产，以产定穗：就是根据麦田肥力高低和施肥多少来确定产量水平，再根据产量水平和选用品种的特性确定合理的亩穗数。如水肥条件好的麦田，一般亩产量水平定为400千克以上，其合理的亩穗数是：多穗型品种45万~50万穗，每穗24~26粒；大穗型品种每亩40万~45万穗，每穗26~29粒。正常亩穗范围内，每增加5万~6万穗，可增加50千克产量。现有品种条件下，每亩最高亩穗数不宜超过60万。以穗定苗，以苗定播种量：就是在确定亩穗数后，再依据单株分蘖力的高低和成穗的多少来确定每亩基本苗。单株分蘖的多少和成穗高低受品种、播种、水肥条件的综合影响。高产小麦单株成穗数（包括主茎）一般为2.2~2.6个。要达到上述亩穗数，在适期播种情况下，基本苗定为18万~22万为宜。然后再依据基本苗以及种子的大小和发芽率确定播种量。计算播种量公式：

每亩播种量（千克）=每亩计划基本苗数×千粒重（克）/1 000×1 000×发芽率（%）×田间出苗率（%）

黄骅麦区的适宜播种量，在适期播种的条件下，高产田每亩7.5~10千克，一般麦田 10~15 千克，晚播麦田可增到 15~20 千克。

②合理的播种方式　合理的播种方式是合理密植的重要内容之一，当前生产上常用的播种方式有以下几种。

窄行等距条播：这种方式不仅能达到种子均匀分布、充分利用光能和地力，个体健壮，而且能维持合理的群体结构。适于地力较差、晚播和播种量较大的情况下应用。当前多采用行距 15 厘米，机引 24 行或 12 行播种机播种。

宽窄行条播：宽窄行条播也叫大小垄。适于地力较肥、适期播种情况下应用。一般田宽行 20~25 厘米，窄行 10~12 厘米；高产田窄行 12~14 厘米，宽行 23~26 厘米。大小垄比等行距条播通风透光好，便于田间管理，有一定的增产效果。

宽幅沟播：旱薄盐碱地，采用开沟撒播，播后浅覆，保留沟背，利于集中施肥，有抗旱、防盐碱危害的作用，增产效果明显。一般行距 25~30 厘米，幅宽 10~12 厘米，也可用靠耧播种加宽播幅。

2. 适时播种，提高质量

①适时播种的意义　适时播种是提高小麦产量，实现大面积均衡增产的重要措施。所谓适时是指在当地气候条件下，以越冬前是否能长成壮苗为标准。越冬前壮苗的标准是：在半精量播种（基本苗 18 万~20 万）情况下，幼苗越冬停止生长时，平均主茎可见叶 5~6 片，单株分蘖 3~5 个（包括主茎，胚芽鞘蘖不计），次生根 5~7 条；叶色深绿；蘖大而壮，具 2~3 片叶；株型叉开，形如鸡爪状；越冬前每亩总蘖数 70 万~80 万。肥水条件较好的高产田，在精播量（基本苗 10 万左右）情况下，越冬前要求主茎可见叶数 7 片，单株分蘖 6~7 个，次生根 8~10 条，每亩总蘖数 60 万~70 万为壮苗。低于此标准为弱苗，高于此标准为旺苗。

群众对小麦适时播种的经验是："晚播弱，早播旺，适时播种麦苗壮"。播种过晚，苗期温度低，幼苗生长慢，分蘖少，次生根少，形成越冬前弱苗，幼苗体内积累养分少，抗逆性弱，不易安全越冬。春季管理被动，由于春季发育迟，成熟晚，灌浆期易受干热风危害，影响粒重。播种过早，苗期温度高，生长快，分蘖多，越冬前容易形成旺苗。旺苗体内有机养分积累少，抗寒力减弱，冬季易遭受冻害。越冬前旺长的麦田，由于越冬前营养消耗多，越冬后易转弱早衰。群众说："麦无二旺，冬旺春不旺"就是这个道理。此外，早播情况下，地下害虫为害严重，易缺苗断垄，也易感病毒病。

②适宜播期的确定　确定适宜播期，主要是根据当地的气候条件和小麦种子发芽出苗所要求的条件，以达到壮苗标准来确定。确定适宜播期的方法，主要有两个。

气温法　以当地秋季平均气温下降到16~18℃时为小麦的适宜播期。此期开始播种，到气温下降至3℃停止生长时，可以形成壮苗。半冬性品种播期在下限，冬性品种在上限。黄骅麦区播种适期大致是9月20日至10月10日。

积温法　根据当地常年气温资料，从日平均气温下降到3℃之日开始（连续5天平均气温降至3℃以下的第一天），往前累加日均温，当活动积温达到500~600℃为标准，因为达到此范围，正是壮苗对积温的要求。一般情况下，播种到出苗需积温100~120℃，每长1片叶需积温80℃，长出5~6片叶时，需积温400~500℃以上，总计需积温500~600℃，正达到壮苗要求的积温。在具体掌握上，在同一地区内，要根据地势、土壤及品种的差别，在适期范围内，安排播种的先后顺序。例如，地势较高或沙性较强、失墒快的土壤应先播，盐碱地地温低、生长慢也应先播，反之可后播。

③提高播种质量　在播种质量中覆土深度对麦苗生长影响较大，一般掌握4~5厘米为宜。过浅，土壤失墒，会使种子落干，影响出苗，并使分蘖节入土较浅（2~3厘米最宜），越冬时易受冻害。播种过深，地中茎过长（0~2厘米为宜），出苗迟、苗弱、分蘖少、次生根少、生长不良，影响产量。在适宜覆土深度内，冬性品种较弱冬性品种深些，土质肥沃、土性好的可深些。晚茬麦、小粒种子、黏土地、盐碱地可浅些。小麦用速效性肥料作种肥，有显著增产效果。特别是旱地麦、晚茬麦、薄地麦和秸秆还田的麦田增产幅度更大。一般用4~5千克硫酸铵或1.5~2.5千克尿素，50千克左右的生态有机菌肥均可，种麦时与种子混播或集中沟施。用碳酸氢铵作种肥，一定要和种子分开施用，以免烧伤种子，影响出苗。在土壤比较干旱的情况下，播前或播后要进行镇压提墒，踏实土壤，以利出全苗。播后2~3天内刮背作畦，畦的面积不宜过大，畦内要平，畦背要小，便于灌水和节约用水。

（四）搞好田间管理

根据小麦生长发育规律，因苗制宜，采取相应的管理措施，把土、肥、水、种、密等方面有利因素协调起来，使小麦各生育阶段始终沿着高产、稳产的方向发展。

1. 小麦的前期管理

小麦的前期是指从出苗期到起身期的一段时间。包括越冬前、越冬、返青期等几个时期。

（1）前期的生育特点 这一时期的生育特点是以长根、长叶、长蘗等营养器官为主，到起身期，分蘗几乎全部出现。因此，此期是决定每亩穗数的时期，尤其越冬前分蘗成穗率高，是决定穗数多少的关键。

（2）前期的主攻方向 前期管理的主攻方向是在全苗、匀苗的基础上，促根、增蘗、促弱控旺，培育壮苗，协调幼苗生长和养分贮藏的关系，使幼苗安全越冬，提高越冬前分蘗成穗率，为穗大粒多打好基础。

（3）前期管理的主要措施

①查苗补种 在麦苗出土后，要及时查苗，如发现有漏播和缺苗的，应立即用浸泡过的种子补种。经过补种仍有缺苗断垄的地段，到分蘗期可移苗补栽以保证全苗。播种后若遇雨会造成地面板结，影响出苗，要及时耙地破除板结。

②浇好盘根水，施好分蘗肥 对底肥不足，抢墒播种的麦田，于三叶期追分蘗肥，浇盘根水，有促弱转壮、争取多分蘗的作用。追肥量每亩硫铵4~5千克，浇水量不宜太大。浇后要及时中耕松土，防止土壤板结。

③适时冬灌，保苗安全越冬 对土壤疏松、墒情不足的麦田，越冬前适时冬灌，是保苗安全越冬，早春防冻、防旱的重要措施。

冬灌要适时，掌握平均气温 7~8℃ 开始，3~5℃ 时高潮，上冻前结束。黄骅市麦区冬灌时间一般在小雪节前后，达到夜冻昼消。下列情况下可以不冬灌。第一，越冬前雨水多，土壤含水量大、沙土在 16% 以上，壤土在 18% 以上，黏土 20% 以上，可以不冬灌。第二，对于晚茬麦，底墒较足不宜冬灌。

④越冬前盖土，防寒保苗 在小麦进入越冬期，采取盖土措施，既可减轻冻害，又有保墒和促进春季早返青的作用。

⑤镇压 冬季镇压不仅可弥实土壤裂缝，还可以轧碎坷垃，减少水分蒸发，有防寒、保墒、改善耕作质量等多方面作用。一般在土壤上冻后化冻前及时进行，宜早不宜晚。镇压时间一般在晴天中午以后，不要在早晨霜冻时轧，以免伤苗过重。

⑥返青期的追肥、浇水 返青期肥水运用要因地、因苗制宜。对于越冬前每亩总蘗数在 50 万~60 万的中等苗，由于越冬前总蘗数不够是影响产量的主要原因。因此，对这类麦田要及时浇返青水，并结合追返青肥。对于越冬前每亩总蘗数在 50 万以下的弱苗，可分两种情况：一是适时播种的，但因地力差而分蘗少，造成总茎数不足。或者因播量太少，苗数不够而造成的

亩茎数不足。上述两种情况，可按中等苗对待，浇好返青水，追施返青肥。二是播种较晚，越冬前积温不够，分蘖和次生根少，或独茎过冬。这类麦田，影响返青生长的主要因素不是水肥，而是温度。因此，返青后管理上应以耧麦松土、提温保墒为主。对于越冬前总茎数在 70 万~80 万的壮苗，或100 万左右的旺苗，一般不追肥、不浇水，以控为主。返青期管理主要是松土通气，增温保墒。对偏旺苗要深中耕 1~2 次。

⑦化学除草　麦田化学除草，用工少，效果高，深受农民欢迎。目前，麦田常用除草剂有 2，4-D，每亩用 40~50 克；20%二甲四氯水剂，每亩用 200~250 克；70%二甲四氯，每亩用 50~60 克。用法：用压缩式喷雾器，每亩对水15~20 千克；用电动离心式微量喷雾器，每亩对水 0.5 千克。选择晴朗无风、无露水天气进行。喷施 2，4-D 时，要注意避开麦田附近的敏感作物。

2. 小麦的中期管理

小麦的中期是指从起身期到开花期所经历的一段时间，40~45 天，是营养器官和生殖器官旺盛生长和基本建成阶段。它包括起身期、拔节期、孕穗期、抽穗期。

(1) 中期的生育特点　这一时期的生育特点首先是根、叶、蘖、茎等营养器官和穗部结实器官建成，并进入生长盛期。由于生长量急剧增加，植株对水肥要求十分迫切，反应也很敏感。其次是生育中心发生了变化，生长中心由叶、蘖等营养器官转入以茎、穗为主。说明起身至孕穗是决定成穗率和争取壮秆、大穗的关键时期。

(2) 中期的主攻方向　小麦起身至开花期，由于根、茎、叶、蘖、穗同时生长，器官与器官、个体与群体、生长发育与环境条件等方面矛盾较多，同时需水、需肥也进入高峰。这时期水肥不足，就会使穗粒数减少，造成减产；但水肥过大，会使群体环境变劣，引起后期倒伏。因此，对一般麦田在群体与个体生长协调的情况下，要防止脱肥、缺水，措施上以促为主。对高产田既要防止脱肥，又要适当控制，避免旺长。

(3) 中期管理的主要措施

①起身期的追肥、浇水　起身期肥水能促大蘖成穗，提高成穗率，增加亩穗数；能促进小花分化，减少不孕小穗，有利争取穗大、粒多。但同时也能促进茎基部 1~2 节间伸长，引起倒伏。所以，起身期追肥、浇水要看苗情、墒情、肥力灵活掌握。对墒情好的麦田，起身期要松土保墒，适当蹲苗，防止基部节间过长。对失墒严重的麦田，起身期应浇水补墒。对越冬前群体大小适宜，未浇返青水但生长正常的麦田，应重视起身期的水肥，追肥

量应占总追肥量的 40%~50%。追肥适宜时期，掌握出现空心蘖时进行，因这时分蘖高峰已过，既不会引起小蘖增加，又可促进大蘖赶主茎，提高成穗率。对于返青期群体偏小、叶色较淡、较早出现空心蘖的麦田，标志着脱水、脱肥，起身期水肥应适当提前和重施。对于越冬前群体偏大、返青后长势仍偏旺，或越冬前群体适宜，但春季转旺，起身期总茎数在 120 万以上的麦田，起身肥水要推迟，追肥量要减少。

②拔节期的追肥、浇水 拔节期追肥、浇水，能减少不孕小花数，提高穗粒数；能延长上部叶片功能期，有利于籽粒形成和灌浆。因此，拔节期追肥、浇水，是争取穗粒数的关键措施。拔节水肥的运用要根据苗情、墒情，还要参考前期管理，灵活掌握。对起身前未施肥或施肥少的麦田，拔节水肥要提早进行，以免脱肥。对群体较小，拔节期叶色开始减退，基部叶变黄，起身期未浇水、追肥并大量出现空心蘖的麦田，也应提早浇拔节水，重施拔节肥。对于群体适中，叶色出现正常的变淡过程，麦苗壮实的可在第一节间接近定长，第二节间伸长时施肥、浇水。对于群体偏大、叶色浓绿、叶片宽大下垂的偏旺的麦田，拔节肥水可推迟到第一节间定长，第二节间显著伸长，第三节间露出时进行。

③浇好孕穗水 小麦旗叶伸长至展出为孕穗期，此时正是四分体形成、小花集中退化的时期，良好的水肥条件能提高结实率，增加穗粒数，能延长旗叶功能期，有利灌浆，增加千粒重。四分体形成期对水分敏感，为水分的"临界期"，因此，必须保证水的供应。此期一般不再追肥。但叶色较淡，有缺肥表现，可补施少量化肥，每亩 5~6 千克硫铵，以保证花粉的正常发育和促进灌浆。

3. 小麦的后期管理

（1）小麦后期是指由开花到籽粒成熟所经历的时间。此期以生殖生长为主，是小麦产量形成的关键。开花后，营养生长停止，转向以生殖生长为主的阶段，生长中心转到籽粒上来。小麦籽粒中营养物质有 2/3 以上来源于后期光合产物，所以后期管理的中心任务是尽量延长上部叶片功能期，防止早衰。籽粒中干物质，来自旗叶的光合产物占 37.4%，来源于穗部光合产物占 29.5%，来源于穗下节间占 20.3%，来源于倒二叶和倒三叶的占 12.8%。由此可见，上部 3 片功能叶对籽粒的形成和粒重的高低有决定性作用。

灌浆最适宜的温度是 20~22℃，温度超过 25℃以上，使叶片早衰，灌浆过程缩短，千粒重下降。灌浆期间要求有充足的光照条件，群体过大或阴雨连绵，光照不足，光合产物下降，不利增产。灌浆期间水分状况，对争取粒重有决定性的作用。灌浆期间适宜的田间持水量为75%，若降到50%则严重影响灌浆，使粒重显著下降。此外，灌浆期间不良的气象条件和灾害性天气，如干热风、高温、暴风雨、雨后暴热、连阴雨等，都可能导致粒重下降。其中，干热风是小麦生育后期的一种主要气象灾害。小麦后期的白粉病、锈病、麦蚜、吸浆虫、黏虫、麦叶蜂等的为害对小麦的产量影响较大，应及时进行除治。

（2）后期的主攻方向　后期管理的主攻方向是在中期管理的基础上，通过适当浇水、叶面喷肥、及时防治病虫害等措施，达到保持根系生机，延长上部叶片功能，做到以水养根，以根护叶，提高光合效率，促进灌浆，实现粒多、粒重的要求。

（3）后期管理的主要措施　后期管理的主要措施有3个方面。

一是合理浇水，保持适宜的土壤水分；二是根外追肥，保持适宜的营养水平；三是加强病虫防治，适当延长叶片功能期。

①浇好扬花、灌浆水　小麦籽粒形成期间对水分要求迫切，水分不足，导致籽粒退化，降低穗粒数。因此，要及时浇好扬花、灌浆水。后期浇水的次数、水量，要根据土质、墒情、群体状况而定。在土壤保水性能好、底墒足、有贪青趋势的麦田，浇一次水或不浇，其他麦田，一般浇一次。每次浇水量不宜过大，水量大，淹水时间长，会使根系窒息死亡。由于穗部增重较快，高产田灌水时要注意气象预报和天气变化，预防浇后倒伏。一般做到无风抢浇，小水快浇，大风停浇，昼夜轮浇。

②合理追肥，保持适宜的营养水平　小麦开花到乳熟期如有脱肥现象，可以用根外追肥的方法予以补充。试验证明，开花后到灌浆初期喷施1%~2%的尿素溶液或3%~4%的过磷酸钙溶液或喷500倍磷酸二氢钾溶液，每亩喷营养液75~80千克，有增加粒重的效果，增产幅度4.7%~14.4%。

③小麦倒伏的原因及其控制　俗话说："麦倒一把草，谷倒一把糠。"小麦倒伏后，光合作用受到严重影响，养分、水分运输受阻碍，生长发育失常，籽少、籽秕，对产量影响很大，是小麦高产的最大障碍。小麦倒伏一般发生在拔节之后，倒伏减产程度与倒伏发生的早晚（越早越减产）、倒伏程度、倒伏的类型有密切关系。一般是抽穗开花前倒伏减产20%~25%，灌浆期倒伏减产10%~20%。

小麦倒伏分两种类型。

一是根倒伏：由于根系发育不足，根少根弱，入土较浅，头重脚轻，一遇风雨，连根拔起，引起倒伏。造成根系发育不良的原因是多方面的，如耕层过浅、整地粗糙、土壤缺磷等。

二是茎倒伏：由于茎秆基部节间机械组织发育不良，或者节间过长、细弱，担负不了上部的重量发生弯曲，引起倒伏。造成茎秆基部节间过长、过细的原因很多，如群体不合理、水肥不合理等。小麦倒伏的原因有自身抗倒能力差的原因，有外界不良环境条件的影响，也有栽培措施不当等方面。防止倒伏的主要措施注意以下几点。

①打好种植基础　一是增施有机肥，二是增施磷肥，三是加深耕层、精细整地，四是提高播种质量，五是提倡半精量播种、合理密植。

②选用抗倒伏矮秆品种　不同品种的抗倒伏性能差异很大。一般茎秆粗壮，植株较矮，叶片挺立的品种抗倒伏性能较好。因此，中高产麦田要突出强调选用矮秆品种。

③建立合理的群体结构　据河北省多年研究和实践，高产麦田的合量群体指标，在适时播种前提下，基本苗18万~20万，越冬前总茎数70万~80万，春季最高亩茎数100万~110万，亩成穗45万左右。叶面积系数拔节期3.5~4、孕穗期5~6为宜。小麦丰产型和倒伏型麦田，主要差异表现在起身、拔节和孕穗期的叶面积系数上。据调查，丰产型各期叶面积分别为1.27、4.1和6，倒伏型分别为2.23、5.33和6.42。倒伏型麦田由于叶面积系数过大而倒伏。为实现丰产型的群体结构，首先确定合理的基本苗作为起点，而后在生育期间，通过肥水为中心的促控措施，调节总茎数和叶面积系数，达到合理的群体结构。

④科学施肥、浇水　要增施磷肥、控制氮肥、补施钾肥以及调整氮、磷化肥的施用配比。此外，后期麦田浇水，要注意天气变化，避免浇后遇风雨引起倒伏。

⑤化学调控　在小麦起身至拔节期对群体过大、生长过旺的麦田，要进行化学调控，可喷施矮壮素或多效唑。

（五）适时收获

小麦收获的最佳时期是蜡熟末期，其千粒重最高。收获越晚，由于籽粒呼吸消耗，千粒重下降。据研究，推迟收获6天，千粒重可减0.72~1.49克，小麦到完熟期收获，除易落粒折穗造成减产外，仅千粒重下降就可减产5%左右。收割方法有人工收割、机械收割（割晒机）和联合收割（脱粒）机收割。人工收割或半机械化收割时，由于速度慢，收获期可适当提早，一般在蜡熟中期开始收割，经短期晒晾，即可脱粒；联合收割机收割、脱粒一次完成，既可缩短收割时间，又能减轻劳动强度，应在蜡熟末期为宜。

第三节 冬小麦缩行增密"六步法"旱作种植技术

一、技术简介

经农业科技人员多年研究，形成适宜黄骅当地气候特点的"品种选择—重施基肥—缩行增密—精细播种—重度镇压—春季追施水溶肥"冬小麦"六步法"旱作种植技术。（图1-1）

图1-1 冬小麦"六步法"旱作种植技术田间长势图

1. 品种选择

选用抗旱耐盐丰产小麦新品种，如沧麦6001、沧麦6005、小偃60等（图1-2）。

2. 重施基肥

每亩底施有机肥1 500千克，复合肥30~50千克（图1-3）。

3. 缩行增密

将小麦行距由传统的大行距改为17厘米左右，在小麦适播期内亩播量15千克（图1-4）。

4. 精细播种

播深3~5厘米，均匀一致。

5. 重度镇压

改传统轻度镇压为播后、越冬前、春季重度镇压，防止跑墒漏墒。

图 1-2 抗旱耐盐小麦品种

图 1-3 重施基肥

6. 春季追施水溶肥

春季小麦起身期，将小麦水溶复合肥 15~20 千克/亩，用 1~2 方水溶解后，利用水溶肥施肥机沟施于麦垄间，深度 3~5 厘米（图 1-5）。

图 1-4　小行距 20 厘米

图 1-5　春季追施水溶肥

二、技术优势

（1）保证旱地小麦营养需求　后期不脱肥。

（2）重度镇压　有效防止跑墒漏墒。

（3）精细播种　保证苗匀苗全。

（4）合理密植　保证适宜群体。

（5）利用水溶肥技术　有效提高肥料吸收利用率。

三、适宜区域

黑龙港流域雨养旱作区或非充分灌溉区。

第四节　盐碱地小麦栽培技术

盐碱地具有寒、湿、板、盐碱、薄等特点，对小麦的生长发育有一定的影响，应选择土壤含盐量在0.2%以下的地块种植小麦。

1. 生育特点

（1）生育期略长　盐碱地小麦进入越冬期早5~8天，返青晚10天左右，拔节晚4~11天。前期生长慢，后期生长快，籽粒灌浆期短，全生育期有所延长。

（2）根量少，发育晚，叶片短而窄　盐碱地小麦根系生长弱，初生根小，次生根发育晚，数量少，干重低。叶片比一般麦田短而窄，叶色深绿，略带紫红。土壤含盐碱量高时，出现枯尖、黄叶等症状。

（3）分蘖晚，发育差，成穗率　低盐碱地小麦分蘖比一般麦田晚3~5天，越冬期总茎数相应也少20%左右。随着盐碱浓度的增加，同位蘖的出生期比一般麦田晚8~12天，成穗率相应降低60%~70%。无效分蘖消亡较早，成穗数少。苗、蘖、穗的比例为1:3.8:1.3。一般亩穗都在30万以下。

（4）幼穗发育晚，分化结束早　盐碱地小麦幼穗发育比一般麦田晚3~5天，分化期短6~7天。小花分化到四分子形成时期，正值返盐碱高峰期，使分化期持续时间缩短，致使小花退化数量增加，穗粒数减少。此外，在灌浆期间，受旱、盐碱的影响，叶片出现大部分枯黄，成熟不正常，灌浆时间比一般麦田缩短5~7天，致使籽粒饱满度较差，粒重降低。

2. 栽培技术

根据小麦的耐盐碱能力，在栽培措施上必须抓住小麦耐盐碱力弱的幼苗阶段，降低表层土壤的含盐碱量，保证全苗，防止死苗，培育壮苗。

（1）提高耕作技术，降低土壤盐碱　含量保证全苗盐碱地的特点：一是土壤中含有较多的可溶性盐分，使土壤溶液浓度增高，渗透压增大，小麦吸收土壤中水分困难；二是土壤中有较多的代换性钠离子作用，土粒排列密实，结构不良，透气、透水性差，严重影响小麦生长。合理耕耙可以改善土壤结构，抑制毛细管水分上升，减少盐分积累。

①平整土地 "盐往高处走"，土地不平是形成土壤盐碱化，尤其是斑碱化的主要原因之一。因为高处，浇水或下雨时不易存水，表层盐分不能淋渗深层，而且雨后或浇后，地表干得比较快，而邻近低处的盐碱随水沿着毛细管向高处蒸发，积累盐分就多，形成片状盐斑。所以，平整土地是消灭盐碱斑、保证全苗的重要措施。平整土地，应先筑埂作畦，随即平整畦面，一般20~30平方米的畦较合适。畦埂可拦蓄水分，便于淋洗盐分，畦面较小也易平整。

②适时耕地 耕干不耕湿是减少盐分、保证全苗的重要措施。如果耕地时土壤较湿，就会把大部分盐分截在土壤上层，两三年内不易拿住全苗，群众称为"摔死"。所以，盐碱地耕地时要掌握在地面发白时，用手抓起土壤容易散碎时进行耕地。耕后保持犁垡暴晒，不宜立即耙耱，使原耕层盐分都集于犁垡或坷垃表面，浇水或下雨后，使盐分彻底向深层淋渗。耕地时第一次浅耕，翻上的坷垃小，晒得透，干得快，第二次再加深，这样防盐碱效果好。

③适当深耕 深耕可破除土层板结，加深耕作层，改良土壤结构，切断毛细管，防止地下水中盐分上升，并有利于纳蓄雨水，加速淋盐脱盐的作用。一般深耕25~33厘米为宜。

（2）增施有机肥，配施磷肥和种肥 盐碱地增施有机肥，可以改良土壤结构。它养分全面，肥效持久，增强保肥、保水性能，抑制盐碱上升，提高地温，一般每亩施3 000~4 000千克。盐碱地种植绿肥作物，如苜蓿、紫穗槐等，可以改良盐碱，培肥地力。

盐碱地普遍缺氮、严重缺磷，施用氮、磷肥，可以促进麦苗早发，增根促蘖，增强抗盐碱能力。但化肥有酸性、碱性和中性3种不同的性质。酸性和中性化肥可以在盐碱地施用，如尿素、碳酸氢铵、硝酸铵等在土壤中不残留任何杂质，不会增加土壤中的盐分和碱性，适宜于盐碱地施用；硫酸铵是生理酸性肥料，其中的铵被小麦吸收后，残留的硫酸根有降低盐碱土碱性的作用，也适宜盐碱地施用。碱性肥料不宜在盐碱地施用，如石灰氮、草木灰、硝酸钠等这些碱性肥料就不宜在盐碱地施用。盐碱地施用磷肥，应选用过磷酸钙，不能施用钙类磷肥，它不仅没有效果，而且，还会增加盐碱地的碱性。

磷肥应与有机肥配合一起施用于底肥，如单独施用应集中沟施、浅施；

氮素化肥 60%作底肥，40%作追肥。

（3）选用耐盐碱品种 小麦品种间的耐盐碱能力差异比较大，一般冬性品种耐盐碱性强，在含盐量 0.2%~0.3%的地块上能正常生长，半冬性品种和春性品种耐盐碱性弱，含盐量不能高于 0.2%。选用耐盐碱力较强的品种是盐碱地小麦保证全苗、增加穗数、提高产量的重要措施之一，可选用冀麦 32、捷麦 19 等品种。

（4）掌握适宜的播种技术

①适期早播，增加播种量 由于盐碱地地温比一般土壤低 0.5~2℃，地阴不易发苗，因此，盐碱地要适当早播，一般在日平均气温 18~20℃，即可播种，比一般麦田早播 5 天左右，从而增加了越冬前有效积温，促进小麦早生根、早分蘖，增强抗盐碱能力。由于盐碱地出苗率比一般麦田低，而且，又容易死苗，所以，播种量比一般麦田多增加 10%~20%。为了出苗快，保全苗，也可采用浸种催芽播种。

②开沟播种 盐碱地开沟播种，可以起到躲碱、借墒、抑盐、深耕、培肥、蓄雨、抗旱、抗寒等综合作用。沟播麦后期还具有保根、抗早衰的效果，沟播麦比一般平播麦耕层含盐量减少 0.07 个百分点，增产 30%以上。具体做法：一般沟与背各宽 50 厘米，沟深 15 厘米，深播浅盖，覆土厚 2~3 厘米。

（5）田间管理

①浇水 一般盐碱地的越冬前及春季各出现一次返盐高峰，不仅影响小麦正常生长生育，而且，还会造成大量死苗，严重地影响产量。因此，必须在越冬前和春季返盐高峰到来之前，浇大水压盐保苗。越冬前，宜在 11 月上中旬浇水压盐；春季，宜在 3 月中下旬浇水压盐。降低根系活动层中土壤溶液浓度，有利于幼苗生长发育。

浇好拔节水和灌浆水有利于压盐、壮株，对提高分蘖成穗率、增加穗粒数和粒重具有显著作用。

结合浇冻水或拔节水，每亩追施硫酸铵 15~20 千克。磷肥一般宜作底肥施用，但严重缺磷地块也可开沟施用，追肥时间越早越好。

②多锄 麦田多锄，既可消除表面盐分聚积层，又抑制了早春盐分的迅速上升，改善土壤的水分、养分条件，提高地温，使已受抑制的麦苗迅速恢复生机。在浇水和雨后都要及时中耕（锄耪），深度 3~4 厘米。特别是小雨过后更要及时中耕，防止盐分上升，为害麦苗。

第五节　旱碱地小麦抗逆减灾丰产栽培技术

1. 选用优种

选用适合本地，品种冬性，根系发达、抗旱力强、耐瘠薄，抗寒性好，适于早播，生长势强，分蘖率高，成穗多。主要品种有冀麦32、沧麦6001、中捷321-4、沧麦6002和沧麦6005等。

2. 蓄墒保墒

一年一作的旱地，伏前深翻，免耕多耙，合口过伏。一年两作深耕可在前茬作物播种前进行，一般耕深以20~22厘米为宜，有条件的地方可加深到25~28厘米。同一块地可每2~3年进行一次深耕。

3. 施足底肥

旱碱地不能浇水，追肥效果差，提倡肥料底施。一般亩施农家肥2 000千克，二铵30千克，尿素10~15千克，硫酸钾10千克、硫酸锌1千克。施肥深度一般控制在20厘米以下，肥料深施，起到以水调肥作用。

4. 药剂拌种

根病发生较重的地块，选用2%戊唑醇（立克莠）按种子量的0.1%~0.15%拌种，或20%三唑酮（粉锈宁）按种子量的0.15%拌种；地下害虫发生较重的地块，选用40%甲基异柳磷乳油或35%甲基硫环磷乳油，按种子量的0.2%拌种；病、虫混发地块用以上杀菌剂+杀虫剂混合拌种。

5. 依墒播种

根据小麦播前土壤墒情，确定小麦的播种方案。足墒年型，可适当扩大旱地小麦的种植面积；小麦播期的确定，在土壤水分和养分不成限制因素的条件下，以日均气温16~18℃、在10月1日前后，要适当早播。

6. 播量调节

小麦播量要服从墒情，欠墒年型小麦的播量要降低，每亩播量7~9千克，最高不超过9千克，足墒年型播量可适当增加至8~11千克，以充分利用土壤水分。播量和播期要协调，在播量9千克的基础上，9月25前播种的，早播1天，播量减少0.5千克，最低基本苗在14万；以后播种的，晚播1天，播量增加0.5千克，基本苗最高15万为止。基本苗确定以后，可根据每千克种子粒数、发芽率和田间出苗率计算播种量。

7. 麦田镇压

播种后根据墒情适当镇压。晴天、中午播种，墒情稍差的，要马上镇压；早晨、傍晚或阴天播种，墒情好的，可待表层土壤适当散墒泛白后镇压。镇压后最好用铁耙耱一遍，保证表层煊土。

冬季在麦田土壤开始冻结后，在天气较晴暖的中午和下午进行镇压。早春表土干旱时，要进行镇压提墒、锄划保墒。

8. 趁墒追肥

旱地小麦一般不追肥。但对底肥不足的麦田，可以在早春返浆时，用耧在垄背上耩尿素，用量每亩10千克左右，趁墒追肥。生育后期如出现脱肥现象，要根据条件进行根外追肥或降雨时借墒追肥。

9. 病虫草害防治

田间杂草，可用10%苯磺隆可湿性粉剂喷雾防治阔叶类杂草；3%世玛油悬剂喷雾防治禾本科恶性杂草；防治小麦白粉病、叶枯病和锈病，每亩可用20%的粉锈宁乳油50毫升，或15%的粉锈宁粉剂75克、12.5%的特谱唑粉剂30克，对水50千克进行叶面喷雾。防治小麦蚜虫，每亩可用50%的抗蚜威粉剂10~15克，对水50千克喷雾。小麦红蜘蛛防治，每亩用20%甲氰菊酯乳油30毫升或40%马拉硫磷乳油30毫升或1.8%阿维菌素乳油8~10毫升，对水30千克喷雾防治。防治小麦吸浆虫在抽穗至扬花盛期每亩用80%的敌敌畏，50%的辛硫磷乳油30~40毫升，对水50千克喷雾。

10. 后期防衰增重

在抽穗至灌浆前中期，每亩用磷酸二氢钾0.2千克加水50千克进行叶面喷洒，以预防干热风和延缓衰老，增加粒重。可将杀虫剂、杀菌剂与磷酸二氢钾混用，实施"一喷多防"。

11. 适时收获

小麦最佳收获时期在蜡熟末期—完熟期，要适时进行收获。收获后及时晾晒至籽粒水分低于12.5%后，贮存保持。

第六节　抗旱耐盐丰产小麦品种简介

小麦新品种——捷麦19

捷麦19是沧州临港经济技术开发区农科所选育的小麦品种，审定时间为2015年5月。审定编号：冀审麦2015009号。选育单位为沧州临港经济技术开发区农科所，亲本组合：冀麦32优良变异株（图1-6）。

一、特征特性

该品种属半冬性中熟品种，平均生育期 247 天。比对照冀麦 32 早熟一天左右。幼苗半匍匐，叶色绿色，分蘖力较强。亩穗数 39.4 万，成株株型较松散，株高 79.5 厘米。穗纺锤型，长芒，红壳，白粒，硬质，籽粒较饱满。穗粒数 32.2 个，千粒重 38.2 克，容重 760.0 克/升。熟相好。抗倒性强。抗寒性低于对照冀麦 32。

图 1-6　小麦新品种——捷麦 19

品质：2013 年农业部谷物品质监督检验测试中心测定，粗蛋白质（干基）13.23%，湿面筋 29.1%，沉降值 26.8 毫升，吸水量 54.4 毫升/100 克，形成时间 3.2 分钟，稳定时间 3.8 分钟，最大拉伸阻力 294EU，延伸性 149毫米，拉伸面积 63 平方厘米。

抗旱性：河北省农林科学院旱作农业研究所抗旱性鉴定，2011—2012 年度人工模拟干旱棚抗旱指数为 1.208，田间自然干旱环境抗旱指数为 1.184，平均抗旱指数 1.196，抗旱性强（2 级）。2012—2013 年度人工模拟干旱棚抗旱指数为 1.193，田间自然干旱环境抗旱指数为 1.118，平均抗旱指数 1.191，抗旱性强（2 级）。

抗病性：河北省农林科学院植物保护研究所抗病性鉴定，2011—2012 年度高抗条锈病，免疫叶锈病，中感白粉病；2012—2013 年度免疫条锈病，高抗叶锈病，中感白粉病。

丰产稳产：2011—2012 年度黑龙港流域旱薄组区域试验，平均亩产

323.8 千克；2012—2013 年度同组区域试验，平均亩产 378.6 千克。2012—2013 年度黑龙港流域旱薄组生产试验，平均亩产 379.4 千克。

二、栽培技术要点

适宜播期为 9 月 27 日至 10 月 5 日，播种量 10~12 千克/亩，每晚播两天，亩播量相应增加 0.5 千克。重施底肥，亩施磷酸二铵 30 千克，尿素 15 千克，耕地前施入深翻；播种时随播种、随镇压，采用机械沟播技术。冬季适时进行镇压保墒，翌年春季亩追施返青肥 10 千克（尿素）。小麦生长后期注意查治红蜘蛛和麦蚜。

建议在河北省黑龙港流域冬麦区旱薄地种植。

小麦新品种——沧麦 6001

该品种为沧州市农林科学院农作物育种研究所利用临汾 6154（母本）与 71-321（父本）有性杂交，经水、旱、碱 3 种生态条件交替选择选育而成。1998 年 3 月河北省品种审定委员会审定通过，审定编号为"冀审麦 98004"（图 1-7）。

图 1-7 小麦新品种——沧麦 6001

一、特征特性

1. 植物学特性

幼苗半直立根系发达，叶色深绿，叶片苗期窄长，后期叶片较大，株高 80~90 厘米，株型紧凑。穗纺锤型、长芒、红壳、白粒，千粒重 41 克，籽粒大小均匀，硬质腹沟较浅，饱满度好，光泽好。

2. 生物学特性

该品种属冬性，越冬前生长稳健分蘖力强，成穗率高，茎秆强韧，抗倒伏力较强。全生育期 242 天，抗寒性好、抗旱耐盐性突出，均为 1 级，抗锈病，抗白粉病，抗干热风能力强。熟相好。

二、主要优点

1. 耐盐性好

据山东德州农科所和中国农业科学院作物科学研究所鉴定结果，其耐盐性为 1 级、2 级。我院采用设施模拟鉴定，耐盐性为 1 级。耐盐指数为 1.68。

2. 抗旱性强

由于该品种经水旱交替选择培育而成，其抗旱性表现突出，在多次旱地产比中均居第一位，经测定其耐旱系数为 0.96，并具有多蘖，窄叶、蜡质、抗热等多个旱生性状。

3. 品质优良

据河北省品质检测中心测定，蛋白质含量 14.42%，赖氨酸含量 0.36%，湿面筋含量 40.7%，沉降值为 31.2 毫升，面团品质评分为 48 分，其中，营养加工品质两项重要指标均超过国家优质麦要求指标（即蛋白质 14%，湿面筋含量 35%）。

4. 抗寒性强

在历年区试和生产试验中，抗寒性冻害级别为 1 级，越冬百分率为 99% 以上，在所有参试品种中，抗寒性最好。

5. 丰产稳产

诸多抗逆性状与丰产性的有效结合是该品种的突出特点。在中捷农场旱碱地种植，亩产达到 384 千克。浇二水条件省专家组验收达 459 千克，表现出突出的丰产潜力和抗旱耐盐特点。多点试验结果分析，3 年省内试验 4 组共 21 个点次，仅 4 点减产，且幅度很小，稳产性好。

三、栽培技术要点

1. 施足底肥

一般亩施纯 N：4~5 千克，P_2O_5：8~10 千克，旱碱地一次底施，水浇地可结合浇水拔节期追施 N：3~5 千克。

2. 适期播种

冀中南地区适宜播期为 9 月 25 日至 10 月 10 日。

3. 播量合理

适期播种亩播量一般在 10~12.5 千克，晚播应适当加大播量。

4. 浇水适量

该品种除适应旱地种植外，半旱地浇 1~2 水比较适宜，以拔节和孕穗期为好。

5. 除虫防病

播前可用杀虫剂和杀菌剂拌种。防治地下害虫和黑穗病，抽穗后及时防治蚜虫保证丰收。

小麦新品种——沧麦 6005

抗旱耐盐小麦品种沧麦 6005 是沧州市农林科学院以临汾 6154 为母本，中捷 321 为父本，通过有性杂交经两圃平行交替选择法培育而成。2008 年、2009 年参加国家黄淮旱薄组区试，2010 年参加生产试验，同年通过国家品种审定委员会审定，审定编号：国审麦 2010013。2012 年通过河北省品种审定委员会审定，审定编号：冀审麦 2012007（图 1-8）。

图 1-8 小麦新品种——沧麦 6005

一、特征特性

该品种属半冬性晚熟多穗型品种，全生育期 244 天。幼苗匍匐，分蘖力较强，生长健壮，成穗率较高。返青慢，拔节较晚，株型半紧凑，灌浆时间长，株高 80 厘米左右，叶片较窄、平展，叶色灰绿，旗叶上举，茎秆灰绿色、较细、弹性较好，抗倒伏性好。穗层整齐，纺锤型穗，短芒，白壳，白粒，角质，饱满度一般。抗寒性较好，熟相好。2008年、2009年分别测定混合样：籽粒容重810克/升、804克/升，硬度指数67.0、65.1，蛋白质含量14.17%、14.23%；面粉湿面筋含量32.8%、34.5%，沉降值25.2毫升、28.2毫升，吸水率58.4%、60.2%，稳定时间1.8分钟、1.8分钟，最大抗延阻力120 E.U、96 E.U，延伸性172毫升、172毫升，拉伸面积30平方厘米、24平方厘米。

抗旱性：河北省农林科学院旱作农业研究所抗旱性鉴定结果，2009—2010年抗旱指数1.139，2010—2011年抗旱指数1.162。抗旱性强。

抗病性：河北省农林科学院植物保护研究所抗病性鉴定结果，2009—2010年度中感叶锈病、白粉病和条锈病；2010—2011年度中抗白粉病，中感叶锈病和条锈病。

二、产量表现

2008年黄淮旱薄组区试，10点汇总8点增产，平均亩产300.8千克，较对照种晋麦47号增产6.3%，居9个品种第2位。

2009年10点汇总，8点增产、平均亩产252.1千克，较对照种增产5.5%，居12个参试品种第1位。

2010年生产试验，平均亩产261.7千克，比对照晋麦47号增产2.1%。

2009—2010年度黑龙港流域旱薄组区域试验平均亩产351千克，2010—2011年度同组区域试验平均亩产372千克。2010—2011年度生产试验平均亩产386千克。

三、栽培技术要点

1. 适期播种

适宜播期10月5日前后。

2. 播量调节

播种量15千克/亩，适播期后每推迟一天亩增加0.75千克。

3. 重施底肥

亩施磷酸二铵30千克、尿素15千克、硫酸钾15千克、硫酸锌1.5千克作为底肥。

4. 节水灌溉

浇好拔节水，孕穗期和开花期之间及时浇水，根据苗情适当补施氮肥。

5. 锄划保墒

无水浇条件，采用雨季蓄墒，播种科学用墒，春季锄划保墒技术。

四、适宜种植区域

适宜在黄淮冬麦区的山西南部、陕西咸阳和铜川、河南西北部、河北省黑龙港麦区的旱地种植。

小麦新品种——小偃81

该品种为中国科学院遗传与发育生物学研究所在进行"磷高效""氮高效""高光效"小麦种质资源鉴定与筛选的基础上，于1996年以"小偃54"和"8602"为亲本，经过有性杂交、系统选择和重要特性系统鉴定，成功培育出集高产、优质、养分水分和光能高效利用于一体的小麦新品种。2005年河北省品种审定委员会审定通过，审定编号为"冀审麦2005006号"（图1-9）。

图1-9　小偃81示范田

一、特征特性

该品种属半冬性多穗型早熟品种，生育期240天。幼苗半匍匐，叶片芽鞘绿色，幼苗淡绿色，叶耳绿色，茎叶无蜡质，旗叶较长，挺直夹角较小，叶片无茸毛。抗寒性强，分蘖力较强，成穗多，成穗率高，亩穗数50万左右。成株株型紧凑，株高 75 厘米左右，抗倒性较好。穗纺锤型、顶芒、白壳、白粒、硬质，籽粒饱满度好。穗粒数 31 粒左右，千粒重 36.2 克，容重 796 克/升。熟相好。晚播不晚熟。河北省农林科学院植物保护研究所抗病鉴定结果：2004 年条锈病 2 级，叶锈病 3 级，白粉病 4 级。2005 年条锈病 2 级，叶锈病 3 级，白粉病 3 级。

二、主要优点

1. 耐盐性好

据中国科学院遗传与发育生物学研究所鉴定结果，小偃 81 芽期耐盐性为 1 级。经多年多点试验表明，该品种适宜在含盐量 0.2% 以下的中轻度盐碱地上种植。

2. 抗旱性强

该品种经水旱交替选择培育而成，其抗旱性表现突出，经测定其耐旱系数为 0.95，且具有多蘖，窄叶、蜡质、抗热等多个旱生性状。

3. 品质优良

2004—2005 年两年河北省农作物品种品质检测中心检测分析结果分别为：籽粒蛋白质含量 14.96%、15.53%，沉降值 32.8 毫升、40.3 毫升，湿面筋含量 35.7%、34.4%，吸水率 62.1%、61.0%，形成时间 3.8 分钟、6.7 分钟，稳定时间 5.2 分钟、10.2 分钟。2005 年面包评分为 75.3 分。

4. 抗寒性较强

在历年区试和生产试验中，抗寒性冻害级别为 1 级，越冬百分率为 99% 以上。

5. 丰产稳产

2003—2004 年区域试验，平均亩产 564.98 千克；2004—2005 年度区域试验，平均亩产 482.48 千克；2004—2005 年生产试验，平均亩产 476.96 千克。多点试验结果分析，稳产性好。

三、栽培技术要点

1. 施足底肥

一般亩施纯 N：5～8 千克，P_2O_5：8～10 千克，旱碱地一次底施，水浇地可结合浇水拔节期追施 N：5～6 千克。

2. 适期播种

冀中南地区适宜播期为 10 月 5～15 日，可适当晚播。

38

3. 播量合理

适期播种亩播量一般在 8~10 千克,晚播应适当加大播量。

4. 浇水适量

该品种在半旱地浇 1~2 水比较适宜,以拔节和孕穗期为好。

5. 除虫防病

播前可用杀虫剂和杀菌剂拌种。防治地下害虫和黑穗病,抽穗后及时防治白粉病和蚜虫,保证丰收。

第七节 小麦病虫害发生与防治

黄骅市小麦病虫草害多达几十种,并且呈现多发、频发、重发态势,专业化统防统治可以及时有效控制和除治病虫害。农作物病虫害统防统治是近年来兴起的一种农作物植保方式,是由传统分散方式转变为规模化、集约化防治,即统一预测预报、统一组织行动,统一防治时间、统一技术指导、统一配方用药、统一防治效果。特别是最近两年飞速发展的无人机技术防治效率高,防控效果好,省工、省时、省力、省钱,非常受种粮大户、家庭农场、农业专业合作社等新型农业经营主体的欢迎,市场前景非常广阔。2015年渤海粮仓科技示范工程项目区引进了无人机飞防技术对万亩示范方小麦进行了"一喷三防",平均每亩成本 25 元,用时 2 分钟,防治效果非常好。

根据黄骅市小麦病虫害发生特点,针对主要防治对小麦统防统治技术主要在四个不同生育期实施。

1. 小麦播种期药剂拌种或包衣防治地下害虫和土传病害(9 月 25 日至 10 月 20 日)

为害小麦的地下害虫主要是蝼蛄、金针虫、蛴螬 3 种,为害盛期集中在小麦秋苗期和返青至灌浆期,药剂拌种或使用包衣剂是最经济最有效的措施之一。常用药剂拌种方法:

(1)用 50%辛硫磷乳油 100 毫升加水 1 千克拌麦种 50 千克,堆闷 2~3 小时后播种;

(2)用 48%毒死蜱乳油 10 毫升加水 1 千克拌麦种 10 千克,堆闷 3~5 小时后播种。

土传病害如全蚀病、根腐病、纹枯病等真菌类病害,使用种衣剂包衣或药剂拌种也是最有效的预防措施。对于全蚀病、黑穗病等病害发生较重的麦田添加杀菌剂拌种。防治全蚀病亩用 12.5%全蚀净 30~40 毫升对水 1 千克,拌种 15~20 千克，闷种 6 小时后播种；防治小麦黑穗病、根腐病、纹枯病、白粉病等病害用 2.4% 苯醚甲环唑+2.4% 咯菌腈 20 毫升，拌麦种 20~25 千克，堆闷 3 小时后播种。如果杀菌剂和杀虫剂同时拌种，要先拌杀虫剂闷种晾干后再拌杀菌剂。

2. 秋苗期杂草秋治与防治病虫害（10 月 25 日至 11 月 15 日）

此阶段主要是麦田越冬前除草和防治地下害虫及病害。黄骅市麦田杂草主要有麦蒿、打碗花、荠菜、麦瓶草、麦家公、田旋花、小蓟、节节麦、雀麦等。多数杂草以秋季用药除治效果最好。用药时间和方法：

（1）以看麦娘、麦蒿、荠菜等阔叶杂草为主的麦田，每亩用 10% 苯磺隆 50 克对水 30 千克，在小麦越冬前 3~5 叶期，阔叶杂草 2~4 叶期，一般在 11 月上旬，选择晴天在田间均匀喷雾。气温低于 10℃ 时不能用药。

（2）以节节麦、雀麦等禾本科杂草为主的麦田，小麦越冬前杂草出齐后即小麦 3~5 叶期、杂草 2~4 叶期，每亩用 3% 世玛（甲基二磺隆+安全剂）油悬浮剂 25~30 毫升或者每亩用 3.6% 甲基碘磺隆钠盐·甲基二磺隆水分散粒剂 25~30 克对水 30 千克，混合均匀进行喷雾。注意事项：世玛在气温低于 4℃ 时不能用药，用药前后 2 天不能大水漫灌。

秋苗期是小麦地下害虫为害高峰期，也是小麦病害感染期，当麦田死苗率 3% 时，可以结合除草添加杀虫剂，如毒死蜱和杀菌剂苯醚甲环唑等药剂并喷雾防治。

3. 小麦返青期至抽穗期防治病害和虫害（3 月 10 日至 4 月 30 日）

此阶段主要防治小麦纹枯病、根腐病、全蚀病、红蜘蛛、蚜虫、吸浆虫等病虫害，目的是杀虫、防病、促分蘖、促生长。常使用的药剂：阿维菌素、苯醚甲环唑、联苯菊酯、高效氯氰菊酯、吡虫啉等药剂或者其复配剂，同时可以添加叶面肥。防治方法：

（1）小麦纹枯病和根腐病 小麦拔节期即 4 月上中旬，用 10% 苯醚甲环唑水分散粒剂 20 克或 12.5% 烯唑醇可湿性粉剂 15 克或 30% 苯甲·丙环唑乳油 20~30 毫升全田喷雾，隔 10~15 天再喷一次。

（2）小麦全蚀病 小麦返青后 3 月中旬亩用 30% 苯醚·丙环唑乳油 20~30 毫升或者 12.5% 硅噻菌胺悬浮剂 20~30 毫升喷雾。

（3）小麦红蜘蛛 防治指标：麦田单行每尺 200 头时，亩用 1.8% 的阿维菌素 1 000 倍液全田喷雾。

（4）小麦蚜虫 防治指标：苗期每平方米有蚜 30~60 头、孕穗期有蚜株率 15%~20% 或平均每株蚜虫达 10 头时用药防治。每亩用 10% 吡虫啉可湿性粉剂30克对水30千克喷雾，或者5%高效氯氟氰菊酯乳油40毫升对水30千克喷雾。

（5）小麦吸浆虫 最佳防治期为孕穗期。小麦拔节后抽穗前每样方（10厘米×10厘米×20厘米）有虫蛹1头以上时，亩用5%毒死蜱颗粒剂1.5千克拌细土25千克，均匀施于麦垄内，施药后立即浇水。抽穗后防治成虫，即5月上旬，扒麦一眼可见成虫2~3头时，亩用4.5%高效氯氰菊酯乳油1 000倍液对水30千克全田喷雾。

综合防治方法：阿维菌素+苯醚甲环唑+联苯菊酯+噻虫嗪，防治小麦纹枯、根腐、全蚀等真菌性病害和麦田红蜘蛛、蚜虫、吸浆虫等虫害。可以根据麦田主要病害或虫害防治佳期选择用药。

4. 小麦抽穗期—灌浆期一喷三防（5月1~15日）

此阶段主要是防治小麦白粉病、锈病、赤霉病、穗蚜、麦叶蜂等病虫害。目的是杀虫、治病、抗干热风，实施"一喷三防"技术。常使用药剂：苯醚甲环唑、烯唑醇、噻虫嗪、联苯菊酯、毒死蜱、吡虫啉等药剂复配剂。

（1）小麦白粉病 一般小麦中后期发病，每亩用12.5%烯唑醇可湿性粉剂30~60克或30%苯甲·丙环唑乳油35毫升对水30千克喷雾。

（2）小麦锈病 每亩用12.5%氟环唑悬浮剂50~60克或25%苯甲·丙环唑乳油4 000~5 000倍液全田喷雾。每隔7天喷一次，连喷2~3次。

（3）小麦赤霉病 小麦齐穗后扬花前每亩40%多菌灵胶悬剂120克或30%苯甲·丙环唑10克对水30千克喷雾。

（4）小麦穗蚜 当百株有蚜500头时用药防治。每亩用10%吡虫啉可湿性粉剂30克对水30千克喷雾，或者5%高效氯氟氰菊酯乳油40毫升对水30千克喷雾。

（5）小麦叶蜂 麦田每平方米幼虫50头以上时，可结合治蚜一并用药防治。可用48%毒死蜱乳油1 000倍液全田喷雾。

综合防治方法：苯甲·丙环唑+噻虫嗪+联苯菊酯+磷酸二氢钾+助剂。主要防治小麦白粉病、锈病、赤霉病等真菌性病害和穗蚜、麦叶蜂等虫害并防干热风。

专业化无人机飞防公司一般使用专用药剂即超低容量液剂，区别于常规药剂。超低容量液剂具有比重大、下沉速度快，靶标作物润湿、渗透性强的特点，防治效果好。

第二章 玉 米

玉米是中国重要的粮食作物之一，种植面积和总产量仅次于小麦和水稻，居第三位。河北省黄骅市玉米生产发展比较稳定，常年播种面积50多万亩，2016年全市玉米播种面积48.2万亩，平均单产237千克，总产达到11.4万吨，为促进全市粮食生产和国民经济发展做出了重要贡献。

玉米不仅是一种适应性广、营养丰富、用途广的高产粮食作物，而且，是重要的饲料作物和适于深加工附加值较高的作物。概括讲有四大优势。

第一，玉米是高产作物，增产潜力大 玉米是C4植物，光合作用效率高，净光合作用比小麦、水稻的净光合效率高2~3倍，从而形成了玉米高产的理论基础。加之黄骅市自然条件非常适宜玉米的生长发育，除了生长高峰期与雨热同期外，在其生育期间的热量和光照资源也比较丰富，所以，玉米的产量高，为黄骅市粮食作物之首。

第二，玉米营养十分丰富 玉米籽粒中含有丰富的营养成分，其中，淀粉平均含量为72%、蛋白质9.6%、脂肪4.9%、糖分1.56%、纤维素1.92%和矿质元素1.56%。据中国医学科学院对主要粮食作物营养成分分析的结果，玉米籽粒中脂肪的含量较多，高于小麦、大米及小米，其蛋白质含量略低于小麦，但高于籼米。

玉米籽粒和大豆混合磨粉可做成多种食品，能提高玉米籽粒中蛋白质和脂肪的营养价值，我国各地农村都有玉米粗粮细做的习惯。用玉米掺和其他食物，制成玉米烤饼、蒸包子、花卷、发糕以及其他点心，品种繁多、味美可口、颇受群众欢迎。另外，还用玉米加工制成的早餐玉米片、玉米面包、玉米饼以及其他强化玉米方便食品，特别是在以玉米为主食的国家中较为普遍。

第三，玉米是发展畜牧业的优质饲料 玉米素以"饲料之王"著称，是畜牧业、养殖业发展的重要物质保证。利用玉米饲喂家禽、家畜，一般每2~3千克玉米籽粒即可换回1千克肉食。目前，世界上畜牧业发达的国家，几乎都与发展玉米配合饲料有密切的关系。玉米籽粒作为猪、牛、马、家禽的精饲料，对提高畜产品产量和品质有显著作用。一般每100千克玉米的饲用价值相当于燕麦 135 千克、高粱 120 千克或大麦 130 千克。

玉米的绿色茎叶和苞叶是极好的青饲料，茎秆和叶子的饲料价值是其他谷类秸草的 1.5 倍。青贮玉米含粗蛋白 2.58%、粗脂肪 0.81%、粗纤维素 5.91%、碳水化合物 20%、矿物质 1.99%，并且汁液较多、清脆可口，适合幼畜食用。乳熟至蜡熟期收获的玉米植株，可以加工成青饲料或青贮饲料。特别是随着高赖氨酸玉米品种的选育和推广，玉米的饲用品质将会进一步得到提高。因此，玉米作为发展畜牧业的优质饲料来源，有着广阔的前景。

第四，玉米是重要的工业原料 随着科学技术的发展，玉米的工业用途十分广泛，其直接产品和间接产品约有 500 余种，其中，最重要的玉米淀粉、玉米果葡糖浆、玉米油等。玉米被食品、医药、化工和其他工业广泛应用，玉米淀粉纯度高达 99%，其质量优良，是生产青霉素、链霉素和金霉素等抗生药物的培养基，还可加工成其他产品 150 余种。用玉米制糖，出糖率高、品质好、适口性强。玉米胚可提取医药产品和玉米油，每吨玉米胚可产油 15~20 千克。玉米的其他化工用途也很多，如可发酵制酒和生产酒精等。玉米秸秆可用于造纸，生产人造纤维板。每吨穗轴可提取糠醛 150~190 千克。用其苞叶加工编织的工艺品和生活用品美观雅致、实用大方、物美价廉，是出口创汇的好产品。随着科学技术的发展，玉米的工业用途会越来越广泛，在人民生活中的地位也将越来越重要。

第一节 玉米生产概况

黄骅市当前玉米生产概况。

（一）生产条件差

黄骅市地处半干旱季风气候区，多年平均降水量 540 毫米。黄骅市中低产田多为土地干旱、盐碱、瘠薄多灾，玉米产量低而不稳。

（二）品种使用混杂且纯度偏低

由于种子市场的开放，全国各地玉米种子的涌入，致使生产上玉米种子鱼龙混杂，有的品种不适宜在本区种植却被盲目引入；有的品种质量低劣，从而严重影响玉米生产。

（三）耕地重用轻养、肥力不足

由于有机肥和化肥投入不足，黄骅市大部分耕地土壤缺磷、缺钾、少氮；有机质含量偏低。另外大部分耕地还严重缺乏锌、硼等微量元素。因此，耕地土壤瘠薄、养分不足是制约土地生产力的又一主要因子。

（四）栽培技术落后、良种良法不配套

现行的农业技术推广体系对目前一家一户的生产经营方式存在较大缺陷，许多成熟的技术成果不能很快用于生产，不少新品种因栽培技术不当，不能充分发挥其应有的增产作用。更谈不上优选品种并根据当地的生产及生态条件进行高效种植体系的研究。

（五）科学防治病虫害不利，且存在严重环境污染

针对以上问题，在适应本地的生产条件和尽量减少农业用水的前提下，选择适宜的优良品种，配以适宜的种植和组装配套的栽培技术体系，使黄骅市中低产田大幅度提高经济效益和产量，为河北省农业生产和农民增收做出应有的贡献。

近些年来，随着新品种的不断引进、更新，良种良法配套技术推广和国家科技支撑项目"渤海粮仓"科技示范工程项目的实施，广大农民种粮积极性很高，出现了大批玉米高产典型。2013 年在黄骅二科牛村面积 40 亩，采用宽窄行、一穴双株种植样式，建立的"夏玉米一穴双株增密种植技术"示范田进行了田间检测，平均亩产 748 千克，比对照增产 65.1%，创黄骅玉米单产最高纪录，实现了农业增效、农民增收。有以下主要技术措施。

（1）选用最新的玉米高产、优质、抗病新品种 研究表明，高产杂交种在玉米增产诸因素中起 10%~20% 的作用；通过对河北省及国家已经审定和正在试验的玉米新品种进行实验，筛选出适宜黄骅市中低产田种植的新品种。如农华 101、中单 909、蠡玉 35、中科 11、伟科 702 等，它们都比目前生产上应用的常规品种明显增产。

（2）采用新技术 采用一穴双株种植技术、采用宽窄行种植技术等新技术、采用单粒播种和适时早播技术等新型耕作技术。

（3）改进施肥技术，使用测土配方施肥提高养分利用率 根据玉米需肥规律研究报道，每生产 100 千克玉米籽粒，需吸收氮、磷、钾分别为 3.4 千克、1.2 千克和 3.2 千克，其比值为 1∶0.36∶0.95；研究表明，化肥当季利用率为：氮 30%~35%、磷 10%~20%、钾 40%~50%；高产条件下，还需要补充锌、硼等微量元素。采用测土配方、平衡施肥，根据测土结果依据玉米需肥规律，计算出增加肥料元素的种类和数量。注意秸秆还田和增加有机肥的施用，培肥地力增加产量。

（4）科学灌溉，提高水分利用率，走节水型农业的路子 根据玉米需水规

律，提高水分利用率，采用适宜的灌水指标和节水灌溉制度。其中，包括建立耕耙保墒制度、秸秆覆盖以及包衣剂等技术措施，达到即节水又丰产的目的。

（5）玉米田化学除草技术

①土壤封闭性除草剂 使用时间在玉米播种后出苗前。这一时期杂草正处于出苗期，易触药而死亡。使用方法：要求必须在浇水或降雨后田间湿度较大时使用。每亩药量对水 40~50 千克，搅拌均匀后对土壤表面均匀喷雾。喷药时边喷边退。

②触杀性除草剂 使用时间在玉米出苗后，而田间所有已出土的 15 厘米以下杂草及未出土的一年生由种子繁育的禾本科杂草和阔叶杂草。使用方法：对药时要充分摇匀，按每亩药量对水 40~50 千克，搅拌均匀后，定向喷雾于杂草及土壤表面，严禁喷到玉米上，以免玉米受害。

（6）科学防治玉米病虫害 玉米一生主要虫害有玉米螟、蚜虫、地老虎、金针虫、蛴螬、棉铃虫、二点委夜蛾等；病害主要有粗缩病、青枯病、黑穗病、大小斑病等。

（7）适期晚收 克服苞叶发黄即收获的老习惯，此时，玉米正处于蜡熟期，千粒重仅为完熟期的 90%，一般减产 10% 左右。适当推迟收获期简便易行，不增加生产成本，在玉米籽粒乳线消失即苞叶发黄后 7~10 天开始收获，减少千粒重下降，而且，可以明显的使玉米增产，可以亩增产 25~75 千克，是一项增产增效好的技术措施。

第二节　玉米栽培的生物学基础

一、玉米的类型及生育期

玉米属于禾本科玉米属，栽培种中根据籽粒形状可分为：硬粒型、马齿型、半马齿型、粉质型、甜质型、甜粉型、爆裂型、蜡质型、有稃型。

硬粒型：果穗多呈圆锥形。籽粒顶部略呈圆形，坚硬，外表透明有光泽，多为黄色和白色；胚乳大部分为角质，近胚部有少量粉质淀粉，品质好。适应性强，成熟较早，单位面积产量较低但较稳定。

马齿型：果穗多呈圆筒形。籽粒扁平略方形或长方形，粒色多为黄色和白色；角质胚乳少，分布在籽粒两侧，粉质胚乳多，分布在籽粒中部和顶部。成熟时粉质胚乳失水快，使籽粒顶部凹陷呈马齿状。品质较差，产量较高，目前栽培面积较大。

半马齿型：籽粒顶部凹陷浅或不明显。是由硬粒型和马齿型杂交而成的不稳定类型，又称中间型。

有稃型：无栽培价值，其他类型在我国很少栽培。随着加工业的发展，有的类型可以逐渐发展。

玉米大多数品种的生育期为 70~150 天，根据生育期的长短可分早、中、晚熟 3 种类型。

早熟品种：指春播 100 天以内，夏播 90 天以内的品种。植株矮小、茎细叶小、叶片数少，单株产量较低。

中熟品种：指春播 100~120 天，夏播 90~96 天的品种。植株、果穗和籽粒等性状均介于早熟品种与晚熟品种之间，适应性较强，单株产量较高。

晚熟品种：春播 120 天以上，夏播 96 天以上的品种。植株高大，茎秆粗壮，单株产量较高。

玉米一生中经历的物候期有：播种期、出苗期、拔节期、抽雄期、散粉期、吐丝期、成熟期等。通常以田间有 50% 的植株的某一器官达到一定标准的日期表示。在玉米科研和生产上，一般把玉米生长发育紧密相关的生育期划分为 3 个时期，即苗期（出苗—拔节期）、穗期（拔节—雄穗开花）、花粒期（雄穗开花—完熟期），也称为 3 个阶段。

二、玉米器官的生长及功能

（一）根系的生长及功能

玉米的根为须根系，它是有初生根、次生根和气生根组成（图 2-1）。

1. 初生根

又称种子根、胚根或临时根。玉米初生根是由初生胚根和次生胚根组成。玉米种子发芽时，首先从种胚长出一条幼根，叫初生胚根或主胚根。经过 1~3 天后在初生胚根两侧又陆续长出 3~7 条幼根，叫次生胚根。初生胚根迅速入土 20~40 厘米，以后初生胚根和次生根上陆续长出许多支根和根毛，形成密集的初生根系。初生根具吸收供应水分和养分的能力，除主要供给苗期外，并可持续到成熟。

2. 次生根

又称地下节根、不定根和永久根。玉米生长 2~3 片叶后，次生根从密集的地下茎节由下向上轮生，一般 4~6 层，生育期长的品种多达 8~9 层。从次生根长出到拔节期，早熟品种可长 3~4 层，晚熟品种 5~6 层。1~2 层每

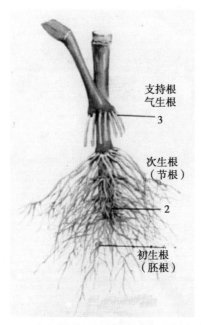

支持根
气生根
3

次生根
（节根）
2

初生根
（胚根）

图 2-1　玉米的根系

层根 4~5 条，3~4 层各约 30 条。拔节前每株玉米可形成 40~70 条次生根，下层根长、上层根短，先向四周伸长，后向下垂直生长，形成庞大的次生根系，深度可达 2 米以上，95% 的根系集中在地表下 40 厘米土层内，是玉米吸收水分和养分的主要根系。

3. 气生根

气生根是从地上茎节上长出来的，又叫地上节根或支持根。孕穗到抽雄前地上部可轮生 2~3 层，每层有根 10 条左右，多的可达 20 条以上。气生根粗壮，有支撑防倒作用，也是玉米中后期吸收水分和养分的重要根。

玉米每条根上都可以产生分枝，分枝上又可产生分枝。每条分枝的尖端部分称根尖，根尖上产生许多像"管子"一样的根毛，平均每平方毫米约有根毛 400 多条。根毛在土壤中无缝不入，分泌有机酸类，吸收水分和养料。据计算，一棵高大的玉米，其根系总长度 10~12 米，根系的表面积约有 1.18 平方米，其中，分枝约占 89%。这样强大的根系网络，大大增强了玉米吸收水分和养分的能力及支持固定作用。

根的生长和吸收特点表明，玉米栽培要深耕松土，分层施肥，种植行距不宜过大或过小。

（二）茎的生长及功能

玉米茎秆由节和节间组成。茎上突起的环状部分叫节，节与节之间叫节间。节的表皮为革质，中为髓质充满。叶着生在节上，1节1叶，互生，叶数和节数一致，一般中熟品种有17~25节，生育期长的品种节数多，有的可达30多节，早熟品种节数少，有的只有10余节。一般5~8节位于地面以下，其余的节都在地面以上。近地表各节粗壮且短，以上逐渐伸长，果穗下一节最长，此后又逐渐向上缩短。茎秆粗度一般2~4厘米。玉米的全部茎节，在拔节前雄穗生长锥伸长期，即已分化形成。节间长短和茎粗除受品种影响外，还与肥水、密度以及气候条件等有关。气候冷凉，肥料充足，密度小，节短粗壮；气候温暖，雨水较多，密度大，氮肥过多，秆高，节长，茎细，易倒伏。

因此，栽培上既要注意控制基部节间，防止过度伸长，同时又要促进穗下节间的生长。玉米茎秆除支撑玉米植株生长外，还有运输水分和养分，合成、贮藏营养物质的功能，可暂时贮藏叶片制造的光合产物，到生育后期向穗部输送。

（三）叶片的生长及功能

玉米叶片由叶片、叶鞘、叶舌和叶枕4部分组成。

1. 叶片

叶片是玉米叶的主要部分，是进行光合作用、制造有机物质、形成产量的场所。它由表皮、叶肉和维管束构成。表皮分为上、下表皮，上面有许多哑铃形的小孔，称为气孔。它能自动启闭，与外界进行气体交换，是水分散发和喷施的农药、化肥进入叶内的"门户"。叶的上表皮有特殊的大型细胞——运动细胞。当天气干旱、供水不足时，运动细胞失水，体积变小，叶片即向上卷缩成筒状，减少水分散失。叶肉位于上下表皮之间，其细胞里有许多叶绿体，内含叶绿素，它是进行光合作用制造有机物质的主要器官。叶片中的叶脉，系维管束组织，它是叶内水分、养分输送的管道。

2. 叶鞘

叶鞘紧包节间，肥厚坚硬，有加固茎秆，增强抗倒能力。

3. 叶舌

位于叶片与叶鞘交接处内侧，有一无色薄膜叫叶舌，紧贴在茎秆上，可防止雨水、灰尘、病虫等侵入茎鞘之中。

4. 叶枕

叶片与叶鞘交界处外侧部位耳状形的叫叶枕，又称叶耳。

玉米叶为互生，它的生长过程可分为分化、伸出、展开和衰老四个时期。新种子发育过程中，种子内已分化出 5~6 个叶，其余 10 几个叶是在播种发芽、拔节前由茎生长点分化形成的。到拔节时，所有叶子都已分化形成，只是还没有伸出来。新叶露出 2~5 厘米后叫可见叶，整个叶片露出叶鞘叫展开叶。叶片展开后面积最大，光合能力最高，制造的营养物质除满足本身需要外，还能供给其他器官生长发育，通常把这种叶称功能叶。叶片从展开到变黄衰老的时间，叫作功能期。叶片功能期越长，对干物质生产的贡献越大，是植株健壮高产的表现。

玉米叶只有伸出见到阳光之后才能进行光合作用。由于各个器官和叶片形成早晚与位置不同，各叶的功能期长短也不一样，因而不同部位的叶片，制造的光合产物输送给各器官的多少也不一样。据此，把叶片划分为根叶组、茎叶组、穗叶组和粒叶组。如有 20 片叶的中熟玉米品种，基部 1~6 叶为根叶组，它的光合产物主要供给根系；7~11 叶为茎叶组，它的光合产物主要供给茎秆，其次是雄穗；12~16 叶为穗叶组，它的光合产物主要供给雌穗生长，其次是籽粒；17 叶至顶叶为粒叶组，它的光合产物主要供给籽粒。

玉米果穗着生在植株的"腰间"。因此，穗位叶及其上、下各 1 叶，称为"棒三叶"，它对籽粒产量的贡献最大，其次是上部叶。据试验，剪去"棒三叶"，单株减产 40%~50%。雌穗和籽粒生长发育所需的碳水化合物有 50%~70% 来自中部和上部叶片。根据叶片生长规律，在 5~6 叶展开时（拔节期）施肥浇水，有促进"棒三叶"和上部叶片生长、延长功能期的作用；在开花期施肥、浇水，有防止叶片早衰，提高光合能力的作用。

（四）玉米雌雄穗的形态及功能

玉米是雌雄同株异花授粉作物。雄穗着生在茎的顶端，又叫"天穗"。玉米雄穗属圆锥花序，由主轴、分枝、小穗和小花组成。主轴和茎秆相连，主轴上部着生 4~11 行成对的小穗，中下部着生 5~15 个分枝。每个分枝上着生两行成对的小穗。每个小穗有两朵小花。雄花的花药为黄色和紫色。花药成熟后，散出花粉，即为开花。雄穗开花顺序是先主轴后分枝。无论主轴或分枝，都是中部几个小穗先开花，然后上下两端的小穗顺序开花。主轴的下部与分枝的上中部同时开花。在晴天，整个开花过程 5~8 天。开花后的 2~5 天为开花盛期。一般，一个雄穗可散出 1 500 万~3 000万粒花粉。大量的花粉有利于雌穗的花丝授粉。一般雄穗抽出 2~5 天开花，每天 7~11 时开花最盛，7~9 时开花最多。

玉米雌穗，又称雌花序，是由植株上的腋芽发育而成，着生在植株腰间。雌穗受精结实后称为果穗，俗称"棒子"。

果穗着生在叶腋间的短果枝上，此短果枝称为穗柄。穗柄各节生一个变态叶，叶片退化，叶鞘发达，称为苞叶。苞叶紧包果穗，有保护作用。有的品种苞叶上仍有小叶片，有一定光合作用，但对授粉不利。苞叶的叶腋中也能形成腋芽，有时发育成二级果穗，形成果穗分枝，农民称"娃娃穗"。娃娃穗对形成产量没有什么帮助。

果穗的中心部分为穗轴，穗轴有白、红、紫 3 色，是区别品种的重要特征。穗轴的粗细因品种而异，细轴的品种出籽率高，轴重占果穗重的 20%~25%。穗轴节很多，一般有 50~70 个节，每节着生两个无柄小花，成对排成双行，每小穗内一花结实一花退化，故果穗粒行数为双数。每一朵雌花内有一条花丝，花丝的任何部位都能接受花粉而使子房受精结籽。每穗籽粒行数多为 12~18 行，也有 8~30 行。中等果穗 300~500 粒。一般晚熟品种穗大，行数多，粒数多；早熟品种穗小、行少、粒少。

夏玉米出苗后 20 天左右，雌穗腋芽开始分化，发育过程中雄花退化，雌花发育。雌蕊由子房、花柱、柱头组成，当花丝露出苞叶即为开花。雌穗开花顺序是果穗下部的 1/3 花丝先抽出，其次是中部 1/3，最后是上部 1/3 抽出。一般雌穗比雄穗开花晚 2~3 天，也有同时开花的。从第一花丝吐出至全部花丝吐出，需 5~7 天。开始吐丝后的 2~4 天（大部分花丝已吐出），授粉结实力最强，7 天以后授粉率下降，13 天后花丝已接近丧失生活力、高温、干旱、缺肥、渍涝、密度过大、雌雄花开花时差加大，甚至花丝迟迟不出，往往造成减产乃至绝收。

玉米花丝授粉后，花丝由黄绿色变紫红色，表明已经受精，花丝不再伸长，2~3 天后变褐干枯。如花丝迟迟不能授粉，并保持绿色，应采取相应的剪苞叶、剪花丝的措施，进行人工辅助授粉，以便提高授粉结实率。

（五）玉米雌、雄穗分化的简单过程

玉米的雄穗是由茎生长锥分化而来。拔节时，茎节和叶片已全部分化形成，茎生长锥开始伸长，并逐步分化出雄穗分枝、小穗、小花和雄蕊，最后形成一个完整雄穗，抽出心叶，开花散粉。雄穗分化的简单过程可划分为生长锥伸长期、小穗分化期、小花分化期、性器官发育形成期和抽穗期。

雌穗是由茎上腋芽分化发育而成。雌穗开始分化的时间比雄穗分化晚 10 天左右。雌穗分化过程与雄穗大体相似，即分为生长锥伸长期、小穗分化

期、小花分化期、性器官发育形成期和抽丝期。其中，雌穗小花分化期的植株形态为大喇叭口期，此期是决定雌穗粒行数多少及籽粒行排列是否整齐的关键时期，也是决定雄穗花粉量和生活力高低的关键时期；雌穗性器官发育形成期，处于雄穗孕穗期，是决定败育小花多少的重要时期；抽丝前后各 5 天，是决定果穗大小的关键时期。

玉米雄、雌穗分化时期开始和结束的经历时间，品种之间有差别，但从雄穗生长锥伸长到开始开花，早、中、晚熟品种均需 30~35 天；雌穗生长锥伸长到吐丝期结束，一般需 22 天，品种之间差别不大。由此可见，品种生育期长短的差别，主要是由苗期、籽粒形成期到成熟天数的不同而造成。

（六）籽粒的形成及功能

玉米的果实，通常称籽粒或种子。玉米花丝受精后至 15 天前，分化形成胚根、胚芽鞘、胚芽、盾片、中胚轴及第一胚叶。与此同时，果穗和籽粒增大，籽粒内容物呈透明清水状，故称籽粒形成期，也是决定穗粒数多少的关键时期。

玉米受精后 15~35 天，胚乳开始呈乳状，后变为浆糊状，故称乳熟期。此期籽粒增重迅速，千粒重日增可达 10 克左右。在这 20 多天内，籽粒积累干物质重量达到成熟时粒重的 70%~80%，含水量在 45%~80%，发芽率可达 95% 左右，此期是决定粒重的关键时期，需有较大的绿色叶面积制造养分。所以，加强玉米后期管理，防早衰，对提高粒重十分重要。

玉米受精后 36~45 天，籽粒处于脱水阶段，水分由 45% 减少到 20% 左右，胚乳中糊状变为蜡状，故称蜡熟期。蜡熟期后为完熟期，养分停止输入，籽粒变硬，具有光泽，千粒重达到最大值，去掉籽粒尖冠呈现黑色层，为适时收获期。

三、玉米生长发育与环境条件的关系

（一）与温度的关系

玉米喜温，通常以 10℃ 为其生长发育的最低有效温度。但不同生育时期各器官对温度要求不同。玉米种子在 6~7℃ 时开始萌动发芽。但发芽极慢，易发生烂种。发芽最适宜的温度为 25~35℃，10~12℃ 时发芽较稳健。玉米在 20~24℃ 的温度时，利于根系生长，形成壮苗。茎节在 18℃ 开始伸长，拔节孕穗期以 24~26℃ 为宜，抽雄开花期时温度的要求极为敏感，最适宜的平均温度为 25~27℃，低于 18℃ 或高于 35℃ 均不能开花。灌浆成熟期要求

22~24℃、昼夜温差较大的温度条件，低于16℃停止灌浆。

气温的高低对玉米各生育时期的生育速度和生育期的长短影响很大。据山西省农业气象研究所资料，出苗至抽雄期日平均气温由19℃左右提高3℃，可缩短11~19天，后期温度由24℃左右提高1~5℃，抽雄至开花的天数可缩短1~5天。所以，玉米生育期随温度升高而缩短。

玉米一生要求达到10℃以上的积温才能正常成熟。晚熟品种对温度反应敏感，要求积温多，早熟品种较少。据全国玉米良种区试资料，我国主要品种要求的10℃以上的积温大致是：早熟品种为2 000~2 200℃，中熟品种为2 200~2 500℃，晚熟品种为2 500~2 800℃，一般表现积温越多，产量越高。

（二）与光照的关系

玉米是短日照作物，以每天8~9小时的较短日照发育最快。早熟品种反应迟钝，每天12小时的日照无影响或影响不大，而晚熟品种反应敏感，延长日照时间生育期明显延长。北方品种到南方种植生育期缩短，主要是因为南方的日照时间短。

玉米喜光，光照充足可促进玉米的发育，光合作用合成的有机物是玉米健壮生长和形成产量的基础，光照充足光合作用旺盛，合成产物多而且运输快。光照不足，光合产物少而呼吸消耗多。玉米不耐阴，最大叶面积系数为3.5~4.0时，基部光照强度即接近光补偿点，所以，种植密度不宜过大。

（三）与水分的关系

水分是决定玉米植株生命活动强弱的原生质重要成分（原生质80%是水）。有了水，玉米叶片才能进行光合作用，制造各种有机物质；有了水，玉米根系才能从土壤中吸收氮、磷、钾等矿质元素。矿质元素在植株内的运转、分配和合成有机物质的过程，都必须在水分充足的条件下才能正常进行。

玉米播种出苗最适宜的田间持水量为65%~70%，低于50%，出苗就困难。出苗到拔节，田间持水量保持在60%左右，有利于促进根系生长发育，茎秆粗壮。玉米抽雄前10天至抽雄后20天，是玉米需水的临界期。此期田间持水量一般应保持在75%~80%，玉米高产田应达到80%，若低于60%，就会造成"卡脖旱"而减产。灌浆末期到蜡熟期，田间持水量应保持在75%左右。蜡熟到成熟需水量虽然较少，为防止植株早衰，田间持水量也应保持在65%左右，但不能低于45%，以确保穗大、粒多、粒饱、高产。

（四） 与养分的关系

玉米一生需要从土壤中吸收大量养分，其中，以氮、磷、钾最多，必须通过施肥予以补充。需肥量是指玉米一生从土壤中吸收养分的数量，一般随产量的提高而增加。对三要素的吸收，以氮最多，钾次之，磷最少。据资料分析：每生产100千克玉米籽粒所吸收的纯氮、五氧化二磷、氧化钾分别为2.6千克、0.9千克、2.1千克，大致比例为2.5∶1∶2.0。

不同生育时期吸肥量差别很大，其总的趋势是：苗期植株小，生长慢、吸收养分少；拔节至开花期营养生长和生殖生长并进，生育旺盛，吸收养分多，是玉米一生需肥的关键时期；开花后营养生长减慢，以生殖生长为主，吸收养分减少。根据夏玉米的需肥特点，应在拔节期追肥，以满足需要。

从玉米生长发育的需求来讲，微量元素需求量比较少，而氮、磷、钾3种元素对玉米的正常生育特别重要，需要量大，而土壤中贮藏的又不多，所以，补充氮、磷、钾等元素对玉米正常生育，提高单产就显得特别重要。

四、玉米整地技术

（一） 玉米丰产的土壤条件

土壤是玉米丰产的基础，土壤内部的水、肥、气、热动态变化相互协调，可满足玉米生育过程中各阶段的生理需要，玉米就能长得根深叶茂、产量高，相反则玉米生长弱，后期贪青倒伏，空秆率高。由于玉米的根系强大、喜温、耐肥，因此，为了获得高产，必须有一个土层深厚、质地适中、土壤结构良好、疏松通气、保水、保肥和灌排良好的土壤条件。

1. 土层深厚、质地适中

玉米根系发达，入土深，一株玉米的根系多达50~120条，入土深1.5~2米，水平分布1米左右，且95%集中在0~40厘米土层内。因此，要使得玉米高产，必须选择或创造一个土层深厚的土壤条件。一般整个土层深厚，至少保持在1米左右，且表面要求有20~30厘米的活土层，才能满足高产玉米根系生长发育对土壤的要求。

2. 土壤结构好、疏松通气

玉米苗期是以根系生长为中心的，因此，苗期管理的首要任务是创造好玉米根系生长的土壤条件，保证土壤疏松通气，以促根系下扎。试验证明在水分、养分充足的情况下，玉米幼苗随着土壤坚实度的增大，根系活动受到限制，因而严重影响幼苗干物质的积累。玉米是需氧较多的作物，其根部进行呼吸作用须从土壤中获得较多数量的氧气。在肥沃而通气不良的土壤上，缺氧是造成玉米黄苗的主要原因。所以，玉米在生长期间要勤中耕、深中耕，同时要注意灌水、排水，以保证根系生长对氧的需要。

3. 土壤透水、保水性能好

玉米高产田要求土层深厚，耕层渗水快、下层保水性能好，耐旱、防涝能力强的土壤。土壤黏重、通透性能差、排水不良、玉米出苗慢，根、茎、叶生长迟缓；沙壤土渗水性强，不利保水、保肥。对黏重土或沙壤土，应采取措施，改良土壤，为玉米高产创造良好的蓄水、保水、排水的土壤条件。

（二）培肥土壤

实践证明，没有一定的土壤肥力基础，良种、密植和水肥等增产措施，就很难完全发挥作用，因此，改土、培肥地力必须作为农业生产的一项根本措施。

1. 培肥地力

培肥土壤的关键在于增加土壤有机质的含量，改善土壤的理化性状，提高土壤对水、肥、气、热的自身调节能力。培肥地力的主要途径是：

（1）秸秆还田　土壤有机质含量的多少是衡量土壤肥力的重要指标，也是决定耕性好坏的重要因素。施用有机物质，实行秸秆还田是提高和维持土壤有机质含量的重要措施。黄骅市近几年小麦、玉米秸秆还田的面积不断扩大，这是解决有机肥来源不足的有效途径，也是改善土壤结构，增加有机质含量的重要措施。如果将5万吨玉米秸秆还田，就相当于向土壤中投入1 000吨硫酸铵化肥，可见秸秆还田培肥地力的作用是可观的。

（2）积造有机肥　积造有机肥，增加农家肥的施用量是培肥地力的重要措施。首先是有机肥料来源广、数量大、成本低。有机肥的主要来源是人、畜粪便，各种杂草和农作物秸秆等。有机肥中含大量有机质，在土壤中，有机质腐烂后，可以形成腐殖质，腐殖质除了可以使沙土提高保水、保肥、保温的能力外，还可以使黏重的土壤变得疏松，改善土壤通气状况，增强土壤水分的渗透性。因此，积造、使用有机肥料也是培肥土壤的有效途径之一。

2. 秸秆还田技术

（1）玉米秸秆直接还田　一是用秸秆还田机边耕翻边直接将秸秆粉碎并翻入土中；二是玉米收获后，利用秸秆粉碎机或铡刀将玉米秆铡碎，结合种麦将其耕翻入土。但玉米直接还田需要采取4个关键技术措施：①玉米收获前必须浇好底墒水，以免耕翻后土壤干旱玉米秸不易腐烂。②要铡碎，在地里铺匀，用量要适当，一般每亩还田量250~300千克。过多翻入影响秸秆腐烂，影响播种。③必须深翻、盖严、压实，不然影响播种或架空小麦根系，使之吸不到水分、养分而导致死苗。④要调解碳氮比例，根据试验，一般还田250千克秸秆，结合播种小麦应每亩底施纯氮4千克。

（2）小麦秸秆直接还田　①秸秆盖田，在雨季到来之前，当玉米长到33厘米以后，将小麦秸秆铺撒在玉米垄里，经过雨季腐烂后，秋季种麦结合深翻入土中做小麦基肥，铺盖麦秸要做到适时、适量、铺盖均匀，每亩用麦秸250~300千克，同时，配合施用除草剂。在种麦时还应每亩底施12.5千克纯氮，以调节碳氮比，加速麦秸腐烂。②高留茬，即在麦收时，用联合收割机把籽粒收获后，用秸秆粉碎机灭茬，而后直接播种夏玉米，或在茬间种玉米。

（三）夏玉米的整地技术

整地是实现高产的基础环节，是充分利用土地资源，保护生态环境，保持水土、肥力和夺取较高经济产量的具体措施。

1. 免耕直播即铁茬播种

具体做法是小麦收获后，不经过耕地和整地而直接在麦茬地上播种玉米的种植技术。农民习惯上称之为"铁茬播种"或"贴茬播种"技术。免耕直播技术不同于传统的夏直播技术，在收获小麦后不经过任何耕地或整地作业，直接在原小麦行间进行机播、耧播。它们的优点是：一是减少农耗时间，争取农时，可以有效地延长玉米生长时间。二是有利于提高播种质量和幼苗整齐度。机械播种可使播种深浅和覆土一致，幼苗出苗整齐。三是利于机械化作业，提高劳动效率。四是秸秆还田可提高土壤肥力。五是减少耕整作业，减轻土壤风蚀影响，减轻因秸秆焚烧而造成的环境污染。六是在播种的同时可施用少量肥，利于提高幼苗素质。

夏玉米免耕直播应注意以下几个技术环节：

①小麦秸秆处理　小麦收割要尽可能选用装有秸秆切碎和抛散装置的收割机，或在玉米播种时选用带有灭茬功能的玉米免耕播种机，一次性完成秸秆粉碎、灭茬和玉米播种等多项作业。麦秸的粉碎长度不宜超过10厘米，麦秸抛撒要均匀。

②抢时早播　由于夏玉米生长时间较短，应在收获小麦后尽早播种。

③要提高播种质量　由于小麦收获后土壤表面较干，较硬，另外由于小麦秸和麦茬的影响，给播种作业带来一定难度。因此，提高播种质量成为夏

玉米免耕直播技术的关键。

④施用种肥 由于免耕播种机一般都带有施肥装置,可在播种的同时,每亩施用 10～15 千克的氮、磷、钾复合肥。⑤浇好"蒙头水":为提早播种,一般在小麦收获后先播种,然后再浇"蒙头水"。

2. 局部整地

即半软茬播种的方法,具体做法是在小麦收获后,按玉米行距用耧子开沟,深 10 厘米左右,把种子点播在沟内,然后趟平,播后用石滚镇压或随点播随用脚踩实,使种子与土壤紧密接触,以利于种子吸水发芽。

3. 全面整地

麦收后立即撒施有机肥及底化肥,用圆盘耙切或旋耕机浅旋耕均可,然后全面耕翻,经耙耢平整后再播种。另一种做法是撒肥后,用机引圆盘耙深切两遍或用旋耕机旋耕,耕后播种镇压。

五、玉米的播种

播种是玉米栽培的一个重要环节,技术性很强。播种时期、播种方法和播种质量等技术要求不仅关系到能否充分利用生育季节,发挥土壤肥力和良种的增产作用,而且关系到能否达到苗全、苗齐、苗匀、苗壮的目的。最终将关系到玉米的产量。目前,玉米播种后不能全苗,主要是整地粗放、土壤墒情不足、播深不均、种子质量不高等原因造成缺苗断垄,因此,要想玉米高产,必须把好播种关。

(一) 选用良种及种子处理

因地制宜地选用良种是提高玉米产量防治病虫害的一项有效措施,因此播种前必须选用良种,并进行种子精选、种子处理工作,为适时播种、提高播种质量创造良好条件。

1. 选用优良品种的原则

优良品种具有一定的适应性,在一定的环境条件下表现高产、优质。在此地高产、优质的良种移到其他生态条件下栽培,则不一定高产。因此,对品种进行选择要坚持因地制宜。其原则是:

(1) 按当地气候条件选用品种 玉米生育期长短不同,所需积温多少也不一样。一般来说,生育期长的玉米杂交种丰产性好,增产潜力大。所以,应选择在当地气候条件下,既能保证玉米正常成熟,又不影响下茬作物适时播种的生育期比较长的品种,以便能充分有效地利用当地的自然资源,发挥良种生产潜力。如果所选择的品种生育期偏短，那么，当地宝贵的热量资源便会白白地浪费；假如所选择的品种生育期偏长，那么玉米又往往不能正常成熟，籽粒瘦瘪，影响产量。

（2）按当地生产条件选用品种 生产潜力不同的玉米杂交种，所需要的生产管理条件也不一样。产量潜力较高的品种，需要较高的生产管理条件。产量潜力较低的品种，其生长发育所需的生产管理条件也相应较低。因此，在土壤肥沃、肥水充足而且生产管理水平又较高的地区或田块，可以选择那些产量高、增产潜力大的玉米杂交种，以获得较高的产量。而在土壤瘠薄、肥水不足、生产管理水平又比较低的地区或田块，就应选择那些产量潜力不高，但稳产性能比较好的玉米杂交种，以获得相对高的产量。如果不因地制宜，从实际生产条件考虑，而一味地追求"高产"，往往会事与愿违，出现高产品种不高产，丰产条件不丰产的现象。

（3）按当地种植制度选用品种 种植制度不同，对品种的要求也不一样。黄骅市一般是上茬小麦下茬玉米两熟制，玉米以夏播为主，近年来，农民在选择品种上，认为品种生育期愈长，产量愈高，生育期与产量在一定时间内，应成正比关系，但生育期过长，遇到霜期早的年份，有效积温不足，易出现结实不正常，后期成熟度差，产量低，并影响适时种麦。因此，应选择生育期90~100天的早熟种或中熟种为好。以确保玉米正常成熟，发挥其产量潜力，为下茬作物的适时播种打下良好基础。

（4）选用抗病品种 目前生产上推广的玉米良种，其抗病种类和程度大致相同，但也有各自的特点。黄骅市玉米常见的病害有大斑病、小斑病、黑粉病、黑穗病、粗缩病等，因此，要根据这些常见病害，选用相应的抗病品种。

（5）选用市场需求的品种 在畜牧饲养业比较发达、玉米主要作饲料的地区，要选用籽粒和茎叶产量都高，成熟时青秆绿叶，籽粒和茎叶都可作饲料的粮饲兼用型玉米良种，或选用高赖氨酸玉米良种；在奶牛业比较发达、玉米主要作青贮饲料的地区，要选用高秆大穗或分蘖多、茎叶繁茂的品种；在城镇近郊，以供应市场鲜穗或供应餐桌上用的，应选用糯玉米或甜玉米良种，以提高经济效益。

（6）选用高质量的杂交品种 玉米种子质量包括种子纯度、净度、发芽率和含水量等内容。国家规定，玉米单交一代种子，分为一级良种和二级良种，其纯度分别不低于98%和96%，净度不低于98%，发芽率均不低于85%，含水量均不高于13%。种子纯度的高低和质量的好坏都会直接影响到玉米产量的高低。据山东省农业科学院玉米研究所试验表明，玉米种子纯度每下降1%，每亩减产8.165千克。因此，选购高质量的优质玉米品种，是实现玉米高产的有力保证。

（二）种子处理

好种出好苗，优良种子是培育壮苗的内因，种子经过精选和处理后，可以提高质量，保证种子饱满、无病、发芽率高、生活力强，能为出苗健壮、整齐打下基础。

1. 晒种

播种前选择晴朗天气，把玉米种子薄薄地放在草席上，连续晾晒2~3天，能促进种子后熟，降低种子含水量，增加种皮的吸水能力。另外，日光中的紫外线还能杀死种皮上的部分病菌，减轻玉米丝黑穗等病的为害。经过晒种处理的种子播种后吸水快、发芽早、出苗整齐、出苗率高、幼苗粗壮。晒种可以提高出苗率13%~28%，提早出苗1~2天，增产6%以上。

2. 拌种

①微量元素拌种，根据土壤普查资料，黄骅市多数土壤缺锌，播前可用锌肥拌种，用硫酸锌拌种一般每千克种子拌入3~4克即可。②药剂拌种，用15%的粉锈宁拌种可减轻玉米黑粉病、丝黑粉病的发生。其用量为种子量的0.4%，用50%辛硫磷按种子量的0.2%拌种。可防治金针虫、蝼蛄和蛴螬等地下害虫。

3. 种子包衣

主要用吸水剂或保水剂调成种衣剂涂在种子表面，通过其吸水和保水力强的特点，提高土壤水分对玉米种子及根系的有效性。在地下害虫如蛴螬、蝼蛄和金针虫等为害的地方，可用种衣剂1号或4号，按种子量的2%拌种，其保苗率可达95%以上，并可兼治苗期黏虫、蓟马和地老虎等害虫。

（三）适期播种

1. 适期早播的意义

俗话说："春争日、夏争时""夏播无早、越早越好"，这充分说明了玉米适时早播的重要性。夏玉米适时早播，不但可延长玉米生育期，提高玉米单产，而且，可以早熟、早收获、早腾茬，保证后茬小麦适时播种。据试验，6月30日以后播种，每晚播1天，百粒重减少0.16~0.56克，平均每亩减产5~11.5千克。

适期早播增产的主要原因是延长了玉米的生育期，增加了营养物质的积累量，为穗大、粒多、粒重奠定了物质基础。另外，夏玉米早播可争取在雨季到来之前长成壮苗，避免"芽涝"，同时能促进玉米苗的根系生长，使植株健壮，可减轻玉米大小斑病和青枯病的为害。

2. 播期的确定

播期的确定应以满足玉米高产对积温的要求为原则，玉米灌浆的适宜温度为 20~24℃，根据不同品种全生育期所需要的积温即可算出适宜的播种期。确定播种期的原则是在适期内宜早不宜迟，黄骅市夏玉米的生产主要是与小麦轮作，一年两熟，所以，夏玉米播种期的确定要因小麦—玉米的种植制度和种植方式不同而异。夏玉米应在小麦收获后及时播种，一般在 6 月中旬能播种为好。

据实验，在夏玉米播期、化肥用量和密度 3 个因素中，播期的增产作用居首位，其增产幅度可达每亩 50 千克以上。适期早播，不仅延长生长期，增加有效积温，确保正常成熟，同时，还能减轻玉米大小斑病和青枯病的为害。

（四）播种技术

播种是一项要求很严格的技术，应做到适时、适量、精确、均匀。为了保证播种质量，对不同播种方法和措施都提出了量化指标，播种时应注意参考。

1. 播种量

播种量一定要根据种植密度，播种方法、种子大小、发芽率、整地质量、土壤墒情和地下害虫为害情况而定。播种量过大时，不但浪费种子，而且出苗后幼苗密集、瘦弱，间、定苗也很费工，反之，播种量不足则容易导致缺苗断垄，不能保证单位面积上有足够的苗数。

在夏玉米生产中，条播一般每亩需种子 2.5~3 千克，点播需 1.5~2 千克，每亩播种量可按下列公式计算：

$$每亩播种量（千克）= 每亩穴数×每穴粒数×千粒重（克）/1\,000×1\,000×发芽率（\%）$$

2. 播种方法

（1）条播 条播是玉米生产中广泛采用机械种植方法，这种方法用种量较多，但播种效果较高，深浅比较一致。

（2）点播 点播能节省种子，便于集中施肥，方法是按照预定的行距和株距开穴、施肥、点种、覆土。

3. 提高播种质量

在确定了播种量和选择好播种方法之后，掌握好播种深度及播种后的镇压技术是提高播种质量的两个重要环节。

（1）播种深度　深度适宜和深浅一致是保证玉米苗全、苗齐、苗壮的重要环节。如播种过深，延长种子从发芽到出苗的时间，会增加幼苗感染病害的机会。过浅不能充分吸收水分，影响种子发芽，同时根系太浅，植株生长不稳而发生倒伏。因此，夏玉米播种深度一般以5~7厘米为宜。

（2）播后镇压　播后镇压是一项技术性很强的措施，它可以防止水分蒸发、使种子和土壤密接，有利于种子吸收水分，镇压后能接通毛细管，增加土壤墒情，有利于幼苗的生长发育。

（五）玉米的合理密植

1. 协调穗、粒、粒重三者关系

俗话说："玉米高产有三宝，穗多、穗大、籽粒饱"。亩穗数、穗粒数和粒重是构成玉米单位面积产量的三个重要因素，可用公式表示为：

$$玉米籽粒产量＝亩穗数×穗粒数×粒重$$

从上式看，玉米亩产量来源于群体产量，而群体产量是由个体（单株）组成的，采取合理的种植密度，使群体和个体相互协调，而获得高产。俗话说"争穗容易，争粒难"。因此，每亩穗数是决定产量最重要因素。当每亩种植密度较稀时，粒数和粒重增加，单株产量较高。种植密度过高，虽然亩穗数有所增加，但不能弥补个体生长不良引起的穗小、粒小，单株生育力降低时，同样亩产量也会降低。因此，合理密植，使亩穗数、穗粒数和粒重三者相互协调，组成最高产量。

2. 合理密植原则

应根据当地的气候条件、土壤肥力、品种特性、产量指标、肥、水和栽培管理水平，因地制宜，确定适宜的种植密度。植株高大、叶片数多、叶片较平展、群体透光性差的品种，种植密度不宜过高，一般每亩3 000~3 500株。植株中秆型、叶片上冲、株型紧凑、茎秆坚韧、群体透光性好的紧凑或半紧凑型品种，种植密度可高些，一般每亩4 000~4 500株为宜。具体种植密度也可参照种子包装的说明掌握。

第三节　玉米高效栽培技术

田间管理是按照玉米的生长发育规律，针对各个生育时期的特点及对环境条件的要求，运用田间管理措施，进行适当的促控，以满足玉米不同生育时期对各种条件的需要，克服低温、干旱、病虫、风雹和杂草等自然灾害，避免空秆、秕粒、秃顶、倒伏等不良现象，使个体与群体协调发展，充分发挥其增产潜力，达到高产、稳产、低成本的目的。

玉米的田间管理主要分为苗期、穗期和花粒期 3 个阶段，各个生育阶段，均有其不同的特点和要求，研究、分析玉米各生育时期对环境条件的要求及其主要矛盾，探求其解决的途径，做好间苗、定苗、中耕除草、追肥浇水、防止倒伏和防治病虫害等一系列田间管理工作，对保证苗全、苗齐、苗壮和壮秆、攻穗、增粒、争取玉米丰收均有重要作用。

一、苗期田间管理

玉米苗期是从出苗到拔节这一阶段，主要是根、茎、叶等营养器官的生长，一般历时 20~22 天。

（一）生育特点及对环境条件的要求

1. 玉米苗期的生育特点

以营养生长为主。常言道："壮苗先壮根。"因此必须加强苗期管理，以促进根系生长，搭好丰产架子。玉米根系生长和地上部生长是相互联系的，根系生长健壮又可保证地上部生长所需要的水分和养分的供应。所以，保证根系生长良好，使地下部分与地上部分协调发展是苗期管理的主要任务。

2. 对环境条件的要求

①土壤温度 玉米根系生长的最适宜地温是 20~25℃，当地温降到 4~5℃时，根系基本停止生长，地温超过 35℃时，玉米根系生长速度降低。

②耗水量 夏玉米苗期的耗水量为 64.5~99 毫米，占总耗水量的 19.5%。苗期的生长中心是根系，为使玉米根系生长良好，必须保持土壤疏松和水分适宜。

（二）主攻目标

苗全、苗齐、苗匀、苗壮是苗期管理的主攻目标。苗全是玉米丰收的基础，如果缺苗断垄，就难以获得较高的产量。苗齐、苗匀是保证植株整齐度的前提，玉米对营养面积反应敏感，幼苗分布不匀、生长不齐易形成大小苗现象，而小苗长成的植株近 1/3 变成空秆，结实株的产量也只有壮株的一半。

（三）管理措施

1. 间苗、定苗

间苗、定苗的目的在于调整幼苗的光照与营养面积，根据品种、地力、肥水条件和栽培管理水平确定合理的密植范围，先间苗后定苗，以保证每亩种植的密度适宜。

间苗应早，一般在 3~4 片叶时进行，若间苗过晚，由于植株拥挤，互争养分和水分，导致初生根生长不良。

定苗一般在苗龄达到 5~6 片叶时进行，定苗时应掌握去弱苗、病苗，留壮苗。定苗后还要及时中耕除草，破除土壤板结，以促进根系生长，达到壮苗早发的目的。

2. 蹲苗促壮

蹲苗是在施足底肥且底墒充足的情况下，控制苗期土壤水分，多次中耕或扒土晒根，达到控上促下，控秆促穗的目的。蹲苗时间应根据苗期长势、土壤水分地力状况灵活掌握，一般从出苗后开始至拔节前结束。蹲苗方法：一是控制灌水，加强中耕；二是扒土晒根，晒后结合锄地将土覆平即可。

3. 除草

包括中耕除草和化学除草。中耕除草是苗期管理的一项重要工作，也是促下控上，增根壮苗的主要措施，中耕的作用在于消灭杂草、疏松土壤，可减少水分、养分的消耗，促进土壤有机质分解，改善玉米营养条件，对玉米幼苗的健壮生长有重要意义。中耕的深度一般应掌握"两头浅、中间深、苗旁浅、行中深"的原则，苗期第一次中耕宜浅，拔节前中耕宜深些，以 5~6 厘米为宜；化学除草目前在玉米田使用比较普遍，在播种后出苗前，及时喷洒乙草胺、玉米宝和阿特拉津等；4~6 叶间喷洒苗后喜、玉不慌、玉黄大地等除草剂。施用玉米除草剂的地块，苗期不再中耕。

4. 防治害虫

玉米苗期害虫主要有棉铃虫、地老虎、黏虫、蚜虫等，播种时可施用毒谷、毒土或用药剂拌种进行防治。

二、穗期田间管理

玉米穗期是指从拔节到抽雄这段时期，此期经历了小喇叭口期、大喇叭口期和抽雄期等生育时期，一般历时 25~28 天。

（一）生育特点

玉米穗期的生育特点是营养生长和生殖生长并进，茎叶繁茂增长，雌、雄穗迅速分化，是决定玉米穗大、粒多的关键时期，也是玉米一生中最重要的生长发育阶段。玉米拔节以后，根、茎、叶开始旺盛生长的同时，茎生长点分化为雄穗，植株上部腋芽分化为雌穗，玉米进入营养生长向生殖生长过渡阶段。所以，穗期阶段根、茎、叶等营养器官的生长非常旺盛，体积迅速扩大，干重急剧增加。到抽雄开花时，茎高基本定型，全部叶片都已伸出展开，单株叶面积达最大值，光合作用最强；植株体内雄穗和雌穗分化强烈，生长迅速，都要求有充足的水、肥供给。若此期干旱、缺肥，必然使营养物质减少，从而引起雌穗小花退化和雌、雄穗花期不遇，导致减产。因此，穗期是玉米田间管理最关键的时期。

（二）主攻目标与高产长相

穗期的主攻目标是壮秆、攻穗，为植株穗大、粒多打下基础。穗期高产的长相是植株生长稳健，生长快而不过旺，基部节间较短，中部节间粗而长，叶厚、色浓、面积大，群体与个体发育协调，群体整齐度高、抽雄整齐一致。

（三）管理措施

1. 追施拔节肥或攻穗肥

穗期是玉米一生中吸收养分最快、最多的时期，尤其是大喇叭口期到抽雄开花期，需肥更快、更多。特别对氮素极敏感，是追肥的关键期，也是追肥量最多的时期。一般占到追肥总量的 75%～100%。因此，适时追施拔节肥和攻穗肥是满足根、茎、叶快速生长、扩大叶面积，提高光合效率，促穗大、粒多、粒重，保证玉米高产、稳产的关键措施。追施拔节肥或攻穗肥，应根据土壤肥力，玉米产量指标，基肥、种肥施用情况，植株长势长相和计划追肥数量，因地、因苗制宜，确定追肥次数、时间和数量。如土壤肥力中等的麦茬玉米、亩产 400～500 千克的地块，可以追两次肥：若地力基础差或没有施种肥、底肥的，可采取"前重中轻"的追肥方法，即在展开叶 6 片左右追施拔节肥，占总追肥量的 60%，大喇叭口期（抽雄前 10～15 天）追施攻穗肥，占总追肥量的 40%；若地力较好或施了种肥或底肥的，可采取"前轻中重"的追肥方法：拔节肥占 40%，攻穗肥占 60%。土壤肥力高、亩产 600 千克以上的地块，拔节肥用量以占总追肥量的 30%～35% 为宜，攻穗肥占 50% 左右。不管追施拔节肥或攻穗肥，均要开沟或刨穴，深埋暗施，追肥后遇旱，随浇水以水调肥，提高肥效。

2. 浇好攻穗水

玉米拔节以后，气温高，叶面蒸发量大，要求有充足的水分，因此，结合追施拔节肥，适量浇水，使土壤水分保持在田间持水量的 65%～70%，有利于有机物质的积累，为幼穗分化发育、穗大、粒多奠定基础。但浇水不宜过大，否则，会使下部节间伸长，穗位高，易倒伏。从大喇叭口期到抽雄期，是雄穗花粉粒发育形成、雌穗进入小花分化后期，对水分反应最敏感，需水最多，是玉米需水的临界期，应肥水猛攻。这时土壤田间持水量适宜保持在75%~80%。若土壤田间持水量低于50%，就会造成"卡脖旱"，致使开花、吐丝不协调，形成花期不遇，造成秃顶花粒。因此，这一时期土壤田间持水量若接近75%时，就应立即灌水。

玉米拔节以后，若土壤水分过多，会影响根系呼吸或使植株生长过快，从而影响幼穗分化而形成空秆，造成倒伏。因此，这一时期，既要遇旱浇水，又要防渍防涝。

3. 中耕培土

在玉米拔节到雌穗生长锥伸长的小喇叭口期，应进行深中耕，深度以7~10厘米为宜。培土可促进根系大量生长，防止倒伏，并利于灌、排水。据试验，培土后每株根系可增加8.3条，气生根增多，倒伏率降低64%。培土最适宜的时期在小喇叭口期。

4. 隔行去雄

"玉米去了头，力量大如牛"。玉米去雄后，节省的养分、水分可供应雌穗发育，促进穗大、粒多，减少空秆或秃顶。去雄后，可改善植株上部光照条件，降低植株高度，防止玉米倒伏，减少玉米螟、蚜虫等为害，一般可增产5%~10%。

玉米去雄应在雄穗刚露尖时，采取隔行或隔株拔除雄穗。去雄应在露水干后8~11时进行，一般进行2~3次。去雄时应注意只带1~2片叶，以免引起减产。主要除去弱株或带虫雄穗。地边的雄穗不宜去掉，以利于传粉。

5. 去蘖、防治玉米螟

玉米基部叶腋中的腋芽伸长后即形成分蘖，俗称"叉子"。分蘖与品种特性和环境条件有关。在土壤肥沃、水分充足、稀植或早播的情况下分蘖多，反之分蘖少。分蘖通常很少形成果穗，应及早去掉，以减少养分的无益消耗。

玉米螟是穗期为害玉米的主要害虫。因此，应根据虫情预报，抓住心叶末期的有利防治时机，采用颗粒剂、杀螟杆菌和放赤眼蜂等方法及时进行彻底防治。

6. 生长调节剂在玉米生产中的应用

（1）健壮素 喷洒玉米健壮素能够实现矮化栽培，并提高玉米的产量。

据试验：喷施的比不喷的节间平均缩短10.5厘米，株高平均降低25.5厘米，穗位平均下降12.4厘米，茎秆平均增粗0.23厘米，增强了抗倒伏能力。应用玉米健壮素的技术要点：一是适当增加密度，喷施的化控玉米要比常规玉米的种植密度增加1 000~1 500株/亩。二是适期用药，大喇叭口期前用药，过早会造成减产，过迟达不到控长的目的。三是严格掌握用药量并做到均匀喷洒，用药浓度为600~800毫克/千克，每亩喷药液20~25千克，药液要均匀地喷洒到上部叶片上，做到不重喷、不漏喷。注意不能与其他农药、化肥等混合喷施，以防止药剂失效。

（2）乙烯利 玉米喷施乙烯利能增产10.8%~13.9%。据试验，喷乙烯利可降低株高33~54厘米，降低穗位10~20厘米，茎粗比对照增加0.09~0.1厘米，千粒重提高1.2克，高产田增加50~60千克。喷施乙烯利的时间应在玉米大喇叭口期以前，喷施浓度为600~800毫克/千克，计划喷乙烯利的玉米应注意增加密度，比常规栽培增加1 200~1 500株/亩。

三、玉米花粒期田间管理

玉米从雄穗开花到成熟，这段时间称为花粒期，也叫花粒阶段，一般历时45~50天。

（一）花粒期生育特点

玉米花粒期的生育特点是植株营养生长完全停止，进入生殖生长阶段。这一阶段是决定玉米产量的重要时期。玉米开花授粉时，植株高度已定形，绿叶数最多，单株叶面积最大；根层数和长度已定，并停止生长，植株进入以开花结实为中心的生殖生长阶段。在这期间，营养器官逐渐衰老，功能下降，干重减轻；雌穗长度还在旺盛生长，叶、茎及其他器官的营养物质不断向果穗输送。授粉后约15天，果穗长度已定，随后籽粒生长发育迅速，籽粒成为花粒期的营养物质分配中心和器官生长中心。据测定，玉米中88%~92%的干物质，主要来自这一阶段绿色叶片的光合作用产物。因此，在这一时期，脱肥、倒折、伤叶、旱涝灾害、过早收获以及叶斑病为害等削弱光合作用的因素，都会影响籽粒灌浆，降低粒重，造成减产。

（二）花粒期田间管理的主攻目标与高产长相

玉米花粒期是穗粒数和粒重的形成期，也是决定产量高低的关键时期。因此，高产玉米田间管理的主攻目标是防止茎叶早衰，促进灌浆、保粒数、增粒重。

花粒期高产玉米的长相是群体叶面积大而不过密，叶片功能期长，变黄慢，黄叶少，成熟时青秆绿叶；秸秆硬，不倒伏，空秆少，株高和穗位整齐一致；雌雄花期协调，抽丝快，整齐集中，受精率和结实率高；籽粒生长发育快，灌浆时间长，果穗"离怀"甩开，穗大、粒多、粒饱，成熟一致。

（三）花粒期田间管理主要措施

1. 酌情追施攻粒肥

玉米授粉到乳熟期是植株吸收氮、磷、钾的第二次高峰期。尤其是夏玉米在此阶段尚需要吸收总氮量的 34.6%，总磷量的 36.5%，春玉米仍需要吸收总氮量的 16.5%，总磷量的 23.8%。因此，对夏玉米高产田或地力较差，特别是植株已有发黄脱肥现象的田块，在开花期补追攻粒肥特别重要。一般每亩可追施尿素 2.5~5 千克，高产田，可施占追肥总量的 15%~20%。如果前期追肥较多，玉米叶色正常，也可不追肥。为了保叶防早衰，增加粒重，可采取叶面喷施氮、磷、钾肥方法，即用 1.5%~2% 的尿素，加 0.2%~0.3% 的磷酸二氢钾混合液，每亩喷施 40~50 千克，在晴天 16 时以后，均匀喷洒在植株上中部叶片上。

2. 合理灌、排水

玉米受精后直到蜡熟期是籽粒形成的重要阶段，叶片制造的营养物质大量向籽粒输送，需水较多，约占全生育期需水量的 35% 左右。尤其是授粉到灌浆期，每亩日均需水量在 3.5~4 立方米，土壤田间持水量应保持在 75%~80%。据试验，玉米在抽雄和灌浆期各浇一次水的，玉米亩产 630 千克，比只在抽雄期浇一次水的，穗粒重增加 35 克，千粒重增加 33.9 克，增产 16.6%。正如群众总结的"前旱不算旱，后旱减一半"。说明浇攻粒水对玉米高产十分重要。灌浆到蜡熟期和籽粒成熟阶段，土壤田间持水量应保持70%~75%和65%~70%为宜。若灌浆期到籽粒成熟阶段降雨过多，土壤中水分多、空气少，玉米因根系缺氧，生理功能失调，植株未熟即枯死，千粒重降低，从而影响产量。因此，雨后必须及时排水防渍。

3. 人工辅助授粉

玉米是雌雄同株异花授粉作物，采用人工辅助授粉方法，可以增加授粉机会，保证授粉良好，减少果穗秃顶、缺粒。在高温干旱、多雨、大风的影响下，雌、雄穗开花脱节，花粉量减少，授粉难度大，应及时进行人工辅助授粉，一般可增产 5%~10%，尤其是叶面积大的高产田，增产更为显著。

玉米人工辅助授粉，要在雄花盛开时选择无风或微风天气，在上午露水干后 8 ~ 11 时进行，采取隔行或隔株采集花粉方法，将过筛去除杂质的花粉装入竹筒或用纯净水等饮料瓶改制的授粉器内，对准雌穗轻轻弹动，散出花粉。采集的花粉不能晒太阳，要随采随授粉。也可在上午开花最多时，摇动植株或采取拉绳赶粉的方法，进行辅助授粉。辅助授粉一般进行 2 ~ 3 次为宜。

4. 后期浅中耕

玉米高产田灌浆后进行浅中耕，可促进微生物活动，增强根系生理功能，促进早熟。但后期中耕要掌握"浅"和"远"两个原则，"浅"即划破地皮，深度 2 厘米左右；"远"即远离植株 10 厘米，以免伤根。

四、玉米的适时收获

（一）成熟期的形态特征

1. 乳熟期

籽粒内含物由乳白浆糊状到出现蜡状物以前，称为乳熟期。此期夏玉米约需 15 天左右。在这期末，籽粒及胚已达到成熟时大小，粒重为成熟期重量的 60%~80%。含水量由 70% 下降到 45% 左右。在一般情况下，这时花丝完全干枯，植株青绿，仅下部叶片开始变黄。

2. 蜡熟期

此期籽粒内含物由蜡状逐渐变硬，用指甲掐之有凹痕；籽粒呈现品种的固有颜色，并逐渐具有光泽；籽粒含水量由 45% 左右下降到 25% 左右；苞叶由绿渐黄，大部茎叶仍呈绿色。此期末，籽粒干物质重量已达最大值，可作为玉米的适收开始期。

3. 完熟期

从蜡熟末期到完全成熟期称为完熟期。完熟期籽粒产量最高。玉米完熟期有 3 个标准可以判断：一是玉米苞叶变白，苞叶上口松散；二是通过乳线消失判断成熟，把玉米果穗剥开，从中间掰断，可以看到籽粒中间有一条黄色的交界线，这就是乳线，如果能够看到乳线，表明玉米正处在蜡熟期，待看不到这条乳线后，玉米完全成熟；三是通过籽粒黑层出现判断成熟，把玉米籽粒脱下后，再将籽粒底部的花梗去掉，如果可以看到一层黑色，则表明玉米已经成熟。

（二）收获期的主攻目标与措施

高产玉米收获期的主攻目标是适时晚收、晾晒脱粒、防止霉变、颗粒归仓、实现高产、丰收。

1. 适时晚收

玉米进入蜡熟期，当籽粒与果穗剥离处黑色层已形成或从籽粒顶部向下移动的乳线消失后，籽粒已达到生理成熟期，距玉米完熟期还有 10~15 天的时间。研究表明，一般中熟品种，在蜡熟至完熟期，每增加一天千粒重可增加 3~4 克，亩增产 6~8 千克，晚收 7 天，亩增产可达 35 千克以上，而目前黄骅市多数地方收获偏早 10 天左右，一般减产 10% 左右。因此，易在完熟期收获。

2. 及时晾晒、脱粒

为了减少脱粒时的破碎粒，果穗收获后切勿堆放，以免导致霉变，应及时晾晒，当籽粒含水量降至 20% 左右时进行脱粒，以减少籽粒破损率。

3. 及时晾晒、清选

玉米脱粒后，一般籽粒含水量在 20% 左右，若不及时晾晒就堆放，容易引起发热霉变。因此，脱粒后应及时晾晒，待籽粒含水量降至 13%~14% 时，经清选后可入库贮存。

第四节　春玉米起垄覆膜侧播种植技术

一、技术概述

沧州市农林科学院自 2012 年开始春玉米起垄覆膜种植模式研究，渤海粮仓项目实施后，在该项目的支持下，目前已形成一套成熟稳定的春玉米起垄覆膜侧播种植技术（图 2-2 至图 2-7）。该技术采取起垄覆膜的种植方式，将玉米侧播于膜侧沟内，能够充分利用春季微小降雨，同时，通过薄膜覆盖保墒，有效解决困扰生产多年的春玉米"卡脖旱"问题，为提高春玉米产量奠定重要基础。2014 年在黄骅进行了大面积示范推广，在当年严重干旱的情况下，示范田平均亩产 753.4 千克，较传统种植方式增产 37.6%（图 2-4、图 2-5）。2015 年，完成大型播种机械配套，实现旋耕-起垄-整形-覆膜-施肥-播种-镇压一体化。通过对播种盘的创新，双株率基本 100%（图 2-6、图 2-7）。

二、技术优势

1. 集雨、蓄水、保墒
2. 提高地温2~4℃
3. 膜侧播种抗倒伏能力显著增强
4. 通风透光，边行优势明显
5. 一般可增产10%以上
6. 收获后秸秆薄膜双覆盖，确保冬小麦足墒播种

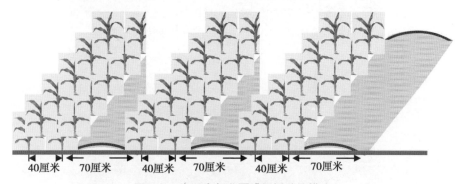

图2-2 春玉米起垄覆膜侧播种植模式

图2-3 膜侧单株田间种植效果

图 2-4　膜侧双株田间种植效果

图 2-5　示范效果

图 2-6　第二代起垄覆膜播种机

图 2-7　播种效果

第五节　玉米宽窄行单双株增密高产种植技术

一、技术概述

沧州市农林科学院自 2012 年开始玉米宽窄行种植技术研究，渤海粮仓项目实施后，在该项目的支持下，目前已形成一套成熟稳定的玉米宽窄行单双株增密增产种植技术（图2-8、图2-9）。土壤有机质含量大于1%的高肥力地块，可采用宽窄行—穴双株播种方式；一般肥力地块则采用宽窄行单株播种方式。宽窄行单株种植模式，宽行70厘米，窄行40厘米，单株种植模式穴距24厘米，密度5 000株/亩；宽窄行双株种植穴距40厘米，密度6 000株/亩（图2-10、图2-11）。

图2-8　玉米宽窄行单双株播种机

图2-9　玉米宽窄行田间种植

2013年，夏季大风沥涝，黄骅雨养旱作示范区二科牛村宽窄行双株、单

图 2-10 宽窄行种植田间长势

图 2-11 宽窄行种植田间长势

株示范田平均亩产分别达 772 千克和 748 千克，分别比周边常规种植的玉米田增产 70.4% 和 65.1%。2014 年，严重干旱，120 亩核心区玉米实产 611.2 千克，比传统对照田增产 50.02%。千亩示范方玉米产量达 576.2 千克，比传统对照田增产 12.67%。万亩辐射示范区实测产量为 503.8 千克，比对照田增产 10.38%。2015 年，在前期较为干旱的条件下，千亩示范方玉米产量达 516.3 千克，比对照田增产 37.78%（图 2-12、图 2-13）。

图 2-12　双株抗倒力强

图 2-13　传统等行距单株种植模式倒伏严重

二、技术优势

1. 有效种植密度可增加 30% 左右

2. 通风透光，边行优势明显
3. 双株种植抗倒伏能力强
4. 宽窄行种植便于田间管理
5. 增产效果显著，一般增产 10%~15%

第六节　玉米旱地标准化高产栽培技术

一、应用优良耐密品种

玉米选用生育期适宜、增产潜力大、品质优良、抗逆性强的高产优质品种。推荐耐密品种：郑单 958、浚单 20 等良种。

二、播前准备

1. 地下害虫防治

苗期全苗，整齐度一致是玉米高产的基础，结合整地做好蛴螬、地老虎等地下害虫防治工作。可用土壤处理药剂：毒死蜱、呋喃丹、甲基异柳磷等，颗粒剂可撒施，乳油可拌毒土撒施，用量参照使用说明。

2. 选用包衣良种

选用耐密包衣种子，播种前做好发芽试验，种子发芽率达到 85% 以上，精量点播要求种子发芽率 98% 以上。未包衣种子应在播前 7 天，选用玉米包衣剂处理，注意用药剂量，避免药害，处理后阴干 2 小时左右备播。

三、适期精量播种

根据土壤墒情，做到适时抢墒播种，抓住墒情，缩短播期，实现一播全苗。适宜播种时间 6 月 14~20 日，播深 3~4 厘米，种肥隔离 8~10 厘米，避免"烧种"，用精量点播机作业时要确保播种质量，种子质量应符合精量播种要求。播后要做到镇压适中，覆土均匀，深浅一致。

四、合理增密，保证穗数

根据玉米品种特性和地力条件确定播种密度，原则是合理增密。建议密度：紧凑型玉米如郑单 958、浚单 20 亩留苗 4 000~4 500 株；半紧凑型玉米亩留苗 3 800~4 000 株，行距配置建议 55 厘米或 60 厘米等行距为宜，便于机械化收获。

五、科学施肥

玉米高产施肥原则是：施足底肥、活用种肥，大喇叭口期追肥。化肥要根据测土数据、产量指标确定具体配方施肥用量。亩产千斤（1 斤 = 0.5 千克，全书同）以上施肥总量一般不少于每亩 40~50 千克。

建议：肥力好的地块可用种肥 10~15 千克，大喇叭口期用 28-8-10 配方肥 30 千克左右；肥力中等的地块可底施配方肥 25 千克，大喇叭口期亩追尿素 15~20 千克；肥力较差的沙壤土可底施配方肥 20 千克，大喇叭口期追尿素 12.5 千克、硫酸钾肥 7.5 千克，灌浆初期追尿素 5~10 千克。

六、加强田间管理，防治病虫草害

（1）苗期管理　一是药剂除草：如果土壤表墒好，可采用播后苗前土壤药剂处理，在玉米播后苗前用乙草胺、异丙甲草胺、乙阿合剂等除草剂进行土壤药剂封闭；如果表墒不好，可采用烟嘧磺隆·莠去津于苗后 3~5 叶期除草。严格用药剂量、用药条件，采用二次稀释法，防止药害。

二是防治玉米粗缩病：玉米 3~6 叶期重点预防灰飞虱、蓟马等害虫，阻断传毒虫媒，采用药剂以菊酯类、吡虫啉等药剂为主，结合叶面补肥（磷酸二氢钾）进行茎叶喷雾处理。

三是化控防倒：在 8~10 片叶时进行化控预防倒伏，建议药剂金德乐每亩 15~20 毫升。

四是间苗定苗：三叶期间苗，五叶期定苗；双株留苗，去弱苗、病虫苗，达到苗匀苗齐（精量点播不用间定苗）。

苗期管理重点是防治地老虎、黏虫、粗缩病为害，防止除草剂药害，保证全苗及幼苗健壮生长。合理化控为防止后期倒伏减产打基础。

（2）穗期管理　中耕培土：要求全部培土，特别是耕翻地块必须培土。培土有利于气生根发育，利于排灌。既可防止倒伏，又能掩埋杂草。培土在玉米封垄前进行，培土高度 7~8 厘米。

防治病虫害防治：主要病虫害有玉米螟、叶斑病、大小斑病、黏虫等。防治玉米螟可在大喇叭口期用辛硫磷颗粒剂或康宽进行灌心；用氟硅唑、苯醚甲环唑、甲托等杀菌剂防治叶斑病，并结合防治喷洒磷酸二氢钾。

（3）花粒期　前期施肥不足的地块，应补追花粒肥，在抽雄至吐丝期，追施尿素 10 千克；防治玉米锈病及穗蚜。保证果实正常授粉结实。

七、适时晚收，机械收获

当玉米植株中下部叶片变黄，苞叶呈黄白色而松散，籽粒乳线基本消失时，就已成熟。要在玉米完熟后收获以减少产量损失。

第七节 抗旱耐盐丰产玉米品种简介

（一）郑单958（审定编号：冀审玉200002号）

品种来源：该品种由河南省农业科学院粮食作物研究所1996年用郑58×昌7-2（选）组合育成，2004年河北省审定通过。

产量表现：大田生产，一般亩产530千克左右，高产每亩可达600千克。

特征特性：苗期发育较慢，第一子叶椭圆形，幼苗叶鞘紫色，叶片浅绿色。株型紧凑，株高241厘米左右，穗位104厘米左右。雄穗分枝11个，花药黄色。果穗筒形，穗轴白色，花丝粉红色，穗长16.2厘米左右，穗粗4.8厘米左右，穗行数14~16行，千粒重302克左右，籽粒黄色，半马齿型，出籽率87.8%左右。属中熟杂交种，夏播生育期105天左右，活秆成熟。河北省农林科学院植物保护研究所抗病鉴定结果：抗大斑病、小斑病、黑粉病、粗缩病，高抗矮花叶病，轻感茎腐病。品质：籽粒粗蛋白含量9.33%、赖氨酸0.25%、脂肪3.98%、淀粉73.02%。

栽培要点：6月上中旬足墒早播，种植密度3 500~4 000株/亩。注意增施磷、钾提苗肥，重施拔节肥，大喇叭口期注意防治玉米螟。

（二）先玉335（审定编号：国审玉2006026）

品种来源：山东省莱州市农业科学院用母本DH6522与父本DH40杂交选育而成，2004年河南省审定、2005年辽宁省审定。

特征特性：在东华北地区出苗至成熟127天，比对照农大108早熟4天，需有效积温2 750℃左右。幼苗叶鞘紫色，叶片绿色，叶缘绿色，花药粉红色，颖壳绿色。株型紧凑，株高320厘米，穗行数14~16行，穗轴红色，籽粒黄色、半马齿型，百粒重39.3克。区域试验中平均倒伏（折）率3.9%。

经辽宁省丹东农业科学院两年和吉林省农业科学院植物保护研究所一年接种鉴定，高抗瘤黑粉病，抗灰斑病、纹枯病和玉米螟，感大斑病、弯孢菌叶斑病和丝黑穗病。经农业部谷物品质监督检验测试中心（北京）测定，籽粒容重 776 克/升, 含粗蛋白 10.91%、粗脂肪 4.01%、粗淀粉 72.55%、赖氨酸 0.33%。

该品种符合国家玉米品种审定标准, 通过审定。

产量表现: 2003—2004 年参加东北春玉米品种区域试验, 44 点次全部增产, 两年区域试验平均亩产 763.4 千克, 比对照农大 108 增产 18.6%; 2004 年生产试验, 平均亩产 761.3 千克, 比对照增产 20.9%。

栽培要点: 适宜密度为 4 000~4 500 株/亩, 注意防治大斑病、小斑病、矮花叶病和玉米螟。夏播区麦收后及时播种, 适宜种植密度: 3 500~4 000 株/亩, 适当增施磷钾肥, 以发挥最大增产潜力。春播区, 造好底墒, 施足底肥, 精细整地, 精量播种, 增产增收。

(三) 浚单 20 (审定编号: 国审玉 2003054)

品种来源: 河南省浚县农科所用母本 9058 与父本 92-8 杂交选育而成, 2003 年通过国家审定。

特征特性: 该品种中早熟, 春播生育期 120 天左右, 夏播生育期 94 天左右, 苗期长势强、株形紧凑、长势清秀、活秆成熟、根系发达、抗病抗倒, 株高 250 厘米左右, 穗行 16 行, 果穗筒形, 结实性好, 灌浆快, 果穗均匀, 内外一致, 黄粒白轴, 轴细, 出籽率高, 籽粒商品性好。2001—2002 年参加国黄淮海夏玉米区域试验和生产试验, 产量均居第一位, 表现出高产、稳产、抗病、适应性广的特点, 是黄淮海夏玉米区具有很好推广价值的新品种, 一般亩产 750 千克, 高产可达 950 千克。

栽培要点: 该品种生长健壮, 苗期发育快, 应加强肥水管理, 适宜密度为 3 500~4 500 株/亩。夏播在 6 月 15 日前播种, 适宜种植密度 4 000~4 500 株/亩。以氮肥为主, 配合增施磷、钾肥, 分拔节期和大喇叭口期两次追施为宜。苞叶发黄后, 再推迟 7~10 天收获, 产量可增加 5%~10%。

(四) 中科 11 号 (审定证号: 国审玉 2006034 号)

品种保护公告号: CNA003776E

品种简介: 高产稳产。增产幅度大, 稳产性好, 适应性广。耐密植。适宜密度 3 500~4 000 株/亩, 中大穗, 果穗均匀, 结实性好, 出籽率高。抗青枯病, 中抗大小斑病、黑粉病, 高抗矮花叶病, 抗玉米螟, 抗倒性中上。中早熟。品质好, 高淀粉, 淀粉含量 75.86%。

特征特性: 株型紧凑, 株高 250~270 厘米, 穗位高 110 厘米左右, 平均干果穗长 16.8~18.7 厘米, 干穗粗 5 厘米左右, 穗行数 14~16 行, 黄粒、半马齿型。穗轴细，出籽率高达 89%～90%。黄淮海夏播生育期 98 天左右。东华北春播生育期 128 天左右，与对照郑单 958 相当，需有效积温 2 800℃左右。

品质：经农业部谷物品质监督检验测试中心（北京）测定，籽粒容重 736 克/升，粗蛋白含量 8.24%，粗脂肪含量 4.17%，粗淀粉含量 75.86%，赖氨酸含量 0.32%。

栽培要点：

①种植方式 麦田适宜宽窄行或等行距种植也适宜中等以上肥力地块种植。

②合理密植 4～5 叶期及时间苗，株行距参照上表，每亩留苗 3 500～4 000 株。

③合理施肥 播种前复合肥（N15P15K15）40 千克，锌肥 1.5 千克作底肥，播种后 35 天（小喇叭口期）每亩追施尿素 35 千克。

④黑粉病菌残留严重地块 注意防治黑粉病，灰飞虱严重地区注意防治粗缩病，多雨年份注意防治蚜虫。

（五）伟科 702（审定证号：国审玉 2012010）

选育单位：郑州伟科作物育种科技有限公司、河南金苑种业有限公司

品种米源：WK858×WK798-2

省级审定情况：2010 年内蒙古自治区、2011 年河南省、2012 年河北省农作物品种审定委员会审定

特征特性：黄淮海夏播区出苗至成熟 100 天，均比对照郑单 958 晚熟 1 天。幼苗叶鞘紫色，叶片绿色，叶缘紫色，花药黄色，颖壳绿色。株型紧凑，保绿性好，株高 252～272 厘米，穗位 107～125 厘米，成株叶片数 20 片。花丝浅紫色，果穗筒型，穗长 17.8～19.5 厘米，穗行数 14～18 行，穗轴白色，籽粒黄色、半马齿型，百粒重 33.4～39.8 克。东华北春玉米区接种鉴定，抗玉米螟、中抗大斑病、弯孢叶斑病、茎腐病和丝黑穗病；黄淮海夏玉米区接种鉴定，中抗大斑病、南方锈病，感小斑病和茎腐病，高感弯孢叶斑病和玉米螟。籽粒容重 733～770 克/升，粗蛋白含量 9.14%～9.64%，粗脂肪含量 3.38%～4.71%，粗淀粉含量 72.01%～74.43%，赖氨酸含量 0.28%～0.30%。

技术要点：播期和密度：夏播 6 月 20 日前播种，一般每亩 3 500～4 000 株，高水肥地块可种每亩 4 500 株左右。用 50% 福美双可湿性粉剂拌种，苗期注意防治蓟马、棉铃虫、玉米螟等害虫，保证苗齐苗壮。苗期少施肥，大

喇叭口期重施肥，同时，用辛硫磷颗粒丢芯，防治玉米螟。突出抓好中前期田间管理，以达到夺取稳产高产的目的；适时收获：玉米籽粒乳腺消失或籽粒尖端出现黑色层时收获。

（六）蠡玉 16（审定编号：冀审玉 2003001 号）

品种来源：该品种由蠡县玉米研究所用 953x91158 组合育成，2003 年河北省审定通过。

产量表现：2001—2002 年河北省夏玉米区域试验结果，平均亩产 636.4 千克；2002 年同组生产试验，平均亩产 567.2 千克。

特征特性：幼苗生长健壮，叶鞘紫红色。株型半紧凑，穗上部叶片上冲，茎秆坚韧，根系较发达。株高 265 厘米左右，穗位 118 厘米左右，全株叶片数 20 片左右。果穗筒形，穗轴白色，穗长 18.5 厘米左右，穗行数 16~18 行，秃尖 1.4 厘米左右，千粒重 340 克左右，籽粒黄色，半马齿型，出籽率 87.1%左右。属中熟杂交种，夏播生育期 108 天左右，活秆成熟。河北省农林科学院植物保护研究所抗病鉴定结果：2001 年抗大斑病，中感小斑病，中感弯孢菌叶斑病，高抗矮花叶病、粗缩病、黑粉病和茎腐病；2002 年感大斑病，抗小斑病，抗弯孢菌叶斑病，中抗茎腐病，高抗黑粉病和矮花叶病，抗玉米螟。品质：籽粒粗蛋白质含量 9.63%、赖氨酸 0.29%、粗脂肪 4.37%、粗淀粉 74.57%。

栽培要点：种植密度 3 500~3 800 株/亩。追肥要以前轻、中重、后补为原则，采取稳氮、增磷、补钾措施，喇叭口期及时防治玉米螟。

（七）登海 605（审定编号：国审玉 2010009）

品种来源：以 DH351 为母本，DH382 为父本选育而成。母本是以 "DH158/107" 为基础材料连续自交多代选育而成；父本是以国外杂交种 X1132 为基础材料连续自交多代选育而成。

特征特性：在黄淮海地区出苗至成熟 101 天，比郑单 958 晚 1 天，需有效积温 2 550℃左右。幼苗叶鞘紫色，叶片绿色，叶缘绿带紫色，花药黄绿色，颖壳浅紫色。株型紧凑，株高 259 厘米，穗位高 99 厘米，成株叶片数 19~20 片。花丝浅紫色，果穗长筒型，穗长 18 厘米，穗行数 16~18 行，穗轴红色，籽粒黄色、马齿型，百粒重 34.4 克。经河北省农林科学院植物保护研究所接种鉴定，高抗茎腐病，中抗玉米螟，感大斑病、小斑病、矮花叶病和弯孢菌叶斑病，高感瘤黑粉病、褐斑病和南方锈病。经农业部谷物品质监督检验测试中心（北京）测定，籽粒容重 766 克/升，粗蛋白含量 9.35%，粗脂肪含量 3.76%，粗淀粉含量 73.40%，赖氨酸含量 0.31%。

栽培要点：在中等肥力以上地块栽培，每亩适宜密度 4 000~4 500 株，注意防治瘤黑粉病，褐斑病。

（八）农华 101（审定编号：国审玉 2010008）

选育单位：北京金色农华种业科技有限公司

品种来源：NH60×S121

特征特性：在东华北地区出苗至成熟 128 天，与郑单 958 相当，需有效积温 2 750℃左右；在黄淮海地区出苗至成熟 100 天，与郑单 958 相当。幼苗叶鞘浅紫色，叶片绿色，叶缘浅紫色，花药浅紫色，颖壳浅紫色。株型紧凑，株高 296 厘米，穗位高 101 厘米，成株叶片数 20~21 片。花丝浅紫色，果穗长筒型，穗长 18 厘米，穗行数 16~18 行，穗轴红色，籽粒黄色、马齿型，百粒重 36.7 克。经丹东农业科学院和吉林省农业科学院植物保护研究所接种鉴定，抗灰斑病、中抗丝黑穗病、茎腐病、弯孢菌叶斑病和玉米螟，感大斑病；经河北省农林科学院植物保护研究所接种鉴定，中抗矮花叶病，感大斑病、小斑病、瘤黑粉病、茎腐病、弯孢菌叶斑病和玉米螟，高感褐斑病和南方锈病。经农业部谷物及制品质量监督检验测试中心（哈尔滨）测定，籽粒容重 738 克/升，粗蛋白含量 10.90%，粗脂肪含量 3.48%，粗淀粉含量 71.35%，赖氨酸含量 0.32%。经农业部谷物品质监督检验测试中心（北京）测定，籽粒容重 768 克/升，粗蛋白含量 10.36%，粗脂肪含量 3.10%，粗淀粉含量 72.49%，赖氨酸含量 0.30%。

栽培要点：在中等肥力以上地块栽培，东华北地区每亩适宜密度 4 000 株左右，注意防治大斑病；黄淮海地区每亩适宜密度 4 500 株左右，注意防止倒伏（折），褐斑病、南方锈病、大斑病重发区慎用。

（九）联丰 20（审定编号：冀审玉 2008017）

亲本组合：SN0772×SN0758

特征特性：幼苗叶鞘绿色。成株株型半紧凑，株高 268 厘米，穗位 111 厘米，全株 19 片叶。生育期 101 天左右。雄穗分枝 11 个，花药黄色，花丝浅粉色。果穗锥形，穗轴红色，穗长 19.1 厘米，穗行数 15 行左右，秃顶度 1.5 厘米。籽粒黄色，半马齿型，千粒重 365 克，出籽率 86.1%。2007 年河北省农作物品种品质检测中心测定，籽粒粗蛋白 8.16%，赖氨酸 0.30%，粗脂肪 4.26%，粗淀粉 74.22%。

抗病虫性：河北省农林科学院植物保护研究所鉴定，2005 年抗小斑病，高感大斑病，感弯孢霉叶斑病，高感茎腐病，感瘤黑粉病，抗矮花叶病，高感玉米螟。2006 年感小斑病，中抗大斑病，中抗弯孢霉叶斑病，感茎腐病，中抗瘤黑粉病，高抗矮花叶病，感玉米螟。

栽培要点：适宜播期在 6 月 20 日以前，种植密度 3 800～4 000 株/亩。重施拔节肥水，亩施尿素 20 千克/亩，及时防治地下害虫、蚜虫和玉米螟。

（十）华农 866（审定编号：国审玉 2014001）

华农 866 是北京华农伟业种子科技有限公司以 B280 和京 66 为亲本杂交育成的玉米杂交品种，于 2014 年通过国家农作物品种审定委员会审定通过。

特征特性：东华北春玉米区出苗至成熟 126 天，比郑单 958 早 1 天。幼苗叶鞘紫色，叶缘紫色，花药黄色，颖壳紫色。株型半紧凑，株高 307 厘米，穗位高 116 厘米，成株叶片数 20 片。花丝红色，果穗长筒型，穗长 19 厘米，穗行数 16 行，穗轴红色，籽粒黄色、马齿型，百粒重 37.5 克。接种鉴定，中抗弯孢叶斑病和灰斑病，感大斑病、丝黑穗病和镰孢茎腐病。籽粒容重 757 克/升，粗蛋白含量 9.11%，粗脂肪含量 3.92%，粗淀粉含量 75.26%，赖氨酸含量 0.29%。属高淀粉玉米品种。

产量表现：2012—2013 年参加东华北春玉米品种区域试验，两年平均亩产 813.8 千克，比对照增产 7.5%；2013 年生产试验，平均亩产 777.7 千克，比对照郑单 958 增产 8.8%。

栽培要点：中上等肥力地块种植，4 月下旬至 5 月上旬播种，亩种植密度 3 800～4 200 株；亩施农家肥 2 000～3 000 千克或三元复合肥 30 千克作基肥，大喇叭口期亩追施尿素 30 千克。

第八节　玉米病虫草害发生与防治

一、主要病害及其防治

（一）玉米大小斑病

玉米大斑病和小斑病是玉米生产中发生较普遍、为害较重的病害之一。大斑病以春玉米区发生较为严重，小斑病多在夏玉米区发生。这两种病害经常混合发生，发病后一般可减产 20%～30%，严重达 50% 以上。

1. 发病症状

这两种病害都是以为害玉米叶片为主的病害，有时也为害叶鞘和苞叶。

小斑病还可造成茎、穗、籽粒受害。这两种病害发病的症状主要区别如下。

大斑病发生初期，叶片上出现水渍状青灰色斑点，不受叶脉限制向两边扩展，中央呈淡褐色斑，周边暗褐色，呈棱状或纺锤形病斑，而且大，一般宽1~2厘米，长15~20厘米，发生严重时，使叶片枯死，甚至全株死亡。

小斑病发生初期，叶片上出现半透明水渍状褐色小斑，受叶脉限制，形成边缘呈赤褐色椭圆形病斑，而且小，一般宽2~4毫米，长5~16毫米，发生严重时叶片枯死。

2. 发病特点

这两种病的病原菌均属长蠕孢属。病菌以分生孢子和病部组织的菌丝体在田间残留的病株上越冬，是引起第二年发病的根源。在适温18~22℃，湿度大时，大斑病发生严重。在较高温度26~32℃，湿度大时，有利于小斑病发生。

3. 防治方法

①选用高产抗病、耐病玉米杂交种。②及时清除田间病残株、叶，集中烧毁或深耕深埋。③增施有机肥，注意氮、磷、钾的配施，合理密植，注意清沟排水，降低田间湿度，提高植株抗病能力。④药剂防治，发病初期用50%多菌灵可湿性粉剂，或75%百菌清可湿性粉剂500~800倍液喷雾。从心叶末期到抽雄期每隔7天喷1次，连喷2~3次。

（二）玉米纹枯病

玉米纹枯病全国各地都有不同程度的发生。以中南部夏玉米区发生严重。该病还可为害水稻、小麦、高粱等禾本科作物及棉花、大豆等双子叶作物。

1. 发病症状

该病可浸染叶鞘、叶片、果穗苞叶。先从茎基部叶鞘发病，再向上扩展蔓延。初期出现水渍状灰绿色的近圆形病块。湿度大时病斑上产生白霉，即菌丝的担孢子，以后产生菌核，初为白色，老熟后呈黑褐色而脱落。病害发生严重时，植株似水烫过的一样呈暗绿色腐烂而枯死。

2. 发病特点

该病的病原菌为丝核菌属。病菌以留在土壤中的病菌残体的菌丝、菌核越冬，第二年温湿度适宜时长出菌丝浸染植株，并流行扩展。发病主要在玉米生育中后期，拔节后若遇阴雨，排水不良，植株生长过茂，温度高（最适宜温度为26~31℃），湿度大（相对湿度85%以上），都有利于发病。若湿度低于20℃，相对湿度在75%以上的干旱情况下，均不利于发病。

3. 防治方法

①清除病残体，销毁或深埋。②种植抗病品种。③适时播种，避免偏施

氮肥，注意开沟排水，降低田间湿度，促进玉米健壮生长，提高抗病能力。④药剂防治，用5%井冈霉素，或20%三唑酮乳油1 000倍液，或50%退菌特可湿性粉剂500～800倍液喷雾。药液喷到雌穗以下的茎秆上，防治效果较高。

（三）玉米青枯病

玉米青枯病也叫茎腐病和茎基腐病，是玉米生育后期的重要病害，在全国各玉米产区均有不同程度的发生，而且，有发病越来越严重的趋势。一般年份和地块发病率为5%～15%，严重的达40%～60%，对玉米产量影响很大。

1. 发病症状

玉米一般从灌浆至乳熟期开始发病，由下部叶片逐渐向上扩展，呈现青枯症状。有的植株出现急性症状，即在乳熟末期或蜡熟期全株急骤青枯，似乎水烫过的呈青灰色，这种情况在雨后乍晴尤为多见。植株茎基部先发黄变褐，后变软，遇风易倒折。有的果穗下垂，穗柄变柔韧，不易剥离。根系少而短，变黑腐烂。茎基髓部因病原不同可见红色粉状霉（镰刀菌）或白色绒毛状霉（腐霉菌）。

2. 发病特点

该病菌除种子表面也可带菌传播，主要是在土壤中的病残体根、茎组织上越冬，土壤中的越冬菌源在玉米播种后至抽雄吐丝期陆续从根部入侵，在植株体内蔓延扩展。玉米灌浆至成熟遇高温、高湿，雨后突然转晴出现发病高峰。

3. 防治方法

①选育和种植抗病、耐病品种。②合理密植，避免偏施氮肥，及时中耕，分期培土，避免各种损伤，注意雨后排水。③及时拔除折断病株，收获后及时清除田间病残植株，深埋或集中烧毁。④茎基部发病时可及时将四周的土扒开，降低湿度，减少浸染，待发病盛期过后再培土。

（四）玉米丝黑穗病

玉米丝黑穗病是我国春玉米产区的重要病害。在东北、华北、西北的春玉米发生较重，在华中、华南、西北的山区普遍发生。

1. 发病症状

玉米丝黑穗病是幼苗期侵入的系统侵染性病害。主要为害雄穗和雌穗。雄穗发病后不能形成雄蕊，小花膨大形成菌瘿，内有黑粉。雌蕊受害，外观短粗无花丝，除苞叶外，整个果穗变成一个大的黑粉苞，即病菌的冬孢子。

黑粉一般粘结成块，不易飞散，内部夹杂丝状寄主维管束组织，故得名丝黑穗病。

2. 发病特点

病的病原菌为轴黑粉菌属。病菌以散落在土中混入粪肥或附于种子表面的冬孢子越冬，成为来年发病的主要菌源，以土壤带菌为主。种子萌发时病菌也萌发，从玉米幼苗或幼根浸入，以后浸入生长点，在植株内扩展蔓延，而后进入花芽和原始基，破坏雄穗和雌穗产生大量黑粉。在玉米三叶期以前，土壤温度21~28℃，湿度偏旱时最有利于病菌侵入。4~5叶期以后的侵染很少，以后无再侵染。

3. 防治方法

①选用抗病品种，精耕细作，适时抢墒播种或地膜覆盖，促进早出苗，出壮苗。②及时摘除病瘤或拔除病株，收获后清洁田园，减少病原，重病区避免连作。③药剂防治，选用重点防治玉米丝黑穗病的种衣剂包衣的杂交种，另外加福美双或稀唑醇，重点防治玉米丝黑穗病的药剂。未包衣种子可以用种子重量0.2%的50%福美双可湿性粉剂或0.3%的12.5%稀唑醇可湿性粉剂进行药剂拌种。

（五）玉米黑粉病

1. 发病症状

玉米整个生长期间地上部分均可受害，但在抽雄期症状表现突出。植株各个部位都可产生大小不一的瘤状物，大的病瘤直径达15厘米，一般叶片和叶鞘上瘤较小，直径1~2厘米。初期瘤外包一层白色发亮的薄膜，干裂后散出黑粉。叶片上有时产生豆粒大小的瘤状堆。雄穗上产生囊状的瘿瘤。其他部位则多为大型瘤状物。

2. 发病特点

该病的病原菌为黑粉菌属。以病菌的厚垣孢子在土中或病残体及堆放的秸秆上越冬。越冬的厚垣孢子萌发产生小孢子，借气流、雨水和昆虫传播。从植株幼嫩组织、伤口、虫伤处侵入为害。形成病瘤后散出大量黑粉，传到别的植株上扩散为害。高温干旱，施氮肥过多，暴风雨后，造成茎秆损伤，都会造成严重发病。连作田、高肥、高密度田往往发病严重。

3. 防治方法

①种植抗病品种。②重病地实行轮作。③田间早期发现病瘤应及时摘除并深埋；秋收后彻底清除病残体，进行深翻，减少初侵染源。④避免氮肥施

用过多，抽雄前后保证水分供应，彻底防治玉米螟等害虫和人为造成植株损伤。⑤选用包衣种或用20%的粉锈宁乳剂200毫升拌50千克种子。

（六）玉米矮花叶病

玉米矮花叶病又称矮缩花叶病、花叶条纹病、花叶毒素病、黄矮病等。是世界也是我国玉米主要病毒病害之一。我国以华北、西南及西北地区为害较重，一般损失5%～10%。除为害玉米外，还能为害多种禾本科作物和杂草。

1. 发病症状

最初在幼苗心叶基部细脉间出现许多椭圆形褪绿小点，以后发展为多实线，扩大后在粗脉间形成许多黄色条纹，不受主脉限制，作不规则的扩大，与健部相间形成花叶症状。病部继续扩大，形成许多不同的圆形绿斑，变黄、棕、紫色或干枯。在气候不利于病原时，呈现褪绿条纹，故称花叶条纹病。重病株的苞叶、叶鞘、雄花有时出现褪绿斑，植株矮小，不能抽穗，迟抽穗或不结实。

2. 发病特点

该病的病原菌为玉米矮花叶病毒。病原在多年生禾本科杂草上越冬。近几年有报道，带毒种子也是病害初侵染源之一。蚜虫病毒传到玉米或其他寄主上，随着蚜虫数量的增长及迁飞，该病在田间扩散、蔓延，造成多次侵染，容易造成玉米的大面积受害。气温达到20～25℃时，有利于蚜虫的迁飞与传播活动；当气温达到26～29℃时，对该病有抑制作用，较长时间的降雨对蚜虫的迁飞、传播不利。

3. 防治方法

①种植抗病品种。②早播早发，能避病增产；麦行点播，育苗移栽，防病效果均好；及时中耕除草、培土保墒、适时灌水并增施氮、磷、钾复混肥，促进玉米生长发育，提高抗病效果。③及时防治蚜虫传毒。④清除杂草，减少病原。

（七）玉米粗缩病

玉米粗缩病又称万年青玉米、生姜玉米，是一种病毒病。为害玉米和多种禾本科作物及杂草。在全国各玉米产区均有发生，以我国北方玉米产区发病为害严重，近年来有发展趋势。

1. 发病症状

玉米感病后，先由幼苗中脉两侧的细胞间出现透明的褪绿虚线小点，叶背主脉上长出长短不等的蜡泪状凸起。病株叶片变宽、变厚，叶色浓绿。节间缩短，植株矮化，高度常不及健康株的一半。重病株雄穗不能抽出或无花粉。雌穗畸形不实或籽粒减少。病株根系少而短，有些病株嫩叶卷曲呈弓形或牛尾巴状。喇叭口期一侧叶缘变红到全叶变红色。

2. 发病特点

该病由玉米粗缩病病毒通过灰飞虱传播。春季麦田的病株是玉米粗缩病的主要侵染源。第一代灰飞虱成虫5月下旬羽化后，从小麦收获形成迁飞高峰，这时春玉米、套种玉米上的灰飞虱虫量猛增。20~25天后玉米出现发病高峰，第二、第三、第四代灰飞虱主要在杂草上生活，玉米上的数量显著减少。因此，在玉米上传毒并造成为害的主要是第一代灰飞虱成虫。

3. 防治方法

①选用抗病品种。②使玉米苗期避开灰飞虱迁飞高峰期，重病区减少麦田套种玉米。③冬、春季清除田间杂草。④合理运筹水、肥，加强田间管理，促进玉米健壮生长，增加抗、耐病害能力。⑤麦田和春玉米、套种玉米地，在第一代灰飞虱迁飞盛期喷药消灭灰飞虱。⑥用锐劲特种衣剂或阿克泰种衣剂包衣或拌种。在玉米苗期喷施菌毒清和病毒A等病毒抑制剂。

（八）玉米疯顶病

玉米疯顶病，又称玉米丛顶病，过去仅在我国个别省份的少数地区发生。自20世纪90年代以来，在河北、甘肃、山东、北京和辽宁等北方玉米主产区以及江苏、湖北、四川和台湾等省也陆续发生。一般病株率为10%，局部重病田病株率高达80%~100%。由于雌穗和雄穗畸变，导致玉米不能结实，造成病株产量的完全损失，因此，是玉米生产中极具毁灭性的病害之一。该病还可侵染小麦、水稻、高粱等禾本科作物和杂草。

1. 发病症状

病株从6~8叶开始显症，叶片畸形，抽雄后症状明显。典型症状为：①雄穗叶化。全部雄穗异常增生，畸形生长，转变为变态小叶，簇生而使雄穗呈大头状。②雄穗上部正常，下部大量增生呈团状绣球，不能产生正常雄花。③雌穗（果穗）受侵染后发育不良，不抽花丝，苞叶尖变态为小叶并呈45°角簇生，严重发病的雌穗内部全为苞叶，穗多节茎状，不结实，发病较轻的雌穗结实极少，且籽粒瘪小。④上部叶和心叶紧卷，严重扭曲成不规则团状或牛尾巴状，植株不抽雄。⑤植株轻度或严重矮化，上部叶簇生，叶鞘呈柄状，叶片变窄。⑥与矮化相反，有的病株疯长，头重脚轻，植株易折断。

2. 发病特点

该病的病原属霜霉科，是霜霉病的一种。初侵染源主要来自田间土壤中病残体所带孢子。玉米苗期是主要感病期，在适宜温、湿条件下，玉米播种后4~5叶期，在多雨年份及田间积水条件下，土壤中卵孢子萌发形成游动孢子囊，并释放出游动孢子侵染玉米根系。该系统侵染，5%左右的少数轻病株也能形成种子，因此，带病种子也是传病的途径之一。

3. 防治方法

①在玉米生长期及时拔除田间显症病株，秋收后彻底清除和销毁病株及田间杂草，重病田应实行与非禾本科作物如豆科的轮作，加强栽培管理，合理灌、排水，防止苗期积水。②选用抗病品种。避免从疫区调种，淘汰瘪粒病籽。③播种前用25%甲霜灵可湿性粉剂以种子重量的0.3%~0.5%拌种。发病初期，用58%的甲霜灵锰锌可湿性粉剂500倍液喷雾，连续喷施2~4次，每次间隔7天。

二、主要虫害及其防治

(一) 玉米螟

1. 为害症状

玉米螟取食叶肉或蛀食未展开心叶，造成花叶。抽穗后钻蛀茎秆，使雌、雄穗发育受阻而减产。蛀孔处遇风易断，则减产更严重。幼虫直接蛀食雌穗嫩粒，造成籽粒缺损、霉烂、变质。一般受害减产10%左右，大发生年减产30%以上。

2. 发生特点

玉米螟从北到南一年可发生1~7代。以4龄以上害虫在寄主植物秸秆、穗轴或根茬中越冬。成虫常在晚上羽化，白天多躲藏在杂草丛或作物间，夜间活动，飞行力强。成虫有趋光性，卵产在玉米叶背中脉附近。每头雌蛾可产卵10~20块，300~600粒。初孵幼虫先群集在卵壳上，约1小时后爬行分散。幼虫有趋糖、趋触、趋湿和趋光特性。4龄前多在玉米心叶丛、雄穗苞、花丝及叶脉等处活动。抽雄前咬食嫩叶，俗称花叶。玉米打苞时，咬食幼嫩穗。4~5龄幼虫蛀茎为害，破坏植株组织使营养输送受阻或折断，影响产量更为严重。

湿度是玉米螟数量变动的重要因素。越冬幼虫春季咬食潮湿的秸秆或吸食雨水、雾滴，取得足够水分后才能化蛹、羽化和正常产卵。低湿对化蛹、羽化、产卵和幼虫成活不利。玉米螟的发生以春玉米或套种玉米为主的为害重，麦茬玉米为害轻，抗虫品种受害轻。

3. 防治方法

①在越冬幼虫羽化前，将玉米、高粱、棉花等有虫秸秆作燃料、铡碎沤肥和封存穗轴，消灭越冬幼虫。②减少玉米、谷子、高粱等作物的春播面积，压低1代，减轻2代、3代玉米螟的为害。③种植抗螟品种。④在成虫发生期，设置黑光灯和性诱剂诱杀成虫。⑤在玉米螟产卵盛期，或每百株玉米有卵块1~2块时开始，每亩释放赤眼蜂1万头，隔5天再放一次。在玉米螟卵孵化盛期，用每毫升含100亿个孢子的BT乳剂200倍液均匀喷雾。⑥在玉米心叶期用辛硫磷药液灌心。⑦在玉米穗期用50%敌敌畏乳油800倍液，或90%敌百虫1 000倍液，每株5~10毫升，灌注在雄穗上。也可在雌穗顶端花丝基部滴几滴，熏杀在雌穗顶部为害的幼虫。

（二）玉米蚜

1. 为害症状

成蚜、若蚜群集于作物心叶为害，刺吸植株营养外，排泄的"蜜露"引起煤污病，影响光合作用，使千粒重下降。此外，还传播玉米矮花叶病毒，为害更大。

2. 发生特点

玉米蚜从北向南一年发生10~20代。冬季以成、若蚜在麦类及禾本科杂草的心叶里越冬。4月底、5月初从小麦上向春玉米、高粱上迁飞。玉米抽雄前，一直群集在心叶里繁殖为害，抽雄扬花期是繁殖为害的高峰期。暴风雨对玉米蚜有较大的控制作用，杂草多发生为害重。

3. 防治方法

①结合中耕，消除田间杂草。②当田间小黑蜘蛛数量较多，用对天敌无害的抗蚜威防治，保护天敌。③当蚜虫盛发前用50%抗蚜威可湿性粉剂3 000倍液，或用2.5%敌杀死3 000倍液均匀喷雾或灌心。

（三）玉米蓟马

玉米蓟马分布在全国各玉米产区，主要有玉米黄呆蓟马、禾蓟马和稻管蓟马3种，均属缨翅目。除为害玉米外，还为害麦类、水稻、高粱及其他禾本科植物。

1. 为害症状

以成虫和若虫群集锉吸寄主汁液，为害玉米正常生育，黄呆蓟马行动迟缓，在叶背面为害，呈银白色条纹拌有小污点（虫粪）；禾蓟马行动活泼，多在叶心活动，在展叶正面取食，呈现银灰色斑；稻管蓟马成虫喜在玉米喇叭口内活动，雄穗上往往数量最多，但为害症状不明显。

2. 发生特点

春玉米、高粱出苗后成虫就出现为害，直至晚秋仍有较多成虫活动。干旱少雨、高温，蓟马就会大量发生，为害严重。若遇一次较大降雨，蓟马的数量立即会大幅度下降。

3. 防治方法

①合理密植，适时灌水、施肥，及时清除田间杂草，可显著减轻发生和为害。②用灭幼脲拌种。

（四）玉米叶螨

1. 为害症状

一般在干旱年份或干旱季节发生较重。以成螨、若螨刺吸寄主叶背组织汁液，被害处呈现失绿斑点。为害严重时，叶片变白，干枯，籽粒瘪瘦，造成减产。在局部地区给玉米带来威胁。

2. 发生特点

玉米叶螨在华北和西北一年发生 10~15 代，长江流域及以南地区 15~20 代。以雌成螨在作物、杂草根际或土缝里越冬。越冬螨在当温度达 7℃ 以上时雌成螨开始产卵，达到 12℃ 以上第一代卵开始孵化。发育至若螨和成螨时，在田埂杂草上或转移春玉米上为害。5—6 月在春玉米或套种玉米田点片发生，若 7—8 月条件适宜，蔓延全田，进入为害盛期。

3. 防治方法

①深翻土地，将螨虫翻入深层；早春或秋后灌水，将螨虫淤在泥土窒息死亡；清除田间杂草，避免玉米与大豆间作。②当叶螨点片发生时可用 15% 扫螨净乳油 2 000 倍液，或用 73% 克螨特乳油 2 500 倍液，均匀喷雾，可达到既杀卵，又杀幼螨、若螨和成螨的效果。

（五）小地老虎

1. 为害习性

全国一年发生代数不等。以幼虫和蛹越冬。在黄淮流域不能越冬，越冬成虫由南方迁飞。是一种典型的杂食性害虫，几乎对所有植物的幼苗均能取食为害，造成缺苗断垄，甚至毁种重播。成虫在夜间活动，产卵于杂草、枯草、土块上，对光和糖、酒、醋混合液有趋向性。幼虫 1 龄前咬食玉米幼叶，3龄以后只有夜间咬食玉米苗茎部，日出后，幼苗萎蔫枯死。洼地、杂草多、耕作粗放的地块为害严重。

2. 防治方法

①清除田间杂草。②在成虫始发期用糖醋液和黑光灯诱杀成虫。③用50%敌敌畏1千克，加适量水后拌细沙土100千克，每亩用毒土20~25千克，顺垄撒在玉米幼苗根附近。④用90%敌百虫500克，拌炒成煳香的棉籽饼5千克，或用2.5%敌百虫粉500克，拌鲜菜或碎鲜草50千克，每亩用5千克，于傍晚撒在玉米行间诱杀地老虎。⑤用50%辛硫磷乳油1 000倍液或20%速灭丁乳油2 000倍液，均匀喷雾防治。

（六）蛴螬

1. 为害习性

成虫和幼虫都能越冬，冬季在60厘米以下土层中越冬。成虫有假死性和喜光性，喜在松软潮湿的地里产卵，所以，潮湿的壤土、沙壤土发生较多。幼虫在13~18℃时活动最猖獗，高于23℃时，便向土下移动。蛴螬为害根部或地下茎部，使幼苗枯死。成虫咬食花丝、雄穗和籽粒。

2. 防治方法

防治蛴螬以播种时药剂拌种和土壤处理防治幼虫为主。①精耕细耙，杀死虫源；轮作倒茬或水旱轮作。②成虫发生期在田间地头设置黑光灯诱杀成虫。③用50%辛硫磷乳油500毫升，拌玉米种200千克，保苗率可达80%。④用5%辛硫磷颗粒剂1~1.5千克，加细土15~25千克，耙地前撒在地面，耙入土中，撒毒土可参考地老虎的防治方法。

（七）蝼蛄

1. 为害习性

以成虫或若虫潜到50~100厘米深土层中越冬，第二年地温达到8℃左右，开始上移至地表活动，12~25℃时活动为害最重。蝼蛄有趋光性，对马粪、土粪等有机肥料的特殊气味有趋向性。主要咬断玉米茎或咬食种子。

2. 防治方法

参照蛴螬和地老虎防治的方法。

（八）金针虫

1. 为害习性

金针虫在土温15~16℃时为害最重。幼虫可直接咬食种子和幼芽，能咬断刚出土的幼苗，也可钻入较大的玉米苗根茎部取食为害，造成玉米缺苗断垄。

2. 防治方法

药剂拌种和土壤处理，可参照防治蛴螬的方法。

三、玉米田的化学除草

（一）玉米田杂草的为害性

杂草的生命力很旺盛，它常和玉米争夺土壤中的水分和养、分，特别是氮素。由于它的株高比玉米矮，争光不成问题。杂草根系还能分泌一些有毒物质，也会影响玉米正常生长。玉米苗期受杂草为害严重，中后期的杂草对玉米影响不大。

玉米苗期受杂草为害时，植株矮小、导致中后期生长不良，成穗率降低，穗粒数、粒重下降，造成不同程度的减产。据有关试验，玉米的减产程度因草荒程度不同而不同。一般草害可使玉米减产16%~93%。当苗期草荒严重到足以"把苗吃掉"的程度，可能造成颗粒无收。试验结果表明，当每米行长有杂草一株时，玉米每亩减产16.3千克；有2株时，减产37.3千克；有4株时，减产39.3千克；有8株时，减产70.3千克；有40株时，减产96.2千克。在夏季高湿多雨的气候条件下，玉米田每米行长有杂草2~5株是常事，可见及时消灭杂草，从草中夺粮，对实现玉米高产是何等重要。

（二）化学除草技术

用于防治玉米田杂草的除草剂较多，各地可根据田间杂草的种类、群落为害程度、结合当地的土壤、气候和栽培制度，选用合适的除草剂品种。目前，玉米田化学除草的施药方式应以土壤处理为主，茎叶处理为辅。

1. 播后苗前土壤处理

玉米播种后出苗前可选用以下除草剂，防除玉米田杂草。

（1）乙草胺　该药剂为酰胺类，幼苗和根吸收，低毒选择性芽前除草剂，对牛筋草、马唐、稗草、狗尾草等禾本科杂草有特效，对藜、苋、马齿苋等阔叶杂草也有较好防治效果。玉米吸收乙草胺后，可很快降解为无毒物质，对玉米很安全。在玉米播后苗前，东北地区每亩用50%乙草胺乳油150~250毫升；华北、华中、华南地区，每亩用50%乙草胺乳油80~150毫升，加水50升，均匀喷雾地表。

（2）拉索（甲草胺）　该药剂为酰胺类，幼苗和根吸收、低毒选择性芽前除草剂。除草活性高，在土壤中药效为4~8周，能有效防治一年生禾本科和一些一年生双子叶杂草。在玉米播后苗前，每亩用45%拉索乳油200～300毫升，加水50升，均匀喷雾地表。

（3）草净津 该药剂为内吸、中等毒选择性芽前芽后除草剂。对一年生单双子叶杂草都有较好的防治效果。田间药剂期2～3个月，对后茬农作物小麦等无影响。在玉米播后苗前，每亩用80%草净津可湿性粉剂150～200克，加水50升，均匀喷雾于土表。

2. 茎叶定向喷雾处理

玉米出苗后3～5叶期，单子叶杂草1～2叶期，双子叶杂草2～4叶期，每亩可用50%禾宝乳油100毫升，或用40%乙秀水悬浮剂200～250毫升，加水50毫升，均匀喷雾。阔叶杂草发生较重的玉米田，可在玉米4～6叶期每亩用75%巨星干悬浮剂1毫升，或用75%宝收（阔叶散）1克，或用72%2，4-滴丁酯乳油50毫升，加水30升，均匀喷雾。

3. 除草剂的混用

不同品种的除草剂有不同的杀草谱。因此，在生产上利用杀草谱不同，优缺点互补的两种除草剂，适当减量后混用，既扩大了杀草谱，明显提高了杀草效果，也避免了当季农作物产生药害和对后茬作物产生残留毒害的可能性。

当前，玉米田可以混用的除草剂在播后苗前使用的，如38%莠去津每亩100～150毫升与50%乙草胺乳油50～100毫升，或用43%草净津每亩200～300毫升与48%拉索乳油150～250毫升，加水50升，喷雾土表。

苗期可用的，如48%百草敌30毫升与48%拉索200～300毫升，或用48%百草敌20～30毫升与38%莠去津150～200毫升，加水50升，混合后喷雾，以防除多种杂草。

（三）化学除草应注意的问题

一是购买除草剂之前或使用之前必须仔细阅读说明书，根据当地气候、墒情、草害、苗情、后作物，选择好适宜对路、对玉米及后作安全、除草效果好的除草剂。使用时，要严格按说明计量准确配制，适时施药，做到混药均匀、喷雾均匀、不漏喷、不重喷。

二是为保证播后苗前土表施药有很好的除草效果，必须精细整地，播后镇压，然后施除草剂。化学除草剂的效果同土壤湿度有很大的关系。土壤湿度大时，药效好，土壤干旱时，效果下降。因此，播种前土壤干旱，应浇足底墒水，或播后浇灌水后立即施药。

三是北方春玉米施药时低温少雨，而且，离后茬小麦播种期间隔较长，可以按推荐用药量的上限施药或适当加大用药量，以保证有较高的除草效果。由于夏玉米播种时气温高、降雨多，利于除草剂药效发挥，可用推荐用药量的下限或适当降低施药量，也能取得较好的除草效果。

有些除草剂的药效与土壤有机质的含量有关，如乙草胺、都尔等，在土壤肥沃、有机质含量高的地块，需加大剂量；土壤瘠薄、有机质含量低的地块，可适当减少用药量。

地膜玉米或间作、套种玉米地，每亩地施药量，应按玉米带实际面积，计算用药数量。

四是化学除草剂一般都具有毒性，在喷药过程中要尽量避免除草剂与身体的接触。喷药后，要用清水洗手、脸和更换衣服。喷药器械要严格清洗干净，确保人身安全，严防以后使用造成药害。

第三章　大　豆

大豆是粮食和油料兼用作物，其副产品豆粕又是畜、水产品的精饲料，大豆还可加工成多种多样的副食品，也是我国传统的出口物资。因此，大豆用途非常广泛，在发展新农村经济中占重要地位。

随着农业生产结构的调整和城乡居民生活水平的不断提高，消费需求也在不断变化，国内外对优质大豆新品种、新技术的推广应用都十分重视。黄骅地处华北平原，光热资源充足，具有生产优质大豆的自然条件和地理优势，既是河北省高蛋白大豆主产区之一，也是高油大豆产区之一。黄骅市大豆面积达5万亩，其主要种植形式有春播、夏播，但以夏播为主。

第一节　大豆栽培的生物学基础

大豆属双子叶植物，其主要形态特征是根与根瘤。大豆根由主根、侧根、根毛组成，主根、侧根上结有根瘤。大豆根系发达，根系80%集中在20厘米土层内，10%分布在20~30厘米土层中。根在生长过程中向土壤中所分泌的一些物质（蛋白质）在一定条件下可以刺激根周围根瘤菌的繁殖。根瘤菌侵入根毛，形成感染线进入根内皮层细胞，形成分生组织，后转变为菌体。菌体具有固氮酶吸收分子氮，氮被吸收后氧化成 NH_3。研究证明，根瘤菌所固定的氮可供大豆一生需氮量的 1/3~3/4，说明共生固氮是大豆的重要氮源。所以，大豆既是用地作物，也是养地作物，发展大豆对培肥土壤有着重要意义。

大豆属短日照作物，在昼夜交替过程中，大豆要求较长的黑夜和较短的白天，短日照能促进生殖生长而抑制营养生长，当每日光照在9~18小时时，光照越短越能促进生殖器官的发育，但低于6小时，则营养生长和生殖生长均受到抑制。大豆属喜温作物，不同品种在生育期间所需要的大于10℃的活动积温相差很大，晚熟品种需要3 200℃以上，而夏播早熟品种则要求1 600℃左右，夏季气温平均在24~26℃，对大豆生长发育最适宜，所以，夏播大豆应在麦收后适期早播。大豆属需水较多的作物，但大豆不同生育时期对土壤水分的要求不同，大豆发芽时，要求水分充足，土壤含水量在 20%~40% 为宜。大豆幼苗期比较耐旱，从始花到盛花期需水量逐渐增大，从结荚到鼓粒期间，要求土壤水分充足，以保证籽粒发育。墒情不好，会造成幼荚脱落或秕粒、秕荚。农谚说"干花湿荚，亩收石八；湿花干荚，有秆无瓜"，反映了大豆花荚期对水分的要求，所以，提倡关键时期既抓好抗旱浇水，又要注意汛期排涝。

第二节　夏大豆高产栽培技术

一、夏大豆耕作种植方式

合理轮作是调节土壤养分、培肥地力、减少杂草为害和病虫害蔓延的重要措施。在轮作中，大豆是好茬口，目前已形成了以大豆为主的轮作栽培体系，达到用地和养地相结合，故称为豆茬为"油茬""肥茬"，尤以下茬种植谷类作物最为适宜。大豆的轮作，在华北地区主要有 4 种方式：①冬小麦—玉米间作大豆—冬小麦—夏大豆；②玉米—玉米—大豆；③冬小麦—夏大豆—冬小麦—夏大豆；④冬小麦—夏大豆—棉花。

二、夏大豆栽培技术

（一）选用适宜的优良品种

1. 优良品种搭配种植，防止品种单一化

因地制宜选用优良品种是增产、增收的关键，但如果多年连续种植一个品种，则品种会出现特征特性退化现象，降低或丧失抗病能力，影响产量，给生产造成损失。同一年份同一块地切忌种植一个品种，应选择适宜的优良品种搭配种植，这样既能发挥不同品种的增产潜力，又能防止或降低自然灾害所带来的损失。黄骅市推广种植的品种过去主要以科丰 6 号、中黄 4 号、冀豆 7 号等为主。

2. 精选种子

大豆属于常规作物种子，可以进行自留种。必须选择抗倒伏能力强、综合性状好的品种，一般采取粒选，去除小、杂、病虫粒和破碎粒，微风晴朗天气晒种 2~3 天，发芽率需在 90% 以上，这种做法一方面为保全苗，另一方面为了防止病虫害的传播。

3. 科学引种

大豆属短日照作物，对光反应敏感，适应性较窄，不科学的盲目引种会给生产带来重大损失。北部的品种引到南方种植，生育期提前，所以，可将北方成熟较晚的品种引到南方种植；相反如果从南方向北方引种，生育期错后，要注意品种的成熟问题，否则，品种不能正常成熟，给生产带来不必要的损失。

（二）搞好茬口安排

1. 提倡贴茬早播种

早播是夏播大豆增产的关键措施。早播能夺"五苗"（早、全、齐、匀、壮），改善叶面积，有效协调营养生长与生殖生长的关系，提高生产率，增加干物质积累，为丰产奠定物质基础。黄骅的夏播大豆前茬作物多为冬小麦，因此，为抢农时，冬小麦应选中早熟品种，割麦后，抢时进行贴茬播种是最大限度利用光热资源，争取高产优质的有效途径。正所谓"春争日、夏争时"，麦收后种植夏大豆，播种越早产量越高，一般播期在 6 月上中旬为宜。

2. 确定播种方式

播种方式有楼播、点播或播种机精量播种，应因地制宜，选择不同播种方式。行距一般在 30 厘米左右等行距种植或大行距 40 厘米、小行距 20 厘米左右的大小行种植形式。大豆属双子叶植物，顶土能力较弱，播种深度一般掌握在 3~5 厘米为宜。

3. 确定播种量

由种子的大小及品种的株型确定。楼播与机播一般大粒种子 5~6 千克，中小粒种子 4~5 千克，点播 3~4 千克。也可以根据公式计算播种量，播种量 =（密度×百粒重）×100/发芽率，计算所得的数值为每亩种子用量（克）。播前根据地力适当增施农家肥，亩底施二铵 20 千克，尿素 7.5 千克，缺磷地块应增施磷肥，一般亩施过磷酸钙 20 千克作底肥。如果施肥与播种同时进行，肥料应与种子隔开，以防烧苗，同时播种后及时喷施除草剂。

4. 留苗密度

合理密植是增产的重要措施。大豆种植过密，植株拥挤，田间郁闭，通风透光不良，植株徒长易发生倒伏，花荚脱落，粒数减少。大豆种植过稀，总株数少，产量上不去。由于夏播大豆生育期短，分枝少，植株较春播大豆矮，叶片少，叶面积小，在播种密度上可采用窄行密植技术，充分利用地力与光热，发挥群体效益提高产量。大豆栽培密度受多种因素的影响，应根据"肥地宜稀，瘦地宜密，早播宜稀，晚播宜密，早熟宜稀，晚熟宜密"的原则。适当增加种植密度，大小行种植密度一般为每亩 1.5 万～3.0 万株。肥地、分枝多的品种，灌溉条件较好和适时早播的每亩 1.5 万～2.0 万株；分枝少的品种、水浇条件差、播种迟的每亩 2 万～3 万株。

（三）精细管理

1. 苗期管理

种是基础，管理是关键。根据大豆不同生育期对环境的不同要求以及大豆不同时期的生育特性，采取相应的管理措施才能获得高产，当确定合理密度后，应适时进行定苗、间苗。间苗时间宜早不宜迟，应在子叶刚展开时进行间苗，以不超过两片真叶为宜，地下害虫多的可适当推迟。夏播大豆气温高，幼苗生长快，出苗即可间苗，间苗或定苗应去弱苗留壮苗，去病株留好株，还可根据茎的颜色去掉杂株，保证合理密度下的苗齐、苗壮。补苗时可以补种或芽苗移栽。加强中耕培土，中耕具有破除土壤板结、蓄水保墒、增加土壤通透性、调节肥料及土壤养分释放速度、消灭杂草、促进根瘤菌成活与生存、提高固氮能力等多种作用，农谚"豆锄三遍粒滚圆"。应按浅—深—浅的标准，中耕 2 遍～3 遍，苗高 5～6 厘米时进行第一次中耕，深度 7～8 厘米；大豆分枝前进行第二次中耕，耕深 10～12 厘米；大豆封垄前进行第三次中耕，耕深 5～6 厘米。最后一次中耕可结合进行培土，以防倒伏，开花后禁止中耕锄划，以免造成花荚脱落。如果有旺长苗头，在第一片复叶展开时于晴天中午顺垄镇压豆苗，可起到压苗促根的作用。

2. 开花结荚期管理

开花结荚期主要是争取花多、花早、花齐，防止花荚脱落和增花、增荚，这是此期管理的中心任务。大豆是喜肥作物，由于它含有丰富的蛋白质与脂肪，形成这些物质需要大量的养分。因此，合理施肥是夏大豆高产的基础。从夏大豆生理特点分析，夏大豆生育期短，营养生长时间较短，需肥集中时间短，要实现高产，必须增加肥料的投入并合理施用，除增施农家肥外，化肥要氮、磷、钾搭配。要看苗管理，促控结合，高产田以控为主，避免过早封垄郁闭，在开花末期达到最大叶面积为好。具体措施是：封垄前继续除草，看苗酌情给水肥，弱苗应在初花期追肥，壮苗不追肥防止徒长。开花期追施尿素 8～10 千克/亩、硫酸钾 5～6 千克/亩，结荚末期追施尿素 10～15 千克/亩，既可满足大豆鼓粒期对养分的需要，又不会造成旺长，有利于增加粒重，提高产量。一般地块在花荚期开沟追施尿素 10 千克左右，也可结合浇水洒施于大豆行间。此时大豆叶面积达到最大值，耗水量增大，需水也达到高峰期。从历史来看，黄骅十年九旱，而且，多年降水不均衡，有的年份不同季节出现旱情，如伏旱、秋吊，满足不了夏播大豆生长发育各个阶段对水分的要求。因此，当叶片颜色出现老绿、中午叶片萎蔫时，要及时浇水，否则花荚脱落。在盛花末期摘顶心（打去 6.6 厘米顶尖）可以防止倒伏，促进养分重新分配，多供给花荚。有限结荚习性品种及瘦地大豆不适合摘心。高产田为防止倒伏和旺长，一般每亩用多效唑 10~15 克加水 40~50 千克喷施，或亩用缩节胺 4~5 克加水喷施。

3. 鼓粒成熟期管理

鼓粒成熟期是大豆积累干物质最多的时期，也是产量形成的重要时期。促进养分向籽粒中转移，促粒饱和增粒重是这个时期管理的中心。这个时期缺水会使秕荚、秕粒增多，粒重下降。如果缺肥，应在鼓粒期进行根外追肥，一般用尿素 7.5 千克、过磷酸钙 22.5 千克、硫酸钾 3.7 千克，提取浸出液，加水 750 千克喷洒于叶片上，最好在阴天或晴天下午 4 时以后喷施，遇雨应重喷。秋季如果干旱，应及时浇水，以水攻粒对提高产量和品质有明显作用。

（四）合理轮作

合理轮作，杜绝重茬种植。一般在胞囊线虫病发生地块，轮作倒茬可用冬小麦—玉米—大豆或冬小麦—红薯—大豆等 3 年轮作制。在同一地块连续多年种植同一种作物，会使土壤中元素缺失，造成某些病虫害的流行，给作物生长造成不良的环境，从而影响产量和增产潜力的发挥。合理轮作可以有效利用土地、提高土壤养分利用率、改善土壤通透性、防治病虫害和消灭杂草等作用。不同作物进行合理轮作，能最大限度地发挥耕层养分的作用。不同作物有不同的特征特性。如玉米、高粱等高秆作物，根深叶茂需肥水较多，有的作物如小麦需氮肥较多，而大豆则需磷、钾肥较多，还有些作物具有专一性的病、虫、草害。大豆是用地、养地的作物，它除了取之于土壤中营养物质外，还能偿还于土壤一部分营养物质。

（五）适时收获

大豆收获期很重要，过早收获籽粒尚未充分成熟，不仅粒重下降而且蛋白质和油分含量均降低，收获晚会引发炸荚，造成更大损失。俗话说："豆收摇铃响"。生产上一般掌握 95% 豆荚转为成熟色，荚中籽粒与荚壁脱离，即摇动大豆植株出现响声，并且植株尚有 10% 左右的叶片未脱落完时收获，有利于提高产量和品质。不炸荚的品种宜迟收 2~3 天。如果是机械收获，可稍晚几天，即植株叶片全部脱落，籽粒已变圆时即可进行机械收获，这样既避免了收获过程中籽粒丢失，又保证了机械操作的顺利进行。

第三节　抗旱耐盐丰产大豆品种简介

一、沧豆 6 号

沧豆 6 号由河北省沧州市农林科学院 1998 年利用郑 77249 作母本，沧9403（科丰 6×尖叶豆）作父本进行杂交，经多代选育而成。河北省农作物品种审定委员会审定通过，审定编号：冀审豆 2008001（图 3-1）。

图 3-1　大豆新品种沧豆 6 号

特征特性：

该品种夏播生育期 98 天左右，株高 83.6 厘米，主茎 16.3 节，分枝 3.5个。紫花，棕毛，卵圆叶，有限结荚习性。单株结荚 105.9 个，百粒重 19.4克，籽粒椭圆型、种皮黄色、褐脐。

栽培要点：

1. 播期：据试验 6 月中旬为最佳播期

2. 每亩播种量 4~5 千克，留苗密度 1.3 万~1.5 万株/亩

3. 播后苗前用除草剂乙草胺封地面

4. 根据土壤肥力每亩底施氮、磷、钾复合肥 20~30 千克

5. 适宜机械化播种和联合收割机收获

二、沧豆 10 号

沧豆 10 号由沧州市农林科学院利用核不育材料 96B59 与 96QT（群体）有性杂交，经多代选育而成。2011 年 3 月通过河北省农作物品种审定委员会审定，审定编号：冀审豆 2011001。

特征特性：属亚有限结荚习性，春播生育期 125~130 天，夏播 105 天左右。株高 120.4 厘米，底荚高 18.2 厘米，主茎 23.3 节，万有效分枝 1.9 个，卵圆叶，紫花，棕毛。单株有效荚 45 个，单荚粒数 2.2 个。百粒重 23 克。籽粒椭圆形，黄色种皮，深褐色种脐，微有光泽。抗病性较强。2010 年农业部谷物品质监督检验测试中心测定：籽粒粗蛋白质（干基）47.22%，粗脂肪 18.35%（图 3-2、图 3-3）。

图 3-2　沧豆 10 号苗期

栽培要点：

一是播期：据试验 5 月中旬至 6 月中旬为适宜播期。

二是每亩播种量 4~5 千克，留苗密度控制在 1.3 万~1.6 万株/亩。肥水条件好适当稀植；反之密植。

三是播后苗前用除草剂乙草胺封地面。

四是施足底肥，增施磷、钾肥，初花期注意追肥。遇旱及时浇水，种植密度大、生长过旺时，注意适时化控和中后期防倒伏。

五是适宜机械化播种和联合收割机收获。

图 3-3　沧豆 10 号成熟

三、中黄 13

由中国农业科学院作物科学所以豫豆 8 号为母本、中作 90052-76 为父本进行有性杂交，采用系谱法选育而成。审定编号（国审豆 2001008）于 2001 年 3 月通过了安徽省和天津市品种审定委员会审定，并于同年 5 月通过国家审定。2002 年通过北京、陕西审定，2003 年通过辽宁省审定。

特征特性：中黄 13 为半矮秆型品种。该品种生育期夏播 100~105 天，春播 130~135 天；结荚习性为亚有限型，紫花、灰茸毛、椭圆形叶片，有效分枝 3~5 个，百粒重 24~26 克；籽粒椭圆型，粒色为黄色，褐脐；成熟时全部落叶，不裂荚；抗倒伏，抗涝、抗大豆花叶病毒病，中抗大豆孢囊线虫病。结荚密且荚大，属于高产、蛋白较高、抗病品种，增产潜力很大，籽粒商品性好。经农业部农作物谷物品质监督检验测试中心测定，北京生产的种子蛋白质含量为 42.72%，脂肪含量为 19.11%。安徽生产的种子蛋白质含量为 45.8%，脂肪含量为 18.66%。

栽培要点：

第一，中黄 13 属半矮秆型品种，分枝较多，亩保苗 1.0 万~1.2 万株为宜，行距可在 45~50 厘米。

第二，该品种喜肥水，适宜于肥地种植。一定要注意足墒播种，合理施肥，亩施有机肥 2~3 吨和 5~10 千克磷钾肥。在花期及结荚期及时浇水。

第三，注意防治病虫害，开花前后注意防治蚜虫。

第四，及时收获，太晚易炸荚。

四、冀豆 12

冀豆 12 是河北省农林科学院粮油作物所 1989 年经多年选育而成的高蛋白品种。2001 年经国家审定，2003 年国家扩审。2001 年评为农作物优异种质。

特征特性：该品种紫花，茸毛灰黄，圆叶，春播生育期 149 天，夏播生育期 100 天左右。株高春播 85.1 厘米，夏播 70~80 厘米。平均单株有效结荚数 43.6 个，夏播 36.5 个。百粒重春播 21.4 克，夏播 22~24 克。粒型椭圆，浅脐，籽粒整齐，商品性好。

品质：蛋白质含量 46.41%，脂肪含量 17.47%。

抗病性：抗病毒病。

栽培要点：夏播播期 6 月 10~25 日，春播播期 5 月上中旬为宜；肥力较好地快留苗 1.5 万株/亩。肥力较低的沙土地留苗 2 万株/亩；蹲苗防倒；开花期结合浇水追施纯氮 5~7 千克/亩，遇干旱，鼓粒期浇水。

五、冀黄 13

冀黄 13 是河北省农林科学院粮油作物所 1989 年选育而成的高油新品种。2001 年通过河北省品种审定委员会审定，2004 年又通过国家审定。

特征特性：该品种亚有限结荚习性，株高 100 厘米，底荚高度 18 厘米左右，主茎节数 17~18 个，单株分枝 1~2 个。根系发达，茎秆坚韧，直立型生长，株型紧凑。生育期 100 天左右。种皮黄色，褐脐，圆粒，籽粒有光泽，百粒重 18~20 克。

品质：籽粒有光泽，外观品质较好，蛋白质含量 39.75%。

产量表现：河北省夏大豆区域试验，产量为 182.4 千克/亩，比对照冀豆 7 号平均增产 11.3%，增产极显著；稳定性分析，适应度 100%，是稳定性最好的品种。

栽培要点：夏收后立即播种，播期越早越好，最晚不晚于 6 月 20 日。出苗后立即查苗、疏苗、间苗。3 片真叶时一次定苗。留苗密度每亩 1.6 万株左右，种植行距 40~45 厘米，留苗株距 10 厘米左右，缺苗断垄时可留双株。土壤肥力不足要在苗期开沟追施磷酸二铵 15~20 千克/亩。初花期至开花后 10 天结合浇水追施尿素 10~15 千克/亩。生长期间遇干旱，要及时浇保命水、鼓粒灌浆水，后期浇水要注意掌握无风快浇、大风停浇的原则，花荚期要喷施叶面肥或生长调节剂，有利于增加抗性，保叶增粒重。

第四节　大豆病虫害发生与防治

大豆易遭受病虫的为害，为确保大豆品质和商品性，必须及时防治病虫害。目前，黄骅的主要病害是大豆花叶病毒病、大豆胞囊线虫病、纹枯病、锈病、霜霉病等；主要虫害有大豆蚜虫、豆天蛾、造桥虫、小夜蛾等。在防治方法上除了选用抗病品种、合理轮作倒茬、科学管理以外，药剂防治很关键。

1. 大豆花叶病毒

大豆花叶病毒是大豆的一种世界性的重要病害，一般发生率30%~60%，有一些品种甚至达到100%，常用防治方法有多菌灵可湿性粉剂、波尔多液、福美双、粉锈宁等。在发病前或发病初期开始喷药防治，用2%菌克毒水剂0.1~0.2千克/亩，对水450千克喷雾，做到均匀喷雾、无漏喷，连续施药两次，每次间隔7~10天；或用20%病毒A可湿性粉剂60克/亩，对水450千克喷雾，均匀喷雾，每隔7~10天喷1次，连续3次，另外，在7—8月还可结合治蚜虫喷施防治病毒病的药剂。

2. 大豆胞囊线虫病

大豆胞囊线虫病是大豆胞囊线虫寄生在大豆根部所致。在大豆整个生长期间均可为害，主要为害根部，使主根与次生根减少。大豆苗期感病，子叶及真叶变黄，发育迟缓。成株期感病，植株矮化，叶片由下向上变黄，花期延迟，结荚少，甚至枯死。可用多菌灵和福美双等药剂的种衣剂进行包衣，种子与药剂比例（50~70）∶1，对大豆胞囊线虫病有较好的防治效果。

3. 大豆霜霉病

主要为害幼苗或成株叶片、荚及豆粒。带病种子长出的幼苗能系统发病，子叶未见症状，从第一对真叶基部出现褪绿斑块，沿主脉，侧脉扩展，造成全叶褪绿。大豆开花期间雨水多或湿度大，病斑背面生有灰色霉层，病叶转黄变褐而干枯。叶片被再侵染的，出现褪绿小斑点，后变为褐色小点，背面也生霉层。豆荚染病外部症状不明显，但荚内出现黄色霉层，发病初期开始喷洒40%百菌清悬浮剂600倍液或25%甲霜灵可湿性粉剂800倍液，58%的甲霜灵、锰锌可湿性粉剂600倍液。对上述杀菌剂产生抗药性的地块，可改用69%安克锰锌可湿性粉剂900~1 000倍液。应选用抗病品种；合理密植，加强田间管理；及时排除积水，增施磷、钾肥、合理轮作，清除病株残叶，深翻土地，发病初期及时喷施杀菌剂。

4. 大豆豆天蛾

豆天蛾是夏播大豆的主要虫害。幼虫期发生在 7—9 月，以 8 月上中旬为害最重。9 月后老熟幼虫开始越冬。一般生长在茂密，低洼肥沃大豆地块，产卵量多，为害重。茎秆柔软，蛋白质含量高的品种受害重、早播豆田比晚播田重。防治方法：用 90% 晶体敌百虫 800~1 000 倍液，或 50% 辛硫磷乳油 1 500 倍液，喷药液 75 千克/亩。豆天蛾的天敌有赤眼蜂、寄生蝇、革蛉、瓢虫等，对豆天蛾发生有一定的控制作用。

5. 大豆造桥虫

造桥虫一年可发生 5 代，前 4 代均为害大豆，尤其以 7 月下旬至 8 月中旬的第三代最为严重。成虫昼伏夜出，趋光性强，喜欢在生长茂密的豆田内产卵，卵多产在豆株上部叶背面。3 龄幼虫食害上部嫩叶成孔洞，多在夜间为害。防治方法是：90% 敌百虫或 80% 敌敌畏 1 000 倍液，50~100 千克/亩喷雾，还可用 20% 杀灭菊酯乳油或 2.5% 溴氰菊酯乳油 2 000 倍液，40 千克/亩喷雾；用青虫菌或杀螟杆菌 1 000~1 500 倍液喷雾，用菌液 40~50 千克/亩。

6. 大豆蚜虫

大豆蚜虫俗称"腻虫"，是为害大豆的重要害虫。大豆蚜虫具有食嫩性习性，主要是在大豆植株的生长点、顶端嫩叶及嫩尖上刺吸汁液，严重时布满茎叶，幼荚也被为害，造成叶片卷缩、发黄、植株矮小，根系发育不良，分枝及结荚的数量减少，粒重下降，产量降低，甚至整株死亡。一般田块减产 20%~30%，严重的可减产 50%，除此之外，大豆蚜虫还能传播花叶病毒病。防治方法：用 50% 灭蚜净乳油或 50% 辛硫磷乳油 1 500~2 000 倍液喷雾。

第四章 谷 子

谷子又叫粟，原产于中国，属于禾本科狗尾草属的一年生草本植物。是我国最古老的作物之一，有悠久的栽培历史，是我国北方地区重要粮食作物之一。谷子种植面积约占全国粮食作物播种面积5%左右，在世界上，我国的谷子播种面积较大，产量较高，占全世界谷子产量的90%以上。河北省常年谷子种植面积290万亩左右，主要集中在邢台、邯郸、沧州3个市，多以夏播谷为主，占全省面积的65%，其他市以山区、丘陵地春播为主。黄骅市地处河北东部，属于黑龙港流域，是典型的农业旱作区，适宜谷子的种植，近年来面积达1.3万亩左右。

第一节 谷子的生物学基础

谷子是一年生草本植物。须根粗大。秆粗壮，直立，高0.1~1米或更高。叶鞘松裹茎秆，密具疣毛或无毛，毛以近边缘及与叶片交接处的背面为密，边缘密具纤毛；叶舌为一圈纤毛；叶片长披针形或线状披针形，长10~45厘米，宽5~33毫米，先端尖，基部钝圆，上面粗糙，下面稍光滑。

圆锥花序呈圆柱状或近纺锤状，通常下垂，基部多少有间断，长10~40厘米，宽1~5厘米，常因品种的不同而多变异，主轴密生柔毛，刚毛显著长于或稍长于小穗，黄色、褐色或紫色；小穗椭圆形或近圆球形，长2~3毫米，黄色、橘红色或紫色；第一颖长为小穗的1/3~1/2，具3脉；第二颖稍短于或长为小穗的3/4，先端钝，具5~9脉；第一外稃与小穗等长，具5~7脉，其内稃薄纸质，披针形，长为其2/3，第二外稃等长于第一外稃，卵圆形或圆球形，质坚硬，平滑或具细点状皱纹，成熟后，自第一外稃基部和颖分离脱落；鳞被先端不平，呈微波状；花柱基部分离；叶表皮细胞同狗尾草类型。染色体$2n=18$。

谷子营养丰富，每100克小米含维生素A0.19毫克、维生素$B_1$0.59毫克、维生素$B_2$0.09毫克、蛋白质含量为9.2%~14.3%、脂肪含量在3.0%~4.6%。7种人体必需的氨基酸含量比其他粮食作物高，特别是色氨酸、蛋氨酸等氨基酸含量很高，每 100 克小米含色氨酸 192 毫克、蛋氨酸 297 毫克，还含有微量元素硒，对人类健康非常有益，是儿童、孕妇和老人的好食粮。谷子籽粒和谷草的比例为 1∶1~1∶2，谷草中含有蛋白 3.1%、戊聚糖 26%、木质素 24.2%、纤维素 42.2%，谷草营养价值高于一般禾本科牧草。而且，谷草质地柔软，适口性好，容易消化，是牛、羊等牲畜的良好饲草。

谷子适应性广，耐干旱，耐瘠薄，抗逆性强。在土壤瘠薄干旱的地块上，种植其他作物往往生长差，产量低，但是种植谷子则表现出相当稳产的特性，也会得到较好收成。谷子的生育期一般是 70~100 天。谷子种子发芽最适温度为 24℃左右，发芽最低温度为 7~8℃，最高温度为 30℃。谷子出苗后的第一、第二片叶，主要靠种子贮藏的营养物质供应，因此，生产上选择大粒而饱满的种子作种是很重要的，第一、第二片叶越大，它所制造的营养物质越多，谷子幼苗的生长就越好，对以后生长发育都有良好效果。谷子是喜温作物，全生育期要求平均气温 20℃。据统计，夏谷每生产 100 千克谷子籽粒约需吸收氮素 2.71 千克、磷素 1.0 千克、钾素 4.0 千克左右。谷子一生中对氮素营养需要量大，氮肥不足，植物内核酸及叶绿素合成受阻。表现植株矮小，叶窄而薄，色黄绿，光合效率低，穗小粒少，植株早衰，秕粒增多；磷素能促进谷子的生长发育，减少秕粒，增加千粒重，促进早熟；钾素的作用是使茎秆强，增强抗倒伏和抗病虫害的能力。

谷子各生育期的特点可以概括为"六喜六怕"：①喜轮作怕重茬。②喜墒怕干。播种时如果墒情不足，容易造成缺苗断垄。③喜疏怕稠。出苗后 5~6 叶期及时间苗。④喜蹲怕发。拔节期生长过快，容易发生倒伏。⑤喜水怕旱。拔节孕穗期干旱容易形成"卡脖子"，抽穗不畅或抽不出穗，或形成畸形穗。⑥喜晒怕涝。谷子开花灌浆期需要充足的阳光有利于开花授粉，有较高的产量。

第二节　谷子高产栽培技术

一、轮作倒茬

谷子不宜重茬，必须合理轮作。谷子连作的害处：一是病害严重，特别是谷子白发病和线虫病。二是杂草严重，易造成草荒。特别是谷莠草，谷莠草是谷子的伴生杂草，幼苗期形态上与谷苗相似，很难区分，且莠草具有早熟落粒性，在土壤中保持发芽的时间长，连作会使其日益蔓延。三是连作会大量消耗土壤内同一营养要素，造成"竭地"。谷子的前茬以豆类最好，玉米、高粱、小麦、马铃薯等作物也是谷子较好的前作。

因此，在轮作周期中必须合理轮作换茬，以调节土壤养分，恢复地力，减少病虫、杂草为害。在自发病严重的地块，最好隔3年再种谷子。一般认为，能够早腾茬的作物，都是谷子的良好前作。在两熟地上，只要注意谷子的施肥，夏谷腾茬早于夏玉米，反而成为小麦的好前茬。

二、土壤耕作与施肥

为争取麦茬谷有较长的生育时间，在前作物生育期后期应该浇水蓄墒。小麦收获后要抓紧农时，进行耕翻整地，搂净麦茬，抢时播种。试验证明，麦茬谷早种一天可增产3%左右。为保证播种质量，麦收前要力争浇好麦黄水、使土壤含水量能够满足麦茬谷种子发芽的需求。由于小麦生长消耗土壤养分较多，播种时亩施磷酸二铵10~15千克，尿素5千克作种肥，可促谷苗早生快发，满足谷子出苗后对土壤养分的需求，达到苗齐、苗壮。根据谷子的吸肥规律施肥与田间作业结合进行，追肥多在拔节期结合中耕培土进行，每亩追施氮素化肥尿素20~30千克，满足中后期对养分的需要。在籽粒灌浆期喷施磷肥（400倍液磷酸二氢钾液，每亩100~200千克）有提高粒重的效果。

三、播种及种植密度

（1）播种前种子处理　选择适宜本地的品种，播种前做好处理：①晒种。选晴天中午将谷种均匀摊在席上2~3厘米厚，翻晒2~3天。②精选种子，播种前3~5天对种子进行处理。将种子放于10%的盐水中，捞出漂浮的秕籽和杂质，取出沉下的籽粒，再用清水洗去附在种子上的盐分，晒干种子备用。③使用种衣剂，其含有杀虫剂、杀菌剂及微量元素，可达到苗全、苗早、苗壮。

（2）播种期及播量　播种期早晚对谷子生长发育影响很大，要确定谷子的播种适期，必须掌握谷子的生长发育规律和当地自然气候特点。

目前，黄骅市的夏谷播种期一般在6月15—25日。亩播量0.6~1.0千克，保证亩留苗5万株。播种时在种子里掺入一定数量的毒谷，既可保证下种均匀，也能有效防治地下害虫。谷子粒小，原则上以浅播较好，深度一般在3~5厘米。播种深度适宜，能使幼苗出土早，消耗养分少，有利于形成壮苗。为使谷子早发芽，深扎根，出苗齐，应随种随镇压，一般播后到出苗前要进行 2~3 次播后镇压。每亩用 50% 扑草净 50 克对水 30 千克，进行土壤表面喷雾，防治杂草。新型谷田专用除草剂 44% 谷草灵可湿性粉剂为高效、低毒、内吸的选择性除草剂，对谷苗安全，可有效去除谷田中常见一年生单双子叶杂草。

四、田间管理

1. 苗期管理

（1）保全苗 谷子籽粒较小，种子所含能量物质较少，容易造成谷田缺苗断垄，同时出苗后小苗密集，相互竞争，早间苗效果好。一般在出苗后 2~3 叶期进行查苗补种，3~5 叶期间苗，6~7 叶期进行定苗。定苗与中耕除草结合进行。中耕以掌握浅锄、细碎土块、清除杂草。此时，谷子也易受病虫为害，要及时防治。

（2）蹲苗促壮 在水肥条件好幼苗生长旺的田块，应及时进行蹲苗。蹲苗的方法主要是在 2~3 叶时及时控制肥水、深中耕等。若幼苗生长较旺，应于午后镇压蹲苗。

（3）防"灌耳"和"烧尖" 小苗出土后遇到急雨，往往把泥浆灌入心叶，造成泥土淤苗，叫"灌耳"。为了防止"灌耳"，根据地形，在谷地可挖几条排水沟，避免大雨存水淤垄。低洼地积水处要及时排水，破除板结。播种迟的地块，谷苗刚出土时，中午太阳猛晒，地温高，幼牙生长点易被灼伤烧尖，造成死苗。要防止"烧尖"，必须做好保墒工作，增加土壤水分使土壤升温慢，同时做好镇压。

2. 拔节孕穗期管理

当苗高 30 厘米左右时，结合中耕追第一次肥，亩施尿素 10 千克；孕穗期追第二次肥，亩施尿素 15 千克。最好结合降雨或灌溉追肥。谷子拔节后深中耕，深度 15 厘米以上，可疏松土壤，接纳雨水，铲除杂草，切断部分老根，促进新根深扎。拔节到抽穗前结合第二、第三次中耕培土。第三次中耕在封行前进行，中耕深度一般以 4~5 厘米为宜，中耕除松土、除草外，同时进行高培土，培土高度 7~10 厘米为宜，以促进根系发育，防止倒伏。

3. 抽穗成熟期管理

抽穗成熟期管理应以防干旱、防涝、防倒伏、防秕谷为重点。遇旱时小水灌溉有利于营养物质转化，雨水大时应及时排水，中耕松土，改善土壤通气条件。巧追攻穗肥，生产上多采用叶面喷施 400 倍液磷酸二氢钾溶液，每亩 100~150 千克 2~3 次和微量元素肥料，也可以促进开花结实和籽粒灌浆；

进入灌浆期后，穗部逐渐加重，如遇刮风下雨，很容易发生倒伏，倒伏后，及时扶起，避免互相挤压和遮阴，减少秕谷，提高千粒重。注意使用高效低毒农药防治3代黏虫及谷子锈病。

五、收获贮藏

谷子适宜收获期一般在蜡熟末期或完熟期最好。收获过早，籽粒不饱满，谷粒含水量高，出谷率低，产量和品质下降；收获过迟，纤维素分解，茎秆干枯，穗码干脆，落粒严重。如遇雨则生芽、使品质下降。谷子多以收获谷穗为主，及时晾晒、脱粒，一般籽粒含水量在13%以下可入库贮存。谷子粒小壳硬，库存期间虫害不重，主要应防止鼠害。

第三节　谷子轻简化栽培技术

以简化栽培谷子品种及其配套技术为核心技术，以谷子播种机、中耕机、联合收割机为配套技术，实现谷子全程轻简化生产。

适宜区域：冀中南、黑龙港流域，水肥条件好的平原区。

（1）品种选择　要求谷子品种抗除草剂、高抗倒伏，穗码紧凑，抗主要病害，选择冀谷31、冀谷36、冀谷37、冀谷38等简化栽培谷子品种。

（2）整地与底肥　播种前灭除杂草，每亩底施有机肥2 000千克或氮磷钾复合肥50千克，雨后播种，保证墒情适宜。麦茬地人工灭除杂草后，进行免耕播种。

（3）适期播种　夏播适宜播期6月15～30日，一年单季种植适宜播种期5月25日至6月20日。采用谷子播种机播种，播种深度3～5厘米，采用两密一稀种植形式，小行距30厘米，大行距50厘米，便于机械中耕、施肥、喷药作业。亩播种量0.8～1.0千克。

（4）间苗除草　播种后、出苗前，于地表均匀喷施配套的"谷友"100克/亩，加水不少于50千克/亩。注意要在无风的晴天均匀喷施，不漏喷、不重喷。谷苗生长至3～5叶时，根据苗情喷施配套的"壮谷灵"80～100毫升/亩，加水30～40千克/亩。如果因墒情等原因导致出苗不均匀时，苗少的部分则不喷"壮谷灵"。注意要在晴朗无风、12小时内无雨的条件下喷施，拿扑净兼有除草作用，垄内和垄背都要均匀喷施，并确保不使药剂飘散到其他谷田或其他作物。喷施间苗剂后10天左右，杂草和多余谷苗逐渐萎蔫死亡，留苗大体达到需要的密度。

（5）中耕追肥　在谷苗9~11片叶，采用中耕施肥一体机进行中耕、施肥和培土，一次完成，亩追施尿素20千克左右。

（6）病虫害防控　注意防治蚜虫、黏虫、谷瘟病、红叶病等常见病虫害。

（7）收获　采用谷物联合收割机改装适合谷子收获的联合收割机进行收获，在蜡熟末期或完熟初期收获。

第四节　谷子膜侧沟播技术

1. 膜侧沟播技术特点

该技术沟垄相间、垄上覆膜、沟内种植、垄面产流、沟内雨水富集叠加。将地膜覆盖技术与传统的垄沟种植技术有机结合，实现优势互补，充分发挥微积流、保墒、增温作用，实现雨水的有效叠加，变无效水为有效水，提高天然降水利用率，建立起主动抗旱的思想；有效改善谷子根部水、肥、气、热状况，大大增强植株抗旱减灾性能，达到谷子高产、高效的目标。

2. 技术要点

整地要求：在前茬作物收获后，灭茬并深耕深翻土壤20~25厘米。镇压、耙糖保墒，使土壤平净细碎、表面无根茬。

底肥充足：在中等地力条件下，每亩底施腐熟有机肥1 500~2 000千克，氮磷钾复合肥30~40千克，或缓控释肥40~50千克。

品种选择：选择适合当地种植的抗旱、抗倒、优质、高产品种，优先选用除草剂品种。

地膜规格：选用宽40~50厘米、厚0.010~0.012毫米的地膜。

种植规格：垄宽30~40厘米，沟宽40~50厘米，垄高8~10厘米。谷子种于膜外侧3~5厘米，播种深度3~5厘米。起步时要压紧压实地膜头，膜两边各压土宽5厘米拉紧压实。

播种期：雨后播种，保证墒情适宜，或先播种等雨出苗。冀中南夏播适宜播种期6月15~25日；长城以南旱地春谷适宜播期为5月10日至6月10日；长城以北春播适宜播种期4月20日至5月15日。

机具选型：采用与30马力四轮拖拉机配套的或与畜力牵引配套的起垄-覆膜-沟播一体机。

3. 技术效果

2014—2015年在黄骅进行大面积膜侧沟播栽培技术示范，膜侧沟播栽培的出苗早，苗全苗壮，增温保墒，植株黑壮，根系发达，平均亩产350千克以上，较露地对照增产 15% 以上。全生育期不浇水，节约一半除草用工。结合简化栽培品种，可每亩节约间苗除草用工 4~5 个。按照谷子价格 7 元/千克计算，较对照增收 426.3 元，去掉新增地膜和起垄覆膜成本 60 元/亩，每亩较不覆膜的冀谷 31 亩增收 366.3 元。

第五节　抗旱耐盐丰产谷子品种简介

一、冀谷 36

冀谷 36 由河北省农林科学院谷子研究所选育，是抗拿捕净除草剂品种，2014 年 12 月通过辽宁省谷子品种备案。预计 2015 年年底通过国家鉴定。其特点如下。

（1）高产　在辽宁省杂粮备案品种试验中平均亩产 306.39 千克，比对照朝谷 13 增产 12.68%。2014 年在国家谷子品种区域试验中平均亩产 410.5 千克，较对照冀谷 19 增产 10.50%，5 省区 14 个试点 13 点增产。

（2）适应性广　该品种适宜山东、河南、河北夏谷区及北京、河北省东部、山西省中部、辽宁省大部分、吉林省大部分、陕西省大部分春谷区种植。

（3）生态特征　冀谷 36 幼苗绿色，在河北省中南部麦茬夏播生育期 92 天，在辽宁省春播生育期 111 天，株高 125 厘米左右。纺锤型穗，穗长 20 厘米左右，单穗重 17.44 克，穗粒重 14.45 克；千粒重 2.71 克；出谷率 82.96%，出米率 80.14%；黄谷黄米，熟相较好。

（4）抗性强　该品种在国家谷子品种区域试验中表现 1 级抗旱，2 级抗倒，1 级高抗谷锈病，2 级抗谷瘟病、纹枯病，抗白发病、红叶病、线虫病（图 4-1）。

图 4-1　冀谷 36 大田长势

二、冀谷 37

冀谷 37（懒谷 6 号）由河北省农林科学院谷子研究所选育的抗拿捕净除草剂品种，特点如下。

（1）优质 懒谷 6 号母本是冀谷 19，父本冀谷 31，并采用冀谷 19 进行 2 代回交选育而成。该品种继承了冀谷 19 与冀谷 31 的优质特点，小米鲜黄，煮粥黏香、省火，达一级优质米标准。

（2）高产 2014 年在国家谷子品种区域试验中最高亩产 493.3 千克，平均亩产 405.0 千克，较对照冀谷 19 增产 9.02%，5 省区 14 个试点 12 点增产。

（3）生态特征 幼苗绿色，生育期 94 天，株高 128 厘米。纺锤型穗，穗长 22 厘米，单穗重 17.5 克，穗粒重 14.6 克；千粒重 2.96 克，黄谷黄米。

（4）抗性较强 抗旱性和抗倒性均为 2 级，对谷锈病、谷瘟病、纹枯病抗性为 2 级，白发病、红叶病、线虫病发病率均低于 1%。

（5）种植区域 该品种属大穗型品种，适合亩留苗 3 万~4 万株。适宜山东、河南、河北夏谷区及北京、河北东部、辽宁南部春谷区种植（图 4-2）。

图 4-2 冀谷 37 大田长势

三、冀谷 38

冀谷 38（懒谷 7 号）由河北省农林科学院谷子研究所选育的抗拿捕净除草剂品种，特点如下。

（1）优质　懒谷7号其母本是冀谷19，父本冀谷31（懒谷3号），并采用冀谷19进行3代回交选育而成。继承了冀谷19与冀谷31的的优质、抗倒伏、抗病、褐粒鸟害轻等多个优点，小米鲜黄，煮粥黏香、省火，达一级优质米标准。

（2）高产　2014年多点示范表现良好，一般亩产350~450千克。在山东省谷子品种区域试验中，平均亩产407.9千克。

（3）生态特征　幼苗绿色，生育期92天，株高128厘米。纺锤型穗，穗长19.94厘米，单穗重16.4克，穗粒重14.1克；千粒重2.85克，褐谷黄米。

（4）抗性强　1级抗倒伏，抗谷锈病、纹枯病，中抗白发病、谷瘟病、线虫病。

（5）群体调节能力强　该品种群体自我调节能力较强，亩留苗3万~6万株产量差异不显著。

（6）适宜种植区域　山东、河南、河北夏谷区及北京、河北东部、辽宁南部春谷区种植（图4-3）。

图4-3　冀谷38大田长势

四、沧谷3号

选育单位：由河北省沧州市农林科学院用8337×引F3组合育成。2003年3月通过国家谷子品种鉴定委员会鉴定。

特征特性：生育期89天，绿苗，株高123.2厘米，纺锤型穗，松紧适中，穗长19.0厘米，单穗重、穗粒重分别为12.9克、10.6克，黄谷黄米，千粒重2.8克，适口性好。经田间自然鉴定，抗倒性为1级，抗旱性2级，抗纹枯病1级，较抗谷瘟，谷锈病，成穗率高。

产量表现：2001 年、2002 年参加国家谷子品种试验（华北夏谷区），两年区域试验平均亩产 331.5 千克。

栽培要点：以 6 月下旬播种为宜，播前亩施磷酸二铵 15 千克，尿素 10 千克作底肥，并用药剂拌种。生育期间遇旱适时浇水，注意防治病虫害。

适宜区域：可在河北省黑龙港流域的沧州、衡水市及河南安阳市、山东临沂市莒南区同类型区推广，在推广中要注意防治谷锈病、谷瘟病。

五、沧谷 5 号

沧谷 5 号是沧州市农林科学院以济 8787 为母本，水 2 为父本通过有性杂交选育而成。2000—2007 年按照育种目标经过 8 年的连续定向选择，2008 年性状稳定，不再有分离，将整个株系混合收获，出圃代号：沧 318。2009 年参加本单位的新品系鉴定试验，2010—2011 年参加产量比较试验，2012—2013 年参加国家谷子品种区域试验华北夏谷区区试小区试验和生产试验。2013 年 12 月沧 318 通过国家谷子品种鉴定委员会鉴定，定名为沧谷 5 号（图 4-4）。

图 4-4　沧谷 5 号鉴定证书及田间示范照片

1. 特征特性

该品种幼苗绿色，生育期 88 天，比对照冀谷 19 早熟 3 天。株高 125.30 厘米。在亩留苗 4.0 万株的情况下，成穗率 87.30%；纺锤型穗，穗子紧；穗长 19.25 厘米，单穗重 16.12 克，穗粒重 13.61 克；千粒重 2.80 克；出谷率 84.51%，出米率 77.05%；黄谷黄米。熟相较好。耐涝性为 1 级，抗旱性

2 级、抗倒性 2 级，对纹枯病、谷瘟病抗性均为 2 级，白发病、红叶病、线虫病发病率分别为 1.16%、0.71%、1.67%，蛀茎率 1.32%。

2. 产量表现

（1）区域试验　2012 年参加国家夏谷区域试验，平均亩产 322.7 千克，比对照冀谷 19 增产 5.11%，11 个试点 7 点增产，增产幅度 2.97%～24.32%，4 点减产，减产幅度 0.21%～4.58%。变异系数 6.45%，适应度 63.6%。2013 年区域试验平均亩产 322.5 千克，较对照增产 4.02%，10 个试点 9 点增产，增产幅度在 0.3%～17.31%；1 点减产，减产率为 13.88%，变异系数 7.45%，适应度 90.0%。

2012—2013 年区域试验平均亩产 321.9 千克，较对照冀谷 19 增产 4.56%，居 2012—2013 年参试品种第 4 位，两年 21 点次区域试验 16 点次增产、增产幅度为 0.3%～24.32%，增产点率为 76.2%。

（2）生产试验　2013 年参加生产试验，平均亩产 329.7 千克，较对照增产 8.87%，居参试品种第 1 位，7 点生产试验 6 点增产，增产幅度在 1.99%～26.66%，只在德州试点减产 1.88%。

3. 栽培技术要点

（1）播期　春播：5 月 20—30 日，夏播：6 月 10—25 日。

（2）适宜播量　适宜播种量为 0.3～0.4 千克/亩，实现精量播种，保证亩留苗 4.0 万～5.0 万株。播种前，用乙酰甲胺磷拌种，浓度 0.3%，闷种 4 小时，防治线虫病和白发病的发生（图 4-5）。

图 4-5　谷子精量播种技术

（3）施肥　播种前施足底肥，每亩施用腐熟有机肥 1～2 方，磷酸二胺 20.0 千克，硫酸钾 7.0 千克作底肥；拔节期至孕穗期追施尿素

10.0 千克/亩。

（4）除草剂使用　播种后出苗前每亩喷施"谷友"80~100克，务必均匀喷施，即可起到很好灭草作用，使用注意事项：播种前注意天气预报，选择播种后5~7天内没有大雨的时间播种，以免产生药害，如果土壤含水量较多，可以减少药剂用量。5~6叶期后阔叶杂草多，可喷施二甲四氯可湿性粉剂40~50克/亩。

（5）管理技术要点　播前造墒，足墒播种，播后及时镇压，保证出全苗，3~5叶期间苗，5~6叶期定苗，及时锄草，避免苗期草荒。拔节期结合深中耕培土，追施尿素10千克/亩，促进根系发育。根据田间长势可追施抽穗肥，保证谷子整个生育期对肥料的需求。及时防治病虫害。

（6）及时收获　在谷子成熟期及时收获，保证丰产丰收。

4. 适宜种植区域

河北、河南、山东三省两作制地区夏播及丘陵山地春播，同时，可在辽宁中南部春播种植。

六、冀谷 19

冀谷 19：由河北省农林科学院谷子研究所（国家谷子改良中心）选育，2004年通过国家鉴定。夏播生育期89天，幼苗叶鞘绿色，平均株高113.7厘米，纺锤型穗，松紧适中，平均穗长18.1厘米，单穗重15.2克，穗粒重12.4克，出谷率81.6%，出米率76.1%，褐谷，黄米，千粒重为2.74克。高抗倒伏、抗旱、耐涝，抗谷锈病、谷瘟病、纹枯病、中抗线虫病、白发病。米色鲜黄，口感略带甘甜，商品性、适口性均好。小米是国家一级优质米，煮粥黏香省火，仅需13~15分钟。此外，冀谷19籽粒褐色，容易与推广品种大多数黄色籽粒区别，较好地解决谷子收购中的掺杂、使假难题。而且，褐色籽粒较黄粒品种鸟害轻。平均亩产350千克，稳产性、适应性良好。适宜冀、鲁、豫3省夏播。河北东北部、西部山区春播。该品种的栽培要点是：夏谷区适宜播期为6月15—25日，最迟不晚于7月5日，行距0.35~0.4米，亩留苗5.0万株；在河北东北部春播的适宜播期为5月15—25日，行距0.4~0.5米，亩留苗3.5万~4.0万株。

七、冀谷 31

由河北省农林科学院谷子研究所（国家谷子改良中心）选育，2009年优质简化栽培型谷子新品种冀谷31（商品名称懒谷3号，下同）通过国家鉴定。目前，懒谷 3 号已成为河北夏谷区种植的主要品种之一，其具有以下优点。

1. 优质

懒谷 3 号在中国作物学会粟类作物专业委员会举办的全国第八届优质食用粟鉴评会上被评为"一级优质米"。其米色鲜黄，煮粥省火省时，口感软糯，富含锌、铁等多种矿物质，其锌含量居已报道的育成品种的第三位。蛋白质、粗脂肪、必需氨基酸、胡萝卜素等含量均较高。而且，懒谷 3 号富硒能力高于其他谷子品种，适合开发富硒小米产品。

2. 高产

懒谷 3 号 2008—2009 年国家谷子新品种区域试验中，3 省 17 个试验点平均亩产 345.6 千克。2009 年在邯郸等地示范一般亩产 400 千克左右，最高亩产达 542.5 千克，其亩产潜力 600 千克以上。适合河北中南部及河南、山东夏播种植，也可在北京以南、河北省太行山区以及山西中部、陕西中南部等地春播种植。

3. 简化栽培

懒谷 3 号由抗和不抗拿捕净的同型姊妹系组成，按比例混合播种，不抗系协助抗系顶土保全苗，苗期喷施拿捕净实现化学间苗和化学除草，降低了劳动强度，省工省时。种植懒谷 3 号并使用配套栽培技术，基本不用人工间苗、人工除草，可显著减轻苗荒草荒为害，同时可杀灭大部分谷莠子。

4. 高抗多种病害

懒谷 3 号抗倒性、抗旱性、耐涝性均为 1 级，中抗谷瘟病、中抗纹枯病、中感谷锈病，白发病、红叶病、线虫病发病率分别为 1.31%、0.59%、0.08%。

5. 适合机械化收割

懒谷 3 号高抗倒伏，成熟时青枝绿叶，整株绿熟。穗位整齐一致，平地种植谷穗基本保持在同一水平面，机械脱粒损失率低。适合联合收割机作业，收割时割台可适当调高，减少谷秸的掺入，收获的籽粒更干净，同时减少了丢穗落穗。

6. 鸟害轻

懒谷 3 号为红谷黄米，成熟时谷粒为红褐色，在同等条件下麻雀更喜食黄皮谷子，鸟害损失率较传统的黄粒品种轻 58.3%。其谷穗上的刚毛较普通品种长，麻雀啄食时易被刺及眼部。且成熟后穗部因结实而变重，穗会下坠至旗叶与倒二叶下方，使麻雀较难发现和取食。

2009 年以来，懒谷 3 号在华北地区大面积推广应用，实现了谷子规模化生产，多家小米企业利用懒谷 3 号建立了规模化生产基地，实现了小米产业化开发，在土地流转和农业产业化发展的形势下，懒谷 3 号应用前景将更加广阔。

注意事项：

（1）严格按要求的播种量均匀播种　如果播种量过少，喷施拿捕净后会导致缺苗，播种量过大会导致谷苗过多。

（2）及时喷施配套药剂　喷药前、后都要用洗衣粉浸泡和清洗喷雾器，并注意人畜安全。拿捕净为本品种专用药剂，不可用于其他谷田和其他作物。

（3）使用本品种不能自留谷种　否则不能实现化学间苗和化学除草。

第六节　谷子病虫害的发生与防治

据统计，为害谷子的病虫有 200～300 种，资料表明，谷子因病虫为害，每年造成的损失占谷子总产量的 20%～30%，因此，防治谷子病虫害是提高谷子产量的一项重要措施，必须加以重视。常见并造成严重损失的病害有黑穗病、叶锈病、线虫病、纹枯病等。害虫有粟灰螟、粟穗螟、粟秆蝇、玉米螟、黏虫、粟小缘椿象及地下害虫等。

（一）谷子的病害

1. 谷子线虫病

"倒青"是谷子线虫病的俗称，是由线虫侵染谷穗造成的，它的发生与品种、气候、耕作方式密切相关。谷子线虫病病株较健株矮，上部节间和穗颈稍短，叶片和叶鞘苍绿色、较脆。病穗色深，小花不开花、不发育或开花后子房、花丝萎缩不结实，颖片张开，形成有光泽的尖形秕粒。穗小直立，受害轻的植株虽结实，但籽粒不饱满，紧靠主轴的病粒颖片浅褐色，外表症状不明显。

发生原因：①种子是线虫病主要传播途径。这种线虫以成虫、幼虫潜伏在谷粒及秕粒壳内或病秕粒落入土壤及肥料中过冬。②开花灌浆期高温、多雨是造成线虫病大发生的主要原因。开花灌浆期是线虫为害盛期，而高温多湿是线虫繁殖的有利条件，特别是夏谷抽穗灌浆期多风、多雨，线虫在风摇谷穗碰撞及雨水冲洗中传播，造成扩大再侵染。③耕作方式与线虫病发生有关。种植重茬谷为害重，播种晚发病重。播种晚的夏谷开花灌浆期，处在多雨、高温季节，有利于线虫的繁殖和传播。边行靠近高秆作物的夏谷发病重。另外，黏土地由于保水能力强、容易积水、高温多湿，发病重。④线虫病发生与品种有关。不同的谷子品种对线虫病的抗性有差别，谷穗码稀的比穗码密的发病轻，谷子开花时间长的发病重，叶片褐绿色的比黄绿色的发病重。

防治方法：①因地制宜选用抗病、耐病品种。②实行轮作，适期早播，秕粒、谷糠煮熟作饲料，防止病秕粒掉落田间和混入肥料中扩散传病。③选留无病种子并进行种子处理。种子消毒方法，可以用 55~57℃温水浸种 10 分钟，立即取出放入冷水中翻动 2~3 分钟，然后晾干播种。④拔除病株，在发生谷子线虫病的地块，要在谷子成熟前将病株及其周围 1 米内的植株烧毁或深埋处理，以防止线虫病的蔓延。⑤最好购买用谷子专用种衣剂包衣的谷种。

2. 谷子黑穗病

谷子黑穗病也叫乌霉病、黑疸。受害症状主要表现在穗部，病穗初为灰绿色，后期变为灰色，穗直立，不下垂。病粒较大，呈卵圆形，内部充满黑褐色粉末，外包灰膜，不易破裂。病株抽穗稍迟，株高略低。黑穗病主要由种子传播，病菌以厚垣孢子在种子上越冬。在谷子播种后与种子同时萌发侵入幼苗，并随植株生长蔓延全株，最后侵入穗部产生孢子，形成黑穗。厚垣孢子生活力很强，在室内能存活 10 年以上，在土壤中能存活 20 个月。田间持水量大，温度低时发病重。

防治方法：①实行 3—4 年的轮作。②进行种子处理。可用 50%可美双可湿性粉，或 50%多菌灵可湿性粉，按种子重量的 0.3%拌种。也可用苯噻清按种子重量的 0.05%~0.2%拌种。用 40%拌种双可湿性粉以 0.1%~0.3%剂量拌种，粉锈宁以 0.3%剂量拌种效果也很好。

3. 谷子纹枯病

该病多在拔节期开始发病，首先在叶鞘上产生暗绿色、形状不规则的病斑，其后，病斑迅速扩大，形成长椭圆形云纹状的大斑块。时常有几个病斑互相叠加形成更大的斑块，有时达到叶鞘的整个宽度，使叶鞘和其上的叶片干枯。在多雨的潮湿气候下，若植株栽培过密，发病较早的病株也可整株干枯。在灌浆期病株自侵染茎秆处折倒。病菌也可侵染叶片，形成像叶鞘上的病斑症状，使整个叶片变成褐色，卷曲并干枯。

防治方法：①选用抗病品种，如小香米、冀谷 14、冀谷 15 等。②清除田间病残体、根茬，深翻土地，减少侵染源；合理密植，铲除杂草，改善田间通风透光条件，降低田间湿度；施用有机肥，增施磷、钾肥料，增强植株的抗病能力。③药剂防治。用种子量 0.03% 的三唑醇、三唑酮进行拌种；用 50% 可湿性纹枯灵 400~500 倍液，或用 5% 的井冈霉素 600 倍液，于 7 月下旬或 8 月上旬，在病株率 5%~10% 时，在谷子茎基部彻底喷雾防治一次，7 天后防治第二次，效果良好。

4. 谷子叶锈病

这种病害发生在叶片及叶鞘上，叶片受害，叶片表面及背面散生有长圆形红褐色隆起斑点，斑点周围表皮翻起，散出黄褐色粉末（病菌），使叶片干枯。后期叶背及叶鞘上生有圆形或长圆形灰黑色斑点（病菌冬孢子堆），冬孢子堆破裂散出黑粉末。

防治方法：①选用抗病品种，如冀谷 36、冀谷 37、冀谷 38、谷丰 1 号、豫谷 7 号等。②清除田间病残体，施用腐熟的农家肥，及时除草使谷田通风透光，降低田间湿度。③每亩用粉锈宁有效成分 15~20 克、羟锈宁有效成分 10 克、12.5% 特谱唑粉剂 60 克、70% 甲基托布津 200 克、70% 代森锰锌 400 克，在田间发病中心形成期，即病叶率 1%~5% 时，进行第一次喷药，隔 7~10 天第二次喷药。

（二）谷子的害虫

1. 常见害虫

谷子的主要害虫包括地下害虫、蛀茎害虫（谷跳甲虫、钻心虫、毛芒蝇）、食叶害虫（黏虫、粟鳞斑叶甲）和吸汁害虫（粟小缘椿象、蚜虫）等。

2. 防治方法

①地下害虫防治方法主要是用灭幼脲药液拌种。②蛀茎害虫防治的主要方法有：选用相应的抗虫品种；秋、冬谷田中耕；冬、春消灭田间和地边杂草，及时处理谷子残株；及时拔除谷子田间的虫株、枯心苗，以防幼虫转株为害；在生长期可用 5% 高效氯氰菊酯 3 000 倍液、5% 来福灵 2 000 倍液、2.5% 溴氰菊酯乳油 3 000 倍液喷雾，每亩用药液 75 千克。③食叶害虫防治的主要方法有：用菊酯类杀虫剂农药 1 000 倍液喷雾防治，同时，还可以兼治粟灰螟和玉米螟等害虫。辅助措施以田间草把诱集成虫，和卵块一起集中销毁，减少为害。④吸汁害虫主要以菊酯类杀虫剂喷雾防治。

第五章　高　粱

　　高粱是中国古老的作物之一。具有较强的抗旱、抗涝、耐盐碱特性。在平原、涝洼、盐碱地均可种植。高粱在国民经济中有重要地位，高粱除食用外，还可做饲料和工业原料，可制淀粉、酿酒、制糖等，我国许多名酒都是以高粱为主要原料酿制成的。籽粒含有丰富的营养，其蛋白质和热量略低于玉米。但因含有较多的难消化的醇溶蛋白及少量单宁，故营养价值稍逊于玉米。

　　按目前高粱的用途，大致分为以下几类：一是粒用高粱，以获得籽粒为目的，茎秆高矮不等，分蘖力较弱。茎内髓部含水较少。籽粒品质较佳，成熟时常因籽粒外露，可作粮食用也可作为饲料用。二是甜高粱，以利用茎秆为主，分蘖力强，茎秆多汁，含糖量约13%。籽粒包被在里面或稍露，不易落粒，籽粒品质不佳，但可制作酒精等。三是饲用高粱，分蘖力强，茎细，生长势旺盛，茎内多汁，含糖较高，用作饲料青贮。四是帚用高粱，通常无穗轴或较短，分枝发达，穗呈散型，籽粒小，不易落粒，供制帚用。

第一节　高粱栽培的生物学基础

一、高粱的生育期与生育时期

1. 高粱生育期

　　中国高粱生育期80～190天。栽培品种生育期100～150天。100天以下者，为极早熟品种；100～115天为早熟品种；在116～130天为中熟品种；131～145天为晚熟品种；146天以上者为极晚熟品种。生育期的长短除与品种特性有关外，还与高粱所生长的环境条件和栽培措施有关。

2. 生育时期

　　在高粱的整个生育期间，根据植株外部形态和内部器官发育的状况，可分为苗期、拔节期、挑旗期（孕穗期）、抽穗开花期、成熟期等几个主要生育时期。

3. 生育阶段

分为营养生长阶段、营养生长和生殖生长并进阶段、生殖生长阶段。

高粱自种子发芽，生根出叶到幼穗分化以前，称为营养生长阶段。该阶段形成了高粱的基本群体，是决定每亩穗数的时期。

幼穗分化标志着生殖生长的开始。在进行生殖生长的同时，根、茎、叶等营养器官也旺盛生长，直到抽穗开花为止，称为营养生长与生殖生长并进阶段。是决定每穗粒数的关键时期，并为争取粒重奠定基础。

抽穗开花到成熟阶段，营养生长基本停止，只进行生殖生长，即进行籽粒的形成和充实，是决定粒重的关键时期。

二、高粱器官形态与建成

(一) 根

须根系。由初生根、次生根和支持根组成。发芽时，首先长出的一条根叫初生根，对幼苗初期营养和水分供应有重要作用。幼苗长出 3~4 片叶开始，由地下茎节陆续环生 6~8 层次生根，是高粱庞大根系的主体。抽穗前后至开花灌浆期，在靠近地面的地上 1~3 个茎节上长出几层支持根，亦称气生根。支持根较粗壮，入土后形成许多分枝，吸收养分和水分，并有支持植株抗倒伏的作用。

由于高粱根系发达，入土深广，其根细胞渗透压高（为 1.2~1.5 兆帕），吸水吸肥力强。高粱根的内皮层中有硅质沉淀物，使根非常坚韧，能承受土壤缺水收缩产生的压力。因此，高粱有较强的抗旱能力。在孕穗阶段，根皮层薄壁细胞破坏死亡，形成通气的空腔，与叶鞘中类似组织相连通，起到通气的作用，这是高粱耐涝的原因之一。

(二) 茎

高粱茎节早熟种 10~15 节，中熟种 16~20 节，晚熟种 20 节以上。根据茎秆的高低可将栽培种分为矮秆型，1~1.5 米；中秆型，1.5~2 米；高秆型，2 米以上。目前，我国栽培的粒用高粱杂交种，株高多为 2 米左右的中高秆类型，饲用甜高粱杂交种多为 3 米以上的高秆类型。

茎拔节后地上伸长节间开始伸长。茎秆生长最快时期是挑旗至抽穗，开花期茎秆达最大高度。高粱生育的中后期，在茎秆表面上形成白色蜡粉，能防止水分蒸腾，增强抗旱能力；在淹水时又能减轻水分渗入茎内，提高抗涝能力。另外，茎的表皮由排列整齐的厚壁细胞组成，其外部硅质化，致密、坚硬，不透水，也增强了茎秆的机械强度和抗旱、涝能力。

（三）叶

高粱叶互生，由叶片、叶鞘和叶舌组成。呈披针形，中央有主脉（中脉），颜色因品种而异。主要有白、黄、暗绿色3种。

叶片的数量与茎节数目相同。下部叶片较小，特别是1~7叶，窄而短小。高粱前期叶面积增长速度慢。抽穗开花期是高粱叶面积最大的时期，高产高粱群体最大叶面积指数为4~5。形成高粱籽粒产量的光合产物主要来源于植株上部的6个叶片。上数第二叶对高粱籽粒产量贡献最大。高粱叶片的上下表皮组织紧密，分布的气孔体积较小，其长度仅为玉米的2/3，能有效地减少水分的蒸腾；进入拔节期以后，叶面生有一层白色蜡粉，具有减少水分蒸腾的作用；叶片上有多排运动细胞，在叶片失水较多时，使叶片向内卷曲以减少水分的进一步散失。这些是高粱抗旱的叶部原因。高粱叶鞘中的薄壁细胞，在孕穗前后破坏死亡，形成通气的空腔，与根系的申腔相连通，有利于气体交换，增强耐涝性。

（四）穗

1. 穗的构造

圆锥花序；中间有一穗轴。穗轴上生4~10个节，每节轮生5~10个分枝，称为第一级枝梗。第一级枝梗上长出第二、第三级枝梗。有多种穗形，如纺锤形、牛心形、筒形（棒形）、伞形、帚形等。另外，根据各级枝梗的长短、软硬以及小穗着生疏密程度不同，还可将穗子划分为紧穗、中紧穗、中散穗和散穗4种穗型。

小穗成对着生于二级或第三级枝梗上。成对小穗中，较大的是无柄小穗，较小的是有柄小穗。在第三级枝梗的顶端，一般并生3个小穗，中间小穗无柄，两侧有柄。无柄小穗外有二枚颖片，将发育成颖壳。无柄小穗内有两朵小花，上方的为可育花，下方的为退化花。有柄小穗比较狭长，成熟时或宿存或脱落。有柄小穗亦含两朵小花，一朵完全退化，另一朵只有雄蕊正常发育，为单性雄花，开花较与之相邻的无柄小穗小花晚2~4天。

2. 幼穗分化

高粱从拔节开始进入穗分化期。根据穗分化过程与外部形态的关系，将穗分化过程分为以下6个时期。①生长锥伸长期。②枝梗分化期。枝梗分化期是决定枝梗数与穗大码密的关键时期。③小穗小花分化期。④雌雄蕊分化期。⑤减数分裂期。减数分裂期是决定结实率和每穗粒数的关键时期，此时正值高粱挑旗期。⑥花粉粒充实完成期。

（五）籽粒形成与成熟

高粱抽穗后，2~4 天开始开花。开花的顺序由穗顶部开始向下进行，呈离顶式。开花受精后 18 天，籽粒已基本形成，随着养分不断充实最后形成成熟的子粒。其成熟过程可分为乳熟期、蜡熟期和完熟期 3 个阶段。

三、高粱的品质

1. 食用高粱

籽粒有较高的营养价值和良好的适口性。单宁含量在 0.2% 以下，出米率在 80% 以上，蛋白质含量在 10% 以上，赖氨酸含量占蛋白质的 2.5% 以上，角质率适中，不着壳。酿造用高粱要求子粒淀粉含量不低于 70%，其中，支链淀粉比例占 90% 以上，籽粒红色。

2. 籽粒饲用高粱

蛋白质含量和氨基酸平衡，如饲喂猪、鸡等单胃畜禽，还要求籽粒中单宁含量 0.2% 以下。茎叶饲用高粱要求产量高，茎秆含有一定糖度，不含或微含氢氰酸。

3. 糖用高粱

要求茎秆含糖量高，易榨糖或发酵生产酒精。兼用高粱要求籽粒品质好，茎秆质地优良，适于做建筑材料、架材、造纸制板等。

四、高粱对环境条件的要求

（一）温度

喜温作物。一定的高温提早幼穗分化，低则可延迟幼穗分化，此为高粱的感温性。

种子发芽最低温 6~7℃，最适温 20~30℃，最高温 44~50℃。幼苗不耐低温和霜冻。出苗至拔节期适宜温度 20~25℃。拔节至抽穗期适宜温度为 25~30℃。开花至成熟期最适宜温度为 26~30℃，低温会使花期推迟，影响授粉，如遇高温和伏旱，会使结实率降低。高粱灌浆阶段较大的温差有利于干物质的积累和籽粒灌浆成熟。

（二）光照

1. 光强

喜光作物，在生长发育过程中，要求有充足的光照条件。光照不足会延迟生育，产量降低，特别是后期光照不足，直接影响籽粒的干物质积累。

2. 日长

短日照作物，缩短光照时数可提早抽穗和成熟，延长光照则成熟延迟。南方品种引到北方种植，由于温度降低，光照时数延长，会导致高粱抽穗延迟，成熟期推后，甚至不能成熟；北方品种引到南方种植，会发生相反的变化。

（三）水分

抗旱能力较强，抗土壤干旱和大气干旱。同时，高粱又具有耐涝性，其耐涝性在孕穗期以后尤为明显。在抽穗后如遇连续降雨，在短期内淹水不没顶，仍能获得一定的产量。

但正常生长发育和获得高产仍需适宜的水分供应。苗期需水量较小，占全生育期总需水量10%。拔节至孕穗期需水量最大，占50%，这期间如水分不足，会影响植株生长和幼穗分化。孕穗至开花期需水量约占15%，水分不足会造成"卡脖旱"，是高粱需水临界期。灌浆期需水量占20%，如遇干旱会影响干物质积累，降低粒重。成熟期需水量显著减少，仅占5%左右。全生育期降雨400~500毫米，分布均匀即可满足其生长需要。

（四）土壤与矿质营养

对土壤适应范围较广，能在多种土壤上生长。但要使高粱生育良好，达到高产、稳产，必须为之创造土层深厚、土质肥沃、有机质丰富、结构良好的土壤条件。高粱对土壤的适应性和耐瘠性与其具有较庞大的根系和较强的吸收能力有关。高粱每生产100千克籽粒，约需吸收氮（N）2.6千克，磷（P_2O_5）1.36千克，钾（K_2O）3.06千克。增施有机肥或无机肥料对促进植株生长发育和提高产量都有良好作用。

第二节　高粱的栽培技术

一、轮作倒茬

忌重茬、迎茬。①重茬、迎茬地块，病虫害严重，特别是黑穗病发生较多。这些黑穗病病原孢子遗留在土壤中，重茬和迎茬时，容易侵染种子而使高粱发病。②重茬不利于合理利用土壤养分，使养分不均衡。实行合理轮作可消除这些不利因素的影响。

对前茬的要求不严格，良好前茬有大豆、棉花、玉米、小麦等。具有一定耐盐碱能力。对土壤 pH 值适应范围为 5.5~8.5，最适 pH 值为 6.2~8.0。

二、播种保苗

(一) 精细整地

秋季耕翻，耕深 20~25 厘米，均匀一致，不漏耕、重耕，消灭立堡和大塑条。耕后要连续进行耙地、镇压整地作业。

(二) 种子准备

（1）选用良种　良种应该是适应当地自然和生产条件的高产品种，并要求种子纯度高，籽粒饱满，生命力强，发芽率高。

（2）种子处理　包括选种、晒种、浸种和药剂拌种等。

(三) 适时播种

播种期根据温度、水分确定。发芽最低温 7~8℃，以土壤 5 厘米处地温稳定在 10~12℃ 播种较适宜。适宜高粱种子发芽的土壤含水量，壤土 15%~17%，黏土为 19%~20%。根据温、湿条件确定高粱播种时期，经验是"低温多湿看温度，干旱无雨抢墒情"。

(四) 提高播种质量

要求播量适宜，下种均匀，播行齐宜，播深合适。播种深度 3~5 厘米为宜。播后应适时镇压保墒，使种子与土壤密接，促进毛管水上升至播种层，供种子吸收发芽。

三、合理密植

(一) 品种和密度

株型紧凑、中矮秆早熟品种，适宜密植；叶片宽大、不抗倒、秆高晚熟品种，应稀植。目前推广的杂交种，一般适宜密度为 5 500~8 000 株/亩，常规品种为 5 000~6 000 株/亩。高秆甜高粱、帚用高粱为 4 400~5 000 株/亩。

(二) 土壤肥力与密度

土壤肥沃，水肥充足情况下，种植密度大些，有利于提高产量；土壤瘠薄，施肥水平低，种植密度应小些。原则是，肥地宜密，薄地宜稀。由于高粱在高肥水条件下营养体易于繁茂，密度也不宜太大。

(三) 种植方式与密度

种植方式可以改变田间配置形式而改善光、温、气、水等生态条件,协调个体与群体生长。

等距条播是最主要的种植方式,行距一般为 50~60 厘米。种植密度较小时,采用小行距种植,有利于植株对土壤养分、水分和光能的充分利用;种植密度较大时,应增大行距,以利于后期田间的通风透光;种植密度更大时,可大垄双行种植,密中有稀,稀中有密,植株封行晚,通风透光条件良好。

四、合理施肥

高粱的需肥规律

每生产 100 千克籽粒需要氮 (3.25±1.37) 千克、磷 (1.68±0.48) 千克、钾 (4.54±1.14) 千克。三者的比例为 1∶0.52∶1.37。苗期吸收的氮为全生育期的 12.4%、磷 6.5%、钾 7.5%。拔节至抽穗开花,吸收氮占总量的 62.5%、磷 52.9%、钾 65.4%,是需肥的关键时期。开花至成熟,吸收的氮占总量的 25.1%、磷 40.6%、钾 27.1%。

五、田间管理

田间管理包括间苗、中耕、除草、追肥、灌溉、防病、治虫,以及防御旱、涝、低温、霜冻等自然灾害。

(一) 苗期管理

促进根系发育,适当控制地上部生长,达到苗全、苗齐、苗壮,为后期的生长发育奠定基础。内容包括破除土表板结、查苗补苗、间苗与定苗、中耕除草或化学除草、除去分蘖等。

(二) 中期管理

协调好营养生长与生殖生长的关系,在促进茎、叶生长的同时,充分保证穗分化正常进行,为实现穗大、粒多打下基础。包括追肥、灌水、中耕、除草、防治病虫害等。

(三) 后期管理

主要任务是保根养叶、防止早衰、促进早熟、增加粒重。包括合理灌溉、施攻粒肥、喷洒促熟植物激素或生长调节剂等。对高粱起促熟增产作用的植物激素主要有乙烯利等。

六、适时收获

当绝大部分植株果穗下部的籽粒达到蜡熟期时即可收获。将果穗收割后晒干、脱粒后妥善保存。收穗后植株的叶片能继续进行光合作用，茎秆中的糖分仍持续增加，大约在收穗后一星期将达到高峰。因此，最好在收穗后5~7天收秆。在生长季节短、有可能遭受霜冻的地方，霜前收获秆。

第三节　甜高粱栽培技术

甜高粱发展十大优势：耐旱、耐涝、耐盐碱、抗倒伏、高产、高糖、耐高温、耐严寒、耐瘠薄、用途广。

1. 耐旱

旱坡、沙地、撂荒地、河滩地可以适时种植。

2. 耐涝

甜高粱遭洪水浸泡1周，大水退后仍能很快恢复生长。

3. 耐盐碱

甜高粱对土壤的适应能力很强，pH值从5.0~8.5，均能很好生长。可忍受的盐浓度为0.5%~0.9%，高于玉米（0.3%~0.7%）、小麦（0.3%~0.6%）和水稻（0.3%~0.7%）等作物。

4. 耐高温、耐严寒

适应栽培的区域广泛，10℃以上积温2 600~4 500℃的地区（从海南岛至黑龙江），均可栽培。

5. 耐瘠薄

有作物中的"骆驼"之谓。

6. 糖分含量高

茎秆富含糖分，汁液锤度15%~23%。

7. 高产

甜高粱植株高大（3~5米），一般茎秆产量5吨/亩左右，高产纪录为11吨/亩，籽粒产量150~400千克/亩。茎秆纤维含量14%~18%，每亩产纤维达0.6~1吨。

近年来，黄骅市把甜高粱作为加快农业结构调整、发展节水高效现代农业、推进农业科技创新、提升畜牧业饲草料供给保障能力、促进农民持续增收的重要举措。

一、选地与整地

甜高粱对土壤的适应性很强，在各种类型的土壤上均可获得产量，其中，以富含有机质、土层深厚的壤土为最好。甜高粱幼苗顶土能力较差，极易造成缺苗断垄，播前精细整地对保证全苗具有重要意义，深耕整地是土壤耕作的基本要素，也是供给作物营养的基础。土壤的性质决定了作物的生长状况，深耕整地促进土壤熟化，改善土壤结构，提高土壤肥力，为种子发芽和出苗创造适宜的土壤环境，为甜高粱高产稳产奠定良好基础。

二、施底肥

施肥量要根据土壤肥力而定，土地肥沃可以少施，土地贫瘠要多施。在甜高粱播种前要施足底肥，若施用农家肥每亩施 4 000 千克左右，采用化肥可沿植沟每亩施 10 千克尿素或 30 千克复合肥，与底土混匀后再播种。

三、播种期

适时播种可提高播种质量，是保证苗全、苗齐、苗壮和保证甜高粱生产的关键环节。选择适宜的播种时期。做好产前整地保墒和种子处理，在适宜的播种期内及时播种，做到 1 次播种，保证全苗。甜高粱种子发芽的最低温度为 8~10℃，在生产上把 5 厘米土层的日平均温度稳定在 12℃ 左右作为播种的温度指标，在北方适宜的播种期为 4 月下旬。播种过早，地温低，出苗慢，容易粉种和烂种，影响出苗率；播种太晚，土壤墒情差，造成出苗不齐、不全，而且，影响甜高粱正常生长。在生产上做到低温多湿看温度，干旱无雨抢墒播种。

四、播种量

每亩播种量在 500~750 克。可用小麦播种机播种，也可用人工点播。播种时一定要有足够的地墒，深度为 2~4 厘米为适，黏土以 2 厘米为宜。

五、镇压保墒

播种后为确保出苗率，要进行镇压，墒情较差时，播种后应立即镇压，尽量减少水分的蒸发，土壤水分较多时，播种后应隔 1~2 天等到水分适宜时再镇压；出苗前如遇降水造成田块板结时，用轻型钉齿耙进行耙地，破除板结，深度以不超过播种深度为宜，以免造成土壤干燥而影响种子发芽。

六、栽培密度

早熟品种可采取 20 厘米×60 厘米的株行距，每亩约 5 556株，晚熟品种可采用 20 厘米×70 厘米的株行距，每亩约 4 762株。

七、育苗移栽

为解决在麦茬直播甜高粱生育期不足的矛盾，可以采用育苗移栽的方法。育苗地应在栽培地附近，在移栽前 20~30 天开始育苗，播种量为保苗数的 2.5 倍。当小苗有 5~6 片叶时即可移栽。为减少运输的麻烦，起苗时可不带土坨，但要尽量少伤根；为减少水分蒸发，起苗后立即剪去叶尖，尽快种植于整理好的植沟内，栽苗深度以埋至幼苗基部白绿色交界处为宜，植后立即浇水。育苗移栽用种量少，当种子量有限时，这是扩大种植面积的有效方法。

八、补苗

由于播种质量不好或地下害虫为害等原因造成缺苗断垄应及时补苗。补苗时取稠密地段的苗子，方法与育苗移栽相同，补苗后对其偏施肥水，促其迅速赶上正常苗。

九、田间管理

前期　重点是促进根系发育。培养壮苗。幼苗 3~4 片叶时进行间苗，5 叶时可定苗、间苗定苗可 1 次完成。要注意去掉病、小、弱苗，留苗均匀，做到 1 次等距定苗。铲前深松趟地。出苗后要进行深松或铲前趟 1 犁。

中期　重点是以促为主，使植株生长健壮。甜高粱拔节以后是生长最为旺盛的时期，对养分的需求也最大，如肥水不足会造成植株营养不良。头遍铲趟之后，每隔 10~12 天铲趟 1 次，做到甜高粱生育期铲趟 3 次。拔节前 6~7 片叶期，每公顷追施尿素 150 千克。在拔节至抽穗期如遇干旱，应及时灌溉。

后期　重点是增强根系活力，以根保叶，促进有机物质向穗部转移，力争粒大饱满，提早成熟。此时应及时灌水，以保持后期有较大的绿叶面积。为满足甜高粱后期生长对养分的需求，要进行叶面施肥，以提高植株糖分，促进早熟，增加粒重。可喷施磷酸二氢钾、过磷酸钙、丰产素等。8月中旬，拔大草 1~2 次，做到不砍株、不伤根。结合拔大草，进行甜高粱打底叶，去掉底部干叶和黄叶，使其通风透光，促进早熟，增加甜高粱籽粒成熟度。

十、中耕除草与培土

第一次中耕在 2~3 叶的幼苗期，可结合间苗进行，起到提高地温，消灭杂草，防旱保墒的作用；第二次中耕在 4~6 叶期时结合定苗进行，深度在 10 厘米左右，以切断表层根系，促使根系下扎；第三次中耕一般在第二次中耕后 10~15 天进行，并结合小培土；当植株长到 70 厘米高时结合施追肥进行大培土，将行间的土壤培于甜高粱的基部，在行间形成垄沟，促进支持根的生长，增强吸收能力，防止倒伏、排涝、更便于灌溉。

十一、施肥

施肥的种类和数量取决于土壤肥力、土壤类型和水分状况。因甜高粱的生物量极高，应于植前施足基肥，多施磷钾肥。氮肥要早施且不能过量，以免影响汁质。追肥结合培土进行。施肥量应略高于当地的玉米的施肥量。

十二、灌溉

甜高粱十分耐旱，但为获得高产，须依当地的气候条件和植株的发育阶段进行适当的灌溉。苗期一般无须灌溉，在拔节以后，茎秆每天长高 4~10 厘米，若缺水即抑制植株生长和幼穗分化。孕穗阶段是甜高粱的旺盛生育期，这一时期不能缺水，开花期为需水高峰，须有足够的水分供开花、授粉之需并为结实和秆中糖分的积累打下牢固的基础。若气候长期干旱，应及时灌溉，保证甜高粱正常生长。在我国大部分地区，甜高粱的旺盛生长期适逢雨季，这就为甜高粱的生长提供了良好的条件。

十三、防鸟害

麻雀特别喜欢吃甜高粱的种子，特别是在小面积种植时，一个品种在一天内可以被吃个精光，除设法驱鸟外，消极因素的办法是：在植株进入乳期开始有鸟类为害时，将 4~8 株甜高粱的穗头捆扎在一起并用塑料或尼龙纱袋套起来，以防鸟吃。纸袋开始有点作用，但没多久，鸟学会啄破纸袋，故作用不大。

十四、收获

当绝大部分植株果穗下部的籽粒达到蜡熟期时即可收穗。将果穗收割后晒干、脱粒后妥善保存。收穗后的植株的叶片能继续进行光合作用，茎秆中的糖分仍继续增加，大约在收穗后一星期将达到高峰。因此，最好在收穗后5~7天收秆，并考种和测产。在生长季节短、有可能遭受霜冻的地方，可在收穗的同时砍秆。

第四节 抗旱耐盐丰产高粱品种简介

（一）普通高粱—抗四

品种来源：系山西省农业科学院玉米研究所徐瑞洋、赵随党等人选用TX622A为母本与父本晋粱5号组配而成，1988年由山西省农作物品种审定委员会认定推广，1989年天津市、陕西省农作物评审委员会同时认定推广。

特征特性：该杂交种生育期135天。株高220厘米。穗长30.5厘米，穗粒重120.7克，千粒重31.2克，籽粒红色，单宁含量0.4%左右，适合于酿造用。

产量表现：苗期生长势强。穗大、丰产性能好，高抗丝黑穗病，1985年由辽宁省农业科学院高粱研究所人工接菌鉴定，抗四发病率为零，而对照晋杂4号发病率为82.5%。至1990年山西、陕西、河北、天津、甘肃5省（直辖市）统计，抗四累计推广面积544.93万亩，现在每年推广面积100万亩以上。由于它抗性强、丰产性好、适应性广，很受群众欢迎。

（二）能饲1号甜高粱

品种来源："能饲1号"是河北省农林科学院谷子研究所育成的甜高粱新品种。

特征特性：具有茎秆液汁丰富、含糖量高、生物产量高，增产作用显著、综合抗性较好。早熟性突出，适用范围广等优点。其茎秆液汁含量65%，液汁糖锤度17.21%，平均亩产茎秆4 807.4千克，夏播生育期95~100天。具有能源和饲草共同开放的价值。适宜在河北省中南及类似地区夏播种植，也可在冀北地区春播。

（三）早熟1号甜高粱

在北京地区春播生育期126天，夏播100天，积温1 700~1 800℃，为早熟粮、秆兼用甜高粱杂交种。株高314厘米，茎粗1.8厘米，单秆重1千克左右，亩产茎秆4 000~6 000千克，茎汁糖锤度14.5%，穗长32.2厘米，红壳白粒，穗粒重60~90克，亩产籽粒480千克；着壳率约10%，茎秆坚韧抗倒伏。

（四）甜饲1号

该品种原编号为Mer 71-1，由美国糖料作物育种站育成。该品种芽鞘绿色，幼苗绿色。在北京地区株高450厘米，茎中部直径2.0厘米，地上部分茎秆17~18节，节间长度平均21厘米，最长可达26厘米。平均单茎秆重1 035克，茎秆占植物地上部分总鲜生物量的75%。中部叶片长96厘米，宽约9厘米。整个植株有31个叶片，最大叶片的叶位在自下向上数的第10片以上。由于该品种在收获时叶片从上至下均保持绿色，因而蛋白质的含量较高。穗茎长37厘米，中紧穗，穗长28厘米，单穗粒重平均62克，籽粒中等大小，椭圆形，褐色，千粒重21克。该品种晚熟，在北京地区生长期160天。4月下旬播种，8月下旬抽穗，10月中旬成熟，亩产茎秆约5 000千克。茎秆出汁率67%，汁液锤度17%~20%。籽粒产量每亩350千克左右。

（五）绿能3号

绿能3号是从国外引进，经北京绿能研究所黎大爵先生多年单株选择培育出来的新品种。其主要特点是茎秆粗壮，籽粒硕大、饱满；苗期生长缓慢，苗弱。绿能3号的芽鞘绿色，幼苗绿色，株高383厘米，茎中部直径2.16厘米，茎地上部分有17节，平均节间长度为22.5厘米，单茎秆重1 080克，穗长26厘米。

该品种为中晚熟品种，在黄骅生育期为140~150天，4月下旬播种，9月上旬开花，10月上中旬成熟，亩产茎秆5 000千克，汁液锤度平均为16.3%，最高可达23%。籽粒产量也较高，亩产350千克。该品种适于我国种植用作饲料作物和能源。

第五节　高粱病虫害的发生与防治

（一）病害防治

1. 丝黑穗病

病害发生情况因地区、年份、栽培条件和品种的不同而异。一般被害植株矮小，病症在挑旗期表现明显，旗叶紧包病穗，病穗中间鼓凸，初期剥开叶片为白皮包着的丝状物，抽穗后，上部白皮略带微红色，破裂后散出黑粉，随后露出一团残留的丝状维管束组织。厚垣孢子通过土壤、种子传播。

防治方法：①轮作，厚垣孢子在土壤中生命力可维持 2~3 年，实行 3 年以上轮作可减少土壤中的病菌，减轻其为害。②拔除病株，烧掉或深埋，以减少病原菌传播的机会。③采用抗病品种。

2. 叶炭疽病

分生孢子在土壤中越冬，翌年春天分生孢子侵入植株，引起初次发病，病斑长出孢子进行感染。因此，从苗期到抽穗期均可发生。开始时在叶尖上出现褐色小点，随后扩大成椭圆形或合并成不规则的病斑，边缘紫红色或紫黑色，中央淡褐色，叶片两面的小黑点为分生孢子。在土壤温度和大气温度高时发病更严重。病害发生时，叶片功能降低，影响茎秆和籽粒的产量。

防治方法：①清理田间残茬落叶并行烧毁，以减少病原菌。②用 50%退菌特 50 克对水 50 千克浸种 12 小时，进行种子消毒，冲洗后播种。③发病初期每亩用 50%退菌特 75 克对水 75 千克喷雾。

3. 锈病

病菌以冬孢子在田间病株上越冬，翌年春天萌发浸染高粱幼苗，出现病症，产生夏孢子堆。孢子堆边缘呈紫红色，多生于叶背上。夏孢子借气流传播，可再次侵染植株。初期呈现淡黄色小点，以后逐渐形成椭圆、稍隆起的小斑，破裂后散发出铁锈般的赤褐色和黑褐色的粉末，即夏孢子和冬孢子。植株过密、排水不良、偏施氮肥等都会加重病害的发生。

防治方法：①秋末清理烧毁田间病残株，以减少病原菌的传播。②适时追施氮肥，生育期注意排水防涝。③发病初期，每亩可用 50%的代森铵 100 克加 75 千克水喷雾，或用 1 500~2 000 倍液的 70%可湿性甲基托布津喷雾。④选用抗锈病品种。

（二）虫害防治

1. 蝼蛄

防治方法：①用辛硫磷乳剂药液拌种，拌种后堆放并覆盖塑料薄膜 3~4 小时后，摊开晾至七成干后播种。②小面积试验地若播后蝼蛄为害猖獗，可沿植沟用喷壶浇稀释 1 500 倍液溴氰菊脂，有毒杀及驱避作用，效果显著。

2. 蛴螬（金龟子）

防治方法：①采用药物防治（同蝼蛄防治）。②人工捕杀。③灯光诱杀成虫。

3. 蚜虫

为害高粱的蚜虫很多，但以甘蔗蚜为害最为严重。高粱蚜的发生受温度、雨量和蚜虫天敌等因素的影响，高温、干旱，蚜虫可大量发生，如有一定数量的天敌如瓢虫、草蛉等，则可抑制蚜虫的发生。

防治方法：①在开始发生时，将带有蚜虫的叶片轻轻打下，带出田间深埋，这对控制蚜虫的蔓延有一定的作用。②用吡虫啉、啶虫脒药液喷施防治。

4. 高粱条螟

一般高粱条螟在黄骅市一年发生 2 代，以老熟幼虫在玉米、高粱茎秆内越冬。主要为害夏播甜高粱或其晚熟品种。

防治方法：同玉米螟。在华北地区高粱条螟较玉米螟发生晚 7～15 天，如发生时间近似，可同玉米螟一并防治，如相差时间在 10 天以上，须多喷一次药。

5. 蚜虫

甜高粱糖度高，易受蚜虫为害，在高温干旱少雨的年份蚜虫可能大量发生。发现蚜虫应及早防治。甜高粱品种对有机磷农药过敏，用吡虫啉（商品名"一遍净"）喷杀，效果甚好。7 月中下旬发现高粱蚜虫为害时，施用 2.5%溴氰菊酯或 20%杀灭菊酯 5 000～8 000 倍液；每公顷施 50%抗蚜威可湿性粉剂 150～300 克对水 450～750 千克于发生期对植株进行喷雾防治。

6. 螟虫

发现有螟虫为害心叶时，即喷吡虫啉；若螟虫已进入甜高粱秆内为害，可在心叶处撒数粒呋喃丹防治；甜高粱抽穗后，螟虫上到穗部为害，可用吡虫啉喷杀。产卵盛期用 50%辛硫磷乳油 50 毫升对水 20 千克，每株 10 毫升灌心；开花后，用敌杀死 1 200 倍液喷施于穗部，即可防治。

（三）高粱田的化学除草

1. 播后苗前土壤处理

播后至出苗前的化学除草是利用时差选择法除草的方法，它是在高粱种子播种后，幼苗未出土前，喷洒除草剂，而杂草萌发早的，遇药后会迅速死亡，达到除草目的。高粱田常用、播后苗前化学除草有以下方法。

（1）25%绿麦隆可湿性粉剂　每亩用 200～300 克，加水 50 千克，均匀喷于土表。

（2）25%绿麦隆可湿性粉剂　每亩用 150 克，加 50%杀草丹乳油 150 毫升，或者加 60%丁草胺乳油 50 毫升，加水 45～50 千克，喷洒土表。

（3）80%治草醚（又称茅毒、甲羧除草醚）可湿性粉剂　每亩用 75～

120 克，加水 35~40 千克，喷洒土表。如遇干旱可浅耙 2~3 厘米，使药液与土混合，增加同杂草、幼草接触机会，提高除草效果。

（4）72%异丙甲草胺乳油　每亩用 100~150 毫升，加水 35 千克左右，喷洒土表；或用 72%异丙甲草胺乳油 75 毫升，加 40%阿特拉津胶悬剂 100 毫升，加水 35 千克喷洒土表。

（5）50%利谷隆可湿性粉剂　150~200 克，加水 40 千克，均匀喷雾土表。

（6）50%扑灭津可湿性粉剂　200~300 克，加水 40 千克，均匀喷雾土表。

（7）48%百草敌水剂　每亩用 25~40 毫升，加水 35 千克，或百草敌 20~30 毫升加 40%阿特拉津胶悬剂 150~200 毫升，或加 48%甲草胺（又称拉索）乳油 200~300 毫升，加水 35 千克，喷洒土表。

（8）40%西马津胶悬剂　200~300 毫升，加水 40 千克，均匀喷洒土表。注意此药有效期长，后茬作物不宜安排小麦、油菜、大豆等作物，后茬按排玉米、甘蔗时，可加大用药量至 500 毫升。

2. 苗期茎叶处理

苗期化学除草是利用除草剂在作物和杂草体内代谢作用不同生物化学过程来达到灭草保苗目的。高粱出苗后 5~8 叶期，抗药力较强，使用化学除草剂较安全，而 5 叶前、8 叶后对除草剂很敏感，故苗期化学除草一般在 5~8 叶期进行，否则，容易产生药害。高粱化学除草多在播后苗前进行土壤处理，一般不宜苗期喷除草剂。如苗期确因草害严重，应严格掌握喷药时间、浓度和品种。常用的苗期化学除草方法有。

（1）72% 2，4-D 丁酯乳油　每亩用 40~65 毫升，加水 35 千克左右，于高粱出苗后 4~5 叶期，均匀喷雾杂草茎叶，主要防除阔叶杂草和莎草科杂草，对禾本科杂草无效。

（2）40%阿特拉津胶悬液　每亩用 200~250 毫升，加水 35 千克，于高粱 4~5 叶期，均匀喷雾杂草茎叶。可防除单、双子叶杂草以及深根性的杂草。

（3）20%二甲四氯水剂　每亩用 100 毫升和 48%百草敌水剂 12.5 毫升混合，加水 35 千克，于高粱出苗后 4~5 叶期，均匀喷雾杂草茎叶。

特别要强调的是：高粱对化学药剂很敏感，使用时一定要严格掌握用药品种、时间、浓度和方法，否则，容易造成药害。如果是初次使用化学除草剂，缺乏经验，必须先做小面积的除草试验，总结经验后再推广，以免造成不可挽回的产量损失。

第六章 甘 薯

甘薯是黄骅市主要的栽培作物之一。因其有抗旱、耐瘠、抗风、再生性强等特点，成为黄骅市旱地的高产、稳产作物，常年种植面积 1.3 万亩左右。尤其是近年来，随着市场经济的发展，人民生活水平的不断提高，甘薯已由粮食作物逐渐向经济作物转变，向深加工发展，所以，发展甘薯生产有着更重要的意义。

第一节 甘薯栽培的生物学基础

一、甘薯发芽出苗与外界环境条件的要求

1. 温度

甘薯在 16~35℃，温度越高，发芽、出苗快而多，16℃的温度为薯块萌芽的最低温度，温度超过 40℃时，容易发生伤势烂种，薯块在 29~35℃时，发根与发芽均较快。

2. 水分

薯块本身虽含水量较多，但土壤水分不足时，影响薯块发芽与扎根，一般要求床土水分为最大持水量的 70%~80%为宜。

3. 养分

充足的养分是块根萌发和幼苗生长的物质基础，根块散发和幼苗生长初期主要靠种薯贮存的养分，扎根后，随着幼苗生长逐渐转为靠根系吸收床土中的养分。因此，要选择肥沃无病床土，栽苗后适当追肥，是多出秧、育壮秧的重要措施。

4. 光照

充足的光照是促进块根萌发和生长的重要条件，育苗期间，光照充足有利光合作用进行，使秧苗生长粗壮。若光照不足，光合作用减弱，秧苗叶色黄绿，苗弱成活率低。幼苗顶土后不宜暴晒，晴天无风的中午，光照过强，要注意防止烧苗。因此，秧苗生长期间，适当调节光照，以利增温或透光、

通风、降温，使秧苗稳健生产。

5. 空气

块根萌芽和幼苗生长都需要充足的氧气，空气不足，萌芽生长很慢，甚至停止。长期缺氧，特别是在高温、高湿的条件下，就会发生酒精累积中毒，造成薯苗腐烂。

第二节　甘薯高产栽培技术

一、品种选择

选用优良品种是提高产量、改善品质最经济有效的途径，人们应选择抗病虫、抗逆性强、适应性广、品质优良、高产、耐贮藏的甘薯品种，黄骅市种植的适宜品种主要有北京 553、遗字 138、商薯 19、西北 431、鲁薯 8 号等品种。

二、育　苗

1. 苗床

甘薯的育苗床有 3 种形式：一是人工加热，如回龙火炕；二是生物热源，如酿热物温床育苗；三是太阳能辐射热源，如太阳能贮温冷床育苗。3种形式可根据具体条件因地制宜选用。

2. 种薯处理

选用无病、无破伤、未受冻害和沥害、具有本品种特性的甘薯作种薯，然后进行温汤浸种，把选好的种薯放在筐内盖好，把缸内水温调到 56～58℃，随即把薯筐放入缸内。使水面没过种薯，并上下提动薯筐，使水温均匀一致，将水温降至 51～54℃，浸种 10 分钟可防黑斑病、茎线虫病，然后取出种薯立即摆入苗床。

3. 排薯上床

上床时间，栽前 1 个月，黄骅市约在春分前后为宜。排薯多采用斜放法，即后薯压前薯 1/3 或 2/3，每平方米排薯 20～25 千克。种 1 亩地约用种薯 50 千克左右，但要掌握大薯稍密、小薯稍稀的排薯原则。排完种薯后，用沙土填满种薯间隙，随即用温水喷湿透床，等水下渗后，在种薯上盖一层沙土，约 3.5 厘米，不宜过厚，否则，秧苗生长细弱。

三、苗床管理

（1）排薯到出苗阶段高温催芽 排薯前两天，要求床温30℃排种，种薯上炕后第一天31℃为宜，以后逐日升温，第五天开始萌芽时，使温度上升到35℃左右，不超过38℃，保持4天后，把床温降到31℃左右，经过8~9天，幼苗即可出土。注意提温不要过猛，以免烂床。

（2）出苗到炼苗阶段催炼结合，使秧苗生长健壮 甘薯出苗后，床温28℃左右为宜。当秧苗长到9厘米时，床温降到25℃左右，进行炼苗，注意床土保持湿润，到采苗前5~6天浇一次大水，以后停止浇水，采苗前3天，床温降到20℃为宜，使秧苗得到锻炼。当苗高达到17~20厘米时要及时采苗，采苗过晚，薯苗拥挤，会捂坏下部小苗影响下茬出苗数量，如苗少不能马上移栽时，可以临时假植等下次采苗后一并栽入大田。

四、栽 秧

1. 整地施肥

甘薯施肥以农家肥为主，基肥用量一般只占总施肥量的60%~80%，一般每亩用优质腐熟有机肥2 500~4 000千克、碳铵20~25千克、过磷酸钙50~60千克、硫酸钾5~10千克。

整地起垄 深耕改土是夺取甘薯高产的重要措施之一。深耕能加厚松土层熟化土壤，增强土壤蓄水保墒能力，改善土壤通气状况，促进微生物活动，加速养分分解，提高土壤肥力。春薯地前茬收获后要早深耕，一般应在越冬前或早春进行，有条件的可以结合冬灌或春灌，耕深20厘米以上，夏薯地，前茬作物收获后要抓紧时间，随耕随起垄。

一般春薯垄距66~83厘米、垄高23~26厘米，夏薯垄距29~66厘米、垄高20~23厘米。

2. 适时早栽

适时早栽是甘薯增产的关键之一。在适宜条件下，栽秧越早生长期越长、结薯早、结薯多、产量高、品质好。栽秧适期，春薯一般5~10厘米地温稳定在17℃为宜，时间在4月下旬至5月中旬。夏薯要早栽，争取6月底前栽完。

3. 合理密植

合理密植是提高甘薯产量的中心环节。甘薯栽秧密度要因地力、品种、栽秧时间灵活掌握，一般旱薄地比肥沃地密些，短蔓品种较长蔓品种密些，晚栽比早栽的密些。一般春薯每亩 3 000～3 500 株为宜，夏薯每亩 4 000 株为宜。

五、田间管理

1. 扎根缓苗阶段（栽秧期、缓苗期到开始分枝）

在管理上主要是争取早扎根、早缓苗、早发棵，促进根系发育，为早结薯、多结薯、结大薯打下好基础，主要合理措施一是查苗、补苗，以保全苗；二是追施提苗肥，以追施小苗、弱苗为主，每亩用尿素 1.5～3 千克，可在苗侧穴施，随后覆土、浇水；三是浇缓苗、圆棵水，栽后遇旱应及时浇缓苗水，以利于扎根成活。圆棵期，气温高，蒸发量大，遇旱要浇透水，以利块根迅速生长提早结薯；四是中耕除草，以利提高地温，消除杂草，保持土壤松软，促进薯块形成。一般栽插后减除一次，以后每隔 10～15 天中耕一次，共中耕 2～3 次。

2. 分枝结薯期

从茎中叶分枝到开始封垄，历经 30～40 天（包括分枝期、甩蔓期）。这一时期的管理措施如下。

（1）浇好甩蔓水　一般采取浇小水或隔沟浇水，防止漫过垄背形成板结。夏薯分枝期。大部分地区进入了雨季，如干旱解除，可不必浇水。

（2）中耕培垄浇水后要及时中耕，松土保墒　中耕宜浅，一般在 3 厘米以内，以免过深伤根，同时要培土扶垄，以防垄背塌陷，暴露薯块。

（3）追施催薯肥　栽后 30～40 天，即在圆棵期前后追施，一般每亩追施碳铵 5～7.5 千克，追后随即浇水。

3. 茎叶盛长至块根膨大期

此期是从封垄期到茎叶生长达到最旺盛的时期，春薯栽后 60～110 天，夏薯 40～70 天，一般在 7 月上旬到 8 月下旬。这一时期的主要管理措施如下。

（1）灌溉与排涝　视气候和土壤墒情而定，如久旱无雨土壤干旱时，要及时浇水，如遇雨积水，要及时排水防涝。

（2）控制茎叶生长　茎叶生长过旺时，可适当提蔓。控制茎叶生长，也可采取掐尖、抠毛根、剪除枯萎老叶等措施，注意不要翻蔓。

4. 茎叶衰退块根膨大期

是从茎叶基本停止生长到块根收获期，春薯需 2 个月左右。夏薯 1 个月左右。这一时期茎叶生长由缓慢到停滞，养分输向块根，生长中心由地上部转到地下部，在管理上要保持茎叶维持正常生理功能，促进块根迅速膨大。

管理措施是：

（1）遇干旱浇水　防止茎叶早衰应浇小水，但在块根收获前 20 天内不宜浇水，以免降低块根的耐贮藏性。遇涝及时排水。

（2）根外追肥　可用 0.2%～0.3% 的磷酸二氢钾溶液，或 2%～4% 的过磷酸钙溶液，进行叶面喷肥，每 10～15 天喷 1 次，共喷 2 次，每亩每次用液 75～100 千克。

六、适时收获

甘薯的块根是无性营养体，没有明显的成熟标准和收获期，收获过早会影响产量，过晚受低温冷害，耐贮性降低。甘薯的适宜收获期一般是在地温 18℃开始收刨，气温 10℃以上或地温 12℃以上，即在结霜前收获完毕，沧州市春薯一般在寒露前后收刨，夏薯霜降前收刨。

第三节　抗旱耐盐丰产甘薯品种简介

1. 北京 553

品种来源：原华北农业科学研究所育成。

特征特性：植株半直立。叶浅裂复缺刻，顶叶色紫褐，蔓短。薯块纺锤型，皮色橘黄。抗线虫病，较抗黑斑病，重感根腐病，耐肥性较强。出干率较低。

产量表现：该品种鲜薯产量较高，稳产性好，尽管生产上应用时间较长，仍有一定种植面积。

栽培要点：适宜在中高肥水条件下种植，适宜的种植密度 4 000 株左右。

应用前景：可以作为烘烤食用品种利用，有种植习惯的地区仍可种植，宜应用脱毒苗栽培。

2. 遗字 138

品种来源：是由中国科学院遗传研究所 1960 年用胜利 100 号和南瑞苕杂交种实生苗选育而成。

特征特性：该品种食味好，含糖量高，黏软度好，是城乡人民喜欢食用的品种之一，顶尖、叶片、叶脉及叶柄基部均为黄绿色，脉基带紫色，叶形为浅复缺刻；茎长度和粗细度及分枝数均为中等，属匍匐型品种。适宜作为春、夏薯栽培，耐肥、耐渍性较好。

产量表现：该品种鲜薯产量较高，稳产性好，尽管生产上应用时间较长，仍有一定种植面积。

栽培要点：本品种春薯合理密度每公顷为 4.5 万株左右，夏薯为 4.25 万~6 万株。氮肥不宜过大，否则，容易引起徒长。

应用前景：块数较多，薯块大小较均匀适中。晒干率 27% 左右，含糖量较高，蒸烤口感好，人们喜食用，耐贮藏性中等。

3. 商薯 19

品种来源：原代号：968-19，是我国著名育薯专家雷书声和助手李渊华用 SL-01 作母本，豫薯 7 号作父本，包罗 64 个国内外良种遗传基因杂合体的杂交新品种。

特征特性：叶片心脏形，叶片叶脉全绿色，茎蔓粗，长短及分枝中等。结薯早而特别集中，无"跑边"，极易收刨。薯块多而匀，表皮光洁，上薯率和商品率高。

产量表现：一般亩产量：春薯 5 000 千克，夏薯 3 000 千克左右。

应用前景：薯块纺锤型，皮色深红，肉色特白，晒干率 36%~38%，淀粉含量 23%~25%，淀粉特优特白。食味特优，被农民誉为"栗子香"。

4. 西北 431

品种来源：系西北农业大学选育的甘薯新品种，已在我国西北和黄淮地区种植。

特征特性：蔓长 150 厘米左右。薯块纺锤型，光滑，皮色橙黄，肉橘红色，外观好看。春薯烘干率 35%，夏薯烘干率 32%。薯块萌芽性好，出苗多，单株分枝多，茎节不定根少，结薯集中。

产量表现：西农 431 丰产性好，春播一般单产鲜薯 3 000 千克，夏薯 2 500 千克，具有单产 4 000 千克的潜力。

应用前景：肉细、面、甜，栗香味极浓，口感优于北京 553。皮肉易分离。适应性较强，抗病、耐低温、耐贮藏，综合性状优于北京 553。

第四节　甘薯主要病虫害发生与防治

1. 病害

甘薯的主要病害有黑斑病、茎线虫病、黑点病、软腐病等。

（1）黑斑病　用 50% 多菌灵可湿性粉剂 1 000~2 000 倍液或用 50% 托布津可湿性粉剂 500~700 倍液浸茎基部 6~10 厘米处，大约 10 分钟，随后播插。

（2）茎线虫病　插播期土壤处理，每亩用50%辛硫磷0.25～0.35千克，均匀拌细土20～25千克，晾干，插秧时将毒土先施入栽植穴内，然后浇水，水渗后栽秧或者将药对水300～500千克，浇于栽植穴内，待药液渗后栽秧。

（3）斑点病　发病初期用65%代森锰锌可湿性粉剂400～600倍液或20%甲基托布津可湿性粉剂1 000倍液喷雾防治，每隔5～7天喷1次，共喷2～3次。

2. 害虫

甘薯主要害虫有甘薯天蛾、斜纹夜蛾、甘薯多蛾等，药物防治可用90%晶体敌百虫800～1 000倍液、50%辛硫锌乳剂1 000倍液喷雾防治。

第七章 棉 花

棉花是中国重要的经济作物。棉花涉及农业、纺织、加工、运输、化工、军工等多种产业，在农作物中产业链最长，增值潜力极大，商品率极高。除棉花主产品纤维外，棉短绒、棉籽、棉柴等副产品的综合利用价值也很高。可以说，棉花的生产、流通、加工和消费，与人民群众的生活和广大棉农的利益以及国民经济的发展息息相关，在国民经济中占据举足轻重的战略地位。

第一节　棉花生产概况

全世界自北纬47°到南纬32°的地区的80多个国家均有棉花种植。中国是棉花生产大国和消费大国。近年来，中国的棉花种植面积在逐年下降。据国家统计局称2016年全国棉花播种面积为3 376.1千公顷（5 064.2万亩），比2015年减少420.5千公顷（630.8万亩），下降11.1%；2016年全国棉花总产量534.3万吨，比2015年减产26.0万吨，下降4.6%。

黄骅市属冀中棉区，无霜期200~210天，土壤多为冲积壤土、沙土和盐碱土。黄骅市棉花面积2011年为7万多亩，近2年来维持在3万亩左右，主要是因为近几年来棉花价格持续走低，棉农收益减少，极大地损伤了棉农的积极性，加上种植棉花费工费时，大部分农户纷纷调整种植面积，全市产棉量大大缩水。近来，随着国家调整种植结构和补贴力度加大，棉农的积极性将有所提升。

第二节　棉花栽培的生物学基础

一、棉花的栽培种

棉花是双子叶植物，锦葵科，棉属，是唯一由种子生产纤维的农作物。在棉属的30多个种里，生产上有经济价值的栽培种只有4个，即陆地棉、海岛棉、亚洲棉和草棉。目前，我国生产上栽培的只是陆地棉和海岛棉。北方棉区除新疆有海岛棉栽培外，大多数地区皆系陆地棉。黄骅市及河北省种植的棉花均为陆地棉。

陆地棉原产中美洲墨西哥一带高原地区，是世界及我国种植最广、最多的棉种。它植株较大，茎较粗，茎、叶多数有长茸毛；叶片较大，多为3~5裂，裂刻长度不及叶片长度的1/2；花冠色乳白，基部多无红斑；铃大，卵圆形，多4~5室，铃面平滑，油腺深藏于铃面之下；种子中等大小，多数被有短绒；衣分高，纤维较长，一般26~30毫米，油质好，产量较高，适纺日用纱。

二、棉花的生育时期

棉花从播种到收获经历5个生育时期：播种出苗期、苗期、蕾期、花铃期和吐絮期。

1. 播种出苗期

从播种到子叶出土并完全展开为出苗，全田出苗株数达50%时为出苗期。黄骅市春播棉花4月中下旬播种，一般地膜棉需7~10天，露地棉10~15天。

2. 苗期

棉花从出苗到花蕾开始出现的这段时间称为苗期，一般35~45天。

3. 蕾期

从现蕾到开花的这段时间称为蕾期，一般22~26天。

4. 花铃期

从开花到棉铃成熟吐絮这段时间称为花铃期，一般50~60天。

5. 吐絮期

从吐絮到收花结束这段时间称为吐絮期，一般60~70天。

棉花各生育时期出现的日期以及各生育时期的长短，因品种、自然条件、年份、种植制度及栽培条件等有很大差异。一般讲，早熟品种比迟熟品种各生育时期所需时间都短些，温度较高时，生育时期也有所缩短，良好的栽培技术也会对生育时期的长短起到一定作用。

三、种子及其萌发

棉花种子统称棉籽，饱满的种子一般呈歪梨形，棕黄色或褐黄色。籽指一般10克左右，每千克种子大约10 000粒。棉籽萌发和出苗，除种子本身的活力外，还必须有适宜的水分、温度和充足的氧气。充分干燥的种子，含水量12%以下。棉籽萌动所需水量为种子风干重量的61.53%，为种子绝对重量的77.89%。种子萌发所需最低临界温度为10~12.0℃，最高临界温度40~45℃。在适宜的条件下，棉籽发芽所需时间为18~24小时。棉苗出土所需时间一般为5~10天。

四、生长发育

1. 根

棉花属圆锥根系，主根可深达2米以上，加上各级侧根和根毛组成发达的根系。在苗期和蕾期，主根的生长速度显著超过茎秆生长速度，其各级侧根和根毛的再生力很强，是根系吸收能力最盛时期。花铃期以后，根系生长减慢，逐渐停止生长和延伸。

2. 茎

主茎直立。正在生长的节间为嫩绿色，停止生长的节间为紫红色。正常生长的棉株主茎红绿比在各生育时期不同，一般苗期为1:1，蕾期（1~1.5）:1，开花期（1.5~2.3）:1，打顶前（2.3~4.1）:1。棉株主茎日增长量苗期平均在0.5厘米左右，现蕾时正常株高15~20厘米；蕾期主茎日增长量平均1.5厘米左右，开花时正常株高50~60厘米；盛花期株高70~80厘米；亩密度3 500~4 000株的棉田，定型正常株高90~100厘米。主茎叶腋间可分出叶枝（营养枝、疯杈）和果枝两种分枝，叶枝不直接着生蕾铃，果枝直接着生蕾铃。根据果节数的遗传特性，通常把棉花果枝分为3种类型：①零式果枝型，无果节，棉铃着生在主茎上。②有限果枝型，一般只有一个果节，节的顶端丛生几个棉铃。③无限果枝型，有多个果节，每节着生一个棉铃。无限果枝型按果节长度，又可分为紧凑型（果节长2~5厘米）、较紧凑型（果节长5~10厘米）、较松散型（果节长10~15厘米）和松散型（果节长15厘米以上）。按果节和叶枝的发生及着生情况，棉花的株型分为4种：塔形（无限型果枝，叶枝少，下部果枝长，向上渐短）、倒塔形（无限型果枝，叶枝少，下部果枝较短，向上渐长）、圆筒形（有限型果枝，叶枝少，上下部果枝长度相近）、丛生形（主茎较矮，下部叶枝多，成丛状）。

3. 叶

叶片是光合作用的重要器官，叶面积大小直接影响光合产物的多少。叶面积大小通常以叶面积系数表示，是棉花群体叶面积与种植面积的比值。一般盛花期最大叶面积系数3~4，是棉花高产的标志。

棉叶有子叶、先出叶和真叶 3 种。子叶对生、肾形。一般生长 50~60 天，子叶脱落后留下的疤痕为子叶节，是测量棉花高度的起点。3 片真叶以前，子叶是提供有机养料的主要器官。先出叶为棉花每个枝条上最先出现的第一片不完全叶，披针形或长椭圆形，生长 15~30 天后即自然脱落。子叶节以上每节有一真叶，真叶出生的速度与温度有关。出苗到第一片真叶出现，温度 14℃时需 40 天，16~18℃时需 10~12 天，25℃时需 5~7 天。第二、第三片真叶的出生，一般需 7~8 天。之后，一般 3~5 天长一片真叶。真叶叶龄正常情况下一般 70~90 天，功能期 60 天左右，其中，以生长 21~28 天时光合效率最高。

4. 蕾

当棉株第一果节上出现宽达 3 毫米的三角形幼蕾时，称为现蕾。第一幼蕾出现也是第一果枝出现的标志，标志着棉株由营养生长进入与生殖生长同步进行的时期。棉花现蕾的顺序及规律是：幼蕾在棉株上由下而上、由内而外，呈螺旋形的顺序出现。相邻果枝同一节位的蕾出现间隔 2~4 天，同一果枝相邻果节的蕾出现间隔 5~7 天。全田 50%棉株现蕾时，为现蕾期。

5. 花

棉花的花为单花，每朵花由外向内依次为苞叶、花萼、花冠、雄蕊和雌蕊。开花的顺序与现蕾的顺序一致。开花前一天下午，花冠急剧伸长，突出于萼片之外，翌日上午 8~10 时开花，温度高时稍早，温度低时稍迟。下午 2~4 时，花冠急剧萎缩。花冠上午开放时呈乳白色，下午逐渐变成微红色，第二天变成红色。开花后，花药开裂，散出的花粉落在柱头上，称为授粉。棉花为常异花授粉作物，异花授粉率为 2%~12%。全田有 50%的棉株开花的日期为开花期。

6. 铃

花朵开花受精后，其子房发育为蒴果，称为铃，状如桃，俗称棉桃。多呈卵圆形，由心皮形成 3~5 室，每室有 7~11 粒种子。铃重大小因品种、结铃期、结铃部位及肥、水等环境条件不同而异。构成铃重的因素：①子指，以 100 粒正常成熟的种子重（克）表示种子的大小，一般在 10 克左右。②衣指，100 粒正常子棉的纤维重（克），一般 7 克左右。③衣分，单位重量的籽棉所轧出的纤维所占籽棉重量的百分数，一般在 35%~40%。在棉花生产上，习惯把棉铃按其结铃时期的早晚划分为伏前桃、伏桃、秋桃。伏前桃指 7 月 15 日前所结的成铃（直径达 2 厘米以上的棉铃为成铃），伏桃指 7 月 15 日至 8 月 15 日所结的成铃，秋桃指 8 月 15 日至 9 月 10 日所结的成铃。

7. 棉纤维

棉纤维是由受精的胚珠表皮细胞经伸长、加厚而成的种子纤维。受精后20~30天为纤维伸长期，以后25~30天为纤维细胞内壁加厚期。影响纤维发育的环境因素主要有光照、水分、温度等。衡量棉纤维品质的主要经济指标包括纤维长度、细度、强度、断裂长度和成熟度等。纤维长度是指纤维伸直后两端的长度，一般陆地棉为25~30毫米；细度是反映纤维粗细程度的指标，一般陆地棉的纤维细度为5~6千米/克，目前，多用马克隆值表示，马克隆值是反映棉花纤维细度与成熟度的综合指标，数值越大，表示棉纤维越粗，成熟度越高。纤维强度是指拉伸一根或一束纤维在即将断裂时所能承受的最大负荷，单纤维强力一般在4~7克之间。棉纤维成熟度是指纤维细胞壁加厚的程度，细胞壁越厚，其成熟度越高，相对的成纱质量也高；但过熟纤维也不理想，纤维太粗，转曲也少，成纱强度反而不高。通常以纤维中腔宽度与两胞壁厚之比表示，一般陆地棉为1.5~2.5。回潮率是指棉花中所含的水分与干纤维重量的百分比。国家标准规定，棉花公定回潮率为8.5%，回潮率最高限度为10.5%。

五、生育特性

1. 无限生长性

只要光、温、水、肥等生产条件适宜，棉花就能不断地生长，因此，棉花单株结铃潜力很大。水肥条件好的棉田采用低密度夺高产，单株结铃100多个，就是利用棉花无限生长的特性，充分发挥单株的生产潜力。

2. 蕾铃脱落的习性

蕾铃的脱落是棉株遇到不良环境条件时的一种自我调节，包括花朵开放前的落蕾和花朵开放后的落铃。陆地棉的脱落率一般在60%~70%，严重的80%以上。脱落原因基本上可分为两种。一种是环境因素导致生理失调而造成的生理性脱落。一般地力较肥、密度偏稀、生长健壮的棉田，落铃比例大于落蕾，地力薄、密度大、严重干旱的棉田，落蕾多于落铃。蕾的脱落，多在现蕾后10~20天，幼铃脱落主要集中在开花后3~8天。原因大致有水分不足、养分不足、偏施氮肥、灌水过多、棉田荫蔽光照不足等。另一种是病虫为害和机械损伤而造成的脱落（非生理性脱落）。所以，加强棉田管理，减少蕾铃脱落，是棉花高产的关键。

3. 营养生长和生殖生长并进时间长

现蕾前，为长根、茎、叶的营养生长时间。从现蕾到吐絮为营养生长与生殖生长交错并进的时期，它可占全生育期的 2/3~3/4。在这段时间内，棉花既要长根、长叶、长茎、长营养枝，又要现蕾、开花、结铃，两方面既互相统一，又在光、水、养分的分配上存在着矛盾。营养生长过旺，消耗养分过多，积累减少，就保证不了生殖生长的需要，使茎叶和蕾铃之间营养物质分配的矛盾激化，造成蕾铃脱落。但没有一定的营养生长，制造养分不足，也达不到多现蕾、多结铃、结大铃的目的。生产中，协调好营养生长和生殖生长的矛盾是减少蕾铃脱落的关键因素。

4. 棉株的再生性

棉株的某些营养器官如根、茎、叶枝在生长过程中受损伤后，能够再滋生出失去的器官，或者棉株的一部分再形成一个新的个体，称为再生性。苗期、蕾期中耕断根和雹灾棉的挽救都是利用了这一特性，这种再生性随苗龄的增加而减弱。

5. 二次生长性

就是指棉株进入吐絮期时重新长枝、长叶、甚至现蕾。棉花进入吐絮期后，已进入棉株个体的衰老阶段，但如后期水肥过多、温度较高，棉株能出现再生长，消耗大量营养物质，既不利于已结的棉铃发育，又造成贪青晚熟，影响产量品质。因此，后期管理上必须防止二次生长出现。

六、对环境条件的要求

1. 温度

棉花是喜温作物，整个生育期间所需≥15℃活动积温为 3 000~3 600℃。棉花各生育期对温度的要求都十分敏感。棉籽萌发最低临界温度为 10~12℃，出苗需要 16℃以上。棉苗生长适宜温度为 20~25℃，现蕾最低温度为 19~20℃，温度升高，现蕾加快，若超过 30℃，反而减慢。开花、授粉及受精适温为 25~30℃，高于 35℃或低于 20℃则花粉生活力下降，甚至丧失。棉纤维发育成熟吐絮要求 20℃温度以上，日平均气温低于 15℃时，棉铃不能自然吐絮。

2. 光照

棉花是短日照作物。一般棉苗需要在日平均温度 20~25℃条件下，经过 18~30 天的 8~12 小时的短日照才能现蕾开花。品种间对日照长短反应不同，长距离引种时应当注意。棉花是喜光作物，一般棉花在每天 12~14 小时的光照条件下，棉花发育最快，充足的光照常给高额丰产创造重要的和必要的条件。

3. 水分

棉花是直根系作物，根系发达，吸水力强，较能耐旱。但棉花生育期长，枝多叶大，生长盛期正值炎热夏季，所以，耗水量较多，能否有足够的土壤水分保证各生育期的需要，是影响棉花正常生长、结铃的重要因素。据测定，每生产 1 千克干物质，耗水 300~1 000 千克，1 亩棉田耗水多在 300~400 立方米。各个生育期的需水概况是：苗期需水较少，仅占全生育期总需水量的 15% 以下，适于棉苗生长的 1 米土层持水量以保持 55%~65% 为宜，黄骅市地膜棉田在播前造足底墒时，苗期一般不必灌溉。棉花现蕾后，气温逐渐升高，生育进程加快，需水量渐多，阶段需水量占总需水量的 20% 左右。适于棉株生长的 1 米土层持水量为 60%~70% 为宜。棉花蕾期遇干旱，应及时灌溉，但浇水量要小些，每亩灌水量以 30 立方米为宜。开花结铃期耗水量大，是生育期的高峰，阶段需水量占总需水量的一半左右。1 米土层持水量应为 70%~80% 为宜，低于 60% 时即需灌溉。吐絮期耗水量占总需水量的 10%~20%。1 米土层持水量保持在 65% 左右为宜。黄骅市秋季多干旱，适时、适量灌溉可防棉花早衰，亩灌溉量 25~30 立方米为宜。

4. 营养元素

棉花在整个生长发育过程中，需要碳、氢、氧、氮、磷、钾、硫、钙、镁和微量元素铁、硼、锰、锌、铜、钼、氯等 16 种营养元素。碳、氢、氧为棉株主要成分，可从空气和水中取得，其他矿物元素来自土壤。氮、磷、钾因需要量较大，土壤中含量不多，且多呈不易被吸收的状态存在，往往不能满足棉花生育的需要，必须用施肥来补充。棉花从土壤中吸收养分的数量是随产量的增加而增多的。一般每亩产 50 千克皮棉从土壤中吸收氮、磷、钾的数量为 6~9 千克、2~3 千克及 6~7.5 千克，比例大约为 3∶1∶3。

棉花不同生育时期吸收养分的数量是不同的。棉花对养分的吸收从苗期开始，随着生育进程的发展，至花铃期达到高峰，然后又趋下降。据研究，苗期的棉株对养分的需要很少，只占一生吸收总量的 3%，但却十分敏感，且吸收氮、钾的比例比磷高。蕾期的棉株生长加快，吸肥量增加，氮、磷各约占吸收总量的 20%，钾为 35%~40%。花铃期的棉株营养生长和生殖生长旺盛，是干物质大量积累时期，氮、磷、钾的吸收量均达到一生吸收总量的 60% 左右。吐絮期的棉株，叶片和根系功能减弱，而棉铃发育迅速，磷的吸收比例增高。氮、磷、钾的吸收量分别减少为 15%、20%、5% 左右。

5. 土壤

棉花对土壤的适应性很广泛。比较起来，以有水浇条件的具有较高肥力的沙质土最为适宜。沙质土壤通透性好,利于强大的棉花根系生长,春季地温回升快,不但有利于出苗并且利于幼苗生长。土壤肥力高,养分可以持续分解,棉株稳长,吐絮良好。

棉花属于耐盐碱性较强的作物,对土壤酸碱度的适应范围较广,pH 值 6.5~8.5 都能正常生长,以中性至微碱性最相宜。棉花的耐盐碱能力以幼苗期最弱,出苗的临界土壤含盐量为 0.3%,超过即影响出苗,抑制生长。

第三节　棉花高产栽培技术

一、水肥地棉花高产栽培技术要点

1. 地力要求

中壤土或沙壤土,0~20 厘米土层有机质含量大于 1%,全氮含量 0.08%~0.10%,碱解氮 70~80 毫克/千克,速效磷(P205)15~20 毫克/千克,速效钾(K$_2$O)90~120 毫克/千克。

2. 产量结构

亩成铃 6.5 万~7.0 万个,铃重 4.3~5.5 克,衣分 36%~40%,亩产皮棉 100 千克。

3. 群体结构

每亩株数 3 800~4 000 株,单株果枝 12~13 个,亩果枝 5.5 万~6.0 万个。单株果节 40 个左右,亩果节 16 万个。群体叶面积系数 3~4。定型株高 90~100 厘米,伏前桃、伏桃、秋桃三桃比例分别占总铃数的 10%、60%、30%。

4. 播前准备

(1)施肥　亩施优质粗肥 3 000 千克、碳铵 25 千克、过磷酸钙 50 千克或二铵 15 千克、硫酸钾(有效含量 50%)15~20 千克、硼砂 0.5~1.0 千克、硫酸锌 0.5~1.0 千克、抗重茬菌剂(棉花专用)1~2 千克。或用棉花专用肥每亩 75 千克。

(2)整地　秋耕深度 18~20 厘米,春耕深度 10~15 厘米。整地质量要求土地平整、细碎、上虚下实,田间相对持水量应达到 70%。

(3)化学除草　一般在播种时应用土壤处理型除草剂为好。可用氟乐灵于棉花播前喷洒地面,并及时耙地与表土拌和,亩用量 100~150 毫升。或用乙草胺于播后出苗前喷于表土,亩用量 75 毫升。播种未用除草剂的,也可于棉花出苗后杂草露头时，喷洒盖草能或禾草克等茎叶处理型除草剂，亩用量 50 毫升左右。

（4）选种 选用生育期 130 天左右的高产、优质、抗病、包衣的基因抗虫棉种，如冀 3816、冀优 861、沧 198 等。

（5）地膜 选择厚度为 0.006 毫米的地膜，宽度随行距而定。

5. 播种

当 5 厘米地温稳定通过 14℃时可以播种，但也要根据土壤墒情和品种特性而定，偏早熟品种宜晚。一般情况下，黄骅市地膜棉播种时间以 4 月 20—25 日为宜，春播露地棉 4 月 25—30 日为宜。播种方式：大小行种植，大行行距 80~90 厘米，小行行距 50~60 厘米，株距 20~25 厘米。播种深度 3 厘米左右，每穴 2~3 粒种子。每亩播种量 1.5~2.0 千克。

6. 田间管理

（1）放苗、定苗 棉苗出土后，要及时放苗，防膜烧苗，放苗时间选在晴天早上或下午 4 时后，中午放苗易造成萎蔫；阴天时可以全天放苗。棉苗出齐后，及时疏苗、间苗。2~3 片真叶时按规定株距定苗。

（2）中耕、除草 膜间露地要及时中耕，破除板结，消灭杂草。膜下生草要及时用土压盖。

（3）揭膜 棉花现蕾以后可以揭膜，以利于除草和接纳雨水。揭膜时，选早晨或阴天进行，并拾净残膜。揭膜后及时中耕除草、培土。

（4）追肥 浇水浇水根据土壤墒情而定。苗期一般不浇水，旱情严重必须浇水时要开沟浇小水。盛蕾期（6 月 20 日前后）至吐絮期遇旱浇水。追肥可于盛蕾期至初花期亩施尿素 10~15 千克。

（5）整枝 一般栽培情况下，密度 3 500 株/亩左右棉田，棉花现蕾后，要及时将下部疯杈全部去掉，但不要打掉主茎叶片。但地边地头、缺苗断垄处及雹灾虫咬断头时，可以根据情况每株留 2~3 个疯杈。简化整枝栽培要适当增大行、株距，并结合化学调控进行。一般棉田 7 月 15 日左右打顶尖，打群尖时要在 8 月 10 日前进行，每个果枝留 2~4 个果节。如棉田出现郁蔽，要去掉主茎下部部分老叶，剪去空枝，以利于棉田通风透光。

（6）化控 基因抗虫棉多数品种对缩节胺敏感，如遇旱天，苗情长势差时不要化控；雨水较多，苗情长势好或有旺长趋势时，进行化控。化控要本着"少量多次"原则，一般棉田蕾期可亩用缩节胺 0.3~0.5 克，初花期 0.5~1 克，花铃期 2~3 克。阴雨天时，可适当增加用药量。

（7）叶面追肥 花铃期对有早衰趋势的棉田，叶面追肥 2~3 次，以增加铃重。可用生态源棉花专用叶面肥 500～600 倍液，或利多丰络合态微肥 600 倍液，或磷酸二氢钾溶液 300 倍液，隔 7 天喷 1 次。

（8）病虫害防治　病害防治主要是苗期的立枯病、炭疽病和中后期的枯黄萎病与茎枯病。虫害主要是防治棉盲蝽、蚜虫、棉蓟马、棉铃虫等害虫（详见本章第六节病虫害防治）。

（9）催熟　对成熟晚的棉田可在 9 月底或 10 月初喷施乙烯利催熟。

（10）采收　棉花吐絮后，要适时采收，以棉铃开裂 7 天左右摘花为好，收摘过早或过晚都会降低棉花品质。一般每隔 7 天收摘一次。收摘时，实行"四分"：即分收（好花与坏花、霜前花与霜后花、僵瓣花与白花）、分晒、分贮和分售，以提高棉花质量和效益。同时，在收摘、晾晒、贮运过程中，严防人畜毛发、化纤等异性纤维混入，提高棉花质量。

二、旱、薄、碱地棉田栽培技术要点

旱地指无灌溉水源或只能浇一次底墒水，作物生育期间内基本靠"雨养"为主的耕地。薄地指土壤肥力状况包括耕层养分含量、耕性、透水透气和保水保肥等生产性能比一般土壤低劣，耕层土壤有机质含量在 0.7% 以下，全氮含量在 0.07% 以下的旱地；碱地指盐碱地的统称。旱、薄、碱地棉田主要栽培技术要点是：

1. 施肥

亩施优质粗肥 2～3 方（即立方米，全书同），尿素 10～15 千克（或化肥纯氮 5～8 千克），过磷酸钙 50～75 千克（或五氧化二磷 5～7 千克），硫酸钾或氯化钾 15～20 千克，（或氧化钾 6～10 千克，盐碱地不宜施氯化钾）。硼砂 0.5～1.0 千克，硫酸锌 0.5～1 千克。以上肥料在整地前一次性底施，撒施或开深 10～15 厘米的沟施入均可。

2. 整地

实行"四墒"整地法，即伏季纳雨蓄墒（地四周围埝）、秋耕后耙轧保墒、春季镇轧提墒、播前盖膜保墒。要求土壤耕层上虚下实，平整无坷垃。

3. 选用品种

因为旱地播种时间没有保障，所以，要选用播期弹性大、早熟不早衰的品种，如冀 3816、冀优 861、沧 198 或其他高产、优质、抗病、生育期 130 天左右、株型紧凑的包衣转基因抗虫棉种。

4. 化学除草

一般在播种时应用土壤处理型除草剂为好。可用氟乐灵于棉花播前喷洒地面，并与表土拌和，亩用量 100~150 毫升。或用乙草胺于播后出苗前喷于表土，亩用量 75 毫升。播种时未用土壤处理型除草剂的地块，可于棉花出苗后杂草露头时，喷洒盖草能或禾草克等茎叶处理型除草剂，亩用量 50 毫升左右。

5. 覆膜与播种

地膜选择厚度为 0.006 毫米的地膜。覆膜时间根据播期和土壤墒情决定。春季墒情较好时，可提前盖膜保墒，适播期打孔播种。适播期墒情较好时，随覆膜随播种或随播种随覆膜。适播期墒情较差时，有条件的可尽量造墒播种。无水浇条件、底墒足、表墒差的棉田可采取"水种包包"播种技术，即按规定行距开 40 厘米深的沟，顺沟淋水，然后按计划株距摆好棉籽，顺垄封 6.6 厘米高的土埂，待棉籽扎根后，搂平放风即可。也可采用浇坑点种，扒干种湿技术。中重度盐碱地实行开沟播种，沟、背各 66.6 厘米宽，背高 16.65 厘米，沟内种 2 行棉花。覆膜可采用机械或人工覆膜，做到膜面平直，前后左右拉紧，使地膜紧贴地面。膜边用土压实，每隔 3~5 米在膜上压一土带，防止风吹揭膜。播期：当 5 厘米地温稳定通过 14℃时可以播种，但也要根据土壤墒情和品种特性而定，偏早熟品种宜晚。一般年份 4 月 20 日左右，只要土壤墒情合适，就可以选无风雨的日子播种，以免失去墒情。盐碱地播期要适当推迟，防止地温偏低影响出苗。播种形式，一般中低等肥力棉田地块可采用 50 厘米等行距，20 厘米株距，每亩 6 600 株左右。肥力偏高地块可采用大、小行种植，大行距 70 厘米，小行距 40 厘米，株距 22 厘米，每亩 5 000 株左右。播种深度 3~4 厘米，包衣种子每亩播种量 1.5~2 千克。

6. 田间管理

（1）地膜 播种后要随时检查盖膜情况，如发现封膜不严、大风揭膜或破损时，及时用土压严。先覆膜后播种田出苗前遇雨要破除板结；先播种后覆膜田，在棉苗出土后，要及时人工打孔放苗，并埋严孔眼。棉花子叶期如发现缺苗立即用芽苗移栽或催芽补种；长出真叶后可采用棉苗带土移栽，栽后浇小水。苗出齐后，及时间苗。2~3 片真叶时按规定株距定苗，盐碱地可晚 3~5 天定苗。

（2）中耕 除草为防止棉田板结和杂草丛生，播种后或雨后都应进行中耕。行间露地有杂草时也要中耕，膜下生草及时用土压盖。

（3）揭膜 旱碱地揭膜主要是看苗、看地进行，一般棉苗进入蕾期后，如果土壤墒情已经很差，无墒可保，就要及时揭膜，然后进行中耕。反之，如天气干旱，而棉田底墒较好时，就可等天降雨前再揭膜。

（4）整枝　第一果枝出现后，将下部疯杈全部去掉，但不要打掉主茎叶片。缺苗断垄处可将周围棉株上的疯杈留 1~2 个，以增加单株结铃数。7 月 15~20 日打完顶尖，每株留果枝 8~10 个。8 月 10 日左右打完群尖（长势差的棉田可以少打、晚打或不打群尖）。如遇多雨，棉田出现郁蔽，可去掉主茎下部部分老叶，剪去空枝。

（5）追肥　盛蕾期至初花期遇雨亩追施尿素 10~15 千克。花铃期叶面追肥 2~3 次，防止早衰，增加铃重。可用生态源棉花专用叶面肥 600 倍液或 300 倍液磷酸二氢钾溶液，隔 7 天喷 1 次。

（6）化控　旱天苗情长势差时不化控。雨水偏多，棉苗有旺长趋势时，进行缩节胺化控，但要注意少量多次，蕾期一般亩用缩节胺 0.3~0.5 克，初花期 0.5~1 克，花铃期 2~3 克。

（7）病虫害防治　及时防治苗病、枯黄萎病、茎枯病以及盲蝽、棉蚜、蓟马等各类病虫害。

（8）催熟　对成熟偏晚的棉田 9 月底或 10 月初喷施乙烯利催熟，每亩用量 200~250 克。

7. 采收

适时收获，收摘时实行"四分"，严防"三丝"，提高棉花质量。

第四节　盐碱地植棉技术

土地盐渍、瘠薄、易旱是影响棉花生产的主要危害因素，棉花破土出苗时耐盐渍能力最差，而此时地温低、积盐重、表土板结，对棉苗极为不利。而棉花开花以后，植株吸盐作用明显，而此时雨季来临，盐分经淋洗至土壤下层，盐碱危害较轻，但易徒长。因此，盐碱地植棉的关键是促全苗，促早发，促群体。

1. 整地压盐

春季天气干旱，土壤水分蒸发量大，"盐随水来"，随着土壤水分蒸发，盐分在土壤表层聚结，可刮去 2~3 厘米的表土盐结皮层，移走，以降低盐分含量。栽植前一周，以每亩 100~140 立方米的淡水灌溉，有条件的把水排走，以洗出耕层盐分。无条件的耕层盐分经淋溶下渗达到脱盐目的。灌后及时耕翻土壤，抑制返盐，改善土壤通气状况，培肥土壤，扩大根系范围，提高棉花吸水面积。耕翻后及时把地整平，起高垫低，防止局部盐斑发生。也可推广"丰产沟"植棉技术，开沟移碱，降低棉花根际盐分含量。

2. 选用良种并加以处理

选用高产、优质、抗病、较耐盐碱的棉花品种如冀3816、冀优861、沧198等抗虫棉系列。播种前用0.6%的氯化钠浸种12小时，可提高棉苗耐盐能力。另抗盐剂有提高植株细胞保水能力和对养分的吸收、避免盐离子浸害的作用，对提高出苗率和成苗率有明显作用。其用法为：播前1天取抗盐剂1 500毫升，加清水30~45千克，搅匀后倒入90~97.5千克种子，每30分钟搅拌1次，4~6小时后取出晾干待用。

3. 营养钵育苗

棉花发芽出土时耐盐碱能力最差，此时气温低，积盐重，对棉花出苗极为不利。采用营养钵育苗，可提前播种，躲避返盐高峰，实现壮苗早发，同时营养钵也有一定隔盐作用，并给幼苗提供充裕的营养。营养钵土壤配制：选择非盐碱轻质肥沃熟化土壤，每立方米土加0.3~0.5立方米腐熟的鸡粪或猪粪、牛粪等，加普通过磷酸钙8~10千克，硝酸铵或尿素1.5~2千克，硫酸钾2千克，掺匀，待用。

4. 科学施肥

盐碱地土壤养分含量低，土壤理化性质差，增施有机肥可利用其有机酸缓冲盐碱为害，改良土壤结构，提高土壤保肥保水能力，利于土壤生物生长发育，并兼有隔盐的作用。因此，盐碱地应重施有机肥。每亩施优质有机肥应不少于30吨。由于盐碱地pH值偏高，致使磷、锌等元素有效性差，而增施磷可促进根系生长发育，减轻盐渍危害。钾肥有利于增强棉花抗逆力，棉花又是喜钾作物，所以盐碱地植棉应注意增施磷、钾、锌等肥料。实验证明，盐碱地合理施肥量为每亩施尿素25~30千克，普钙50~70千克，硫酸钾15~20千克，硫酸锌1~1.5千克，硼酸0.25~0.3千克。其中，除尿素的60%用作追肥外，其余的一次性施入，全部用作基肥。

5. 合理密植

盐碱地棉花苗期有一定死亡率，棉花单株生产力较低，应适当加大种植密度，以充分利用地力和光能，以群体求高产。密植还可以减少阳光直射地面，有利于降低土壤水分从地面直接蒸发量，控制返盐，利于形成良好的田间小气候。适宜密度为每亩5 000~5 500株，注意结合化控、早打顶等措施，防治徒长，整好株型，促早熟丰产。

6. 覆盖抑盐

地膜覆盖具有抑盐上升、增温、保墒、促苗早发等作用。采用地膜覆盖，可使地温提高 3.5~4.2℃，土壤含水量升高 2.6%~3.8%，盐分下降 0.08%~0.12%，使棉花现蕾提早 6~8 天，开花提早 7~10 天，霜前花提高 15.8%。覆盖时要低起垄，垄高 5~6 厘米，垄面整平整细呈圆形，覆盖双小行，覆盖率不低于 60%。重盐碱地宜用双膜法覆盖。灌溉、中耕、除草后在棉花未覆盖地面撒一层厚 3~5 厘米的碎麦秸、麦糠等，可使 0~20 厘米土层含水量增加 0.5%~3.5%，盐分减少 0.1%~0.2%，耕翻后可使土壤有机质提高 0.01%~0.02%，其保水、抑盐、抑草、平抑地温、培肥土壤作用也是较明显的。

7. 化控

棉花是耐盐作物，苗期喷洒赤霉素，可刺激棉花生长，使之吸收大量水分，减小相对含盐量，减轻苗期盐碱为害。由于本法棉花密度较大，施肥量较足，而棉花花铃期后耐盐碱能力较强，为防止棉花徒长造成群体过大，应用助壮素在初花、盛花、打顶后处理 3 次，以控制地上部分生长，促根下扎，控制株高。9 月底 10 月初及时喷施乙烯利催熟，每亩用量 150~200 克，加水 600~700 千克。

8. 加强管理

苗期管理以"促"为主，肥水跟上，促其早发。中后期管理以"控"为主，限制个体，增大群体，防治贪青晚熟，同时采取措施，防治盐碱危害。

（1）中耕抑盐　行间露地部分极易返盐，春季是返盐高峰，应增加中耕次数和深度，深度 5~8 厘米，以斩草除根，切断土壤表层毛细管，控制返盐，提高地温。

（2）及时灌水　久旱未雨或降雨未透时要浇透水，并及时中耕松土，防治返盐。

（3）合理整枝促早熟　盐碱地植棉成熟较晚，而地温下降来得早，霜后花增多，适时整枝促早熟特别重要。第一果枝长出后要及时去掉果枝以下的叶枝，早打顶摘边心，去除无效花蕾。

第五节　抗旱耐盐丰产主要棉花品种简介

1. 抗旱耐盐棉花新品种——沧棉 206

由沧州市农林科学院选育而成，系常规品种，由（沧 8820/PD2164）与（E99/SGK12）杂交后系统选育。2010 年通过山东省品种审定，审定编号鲁农审 2010014 号（图 7-1）。

图 7-1 沧棉 206 审定证书及田间长势

该品种属中早熟品种，出苗较好，中后期生长稳健，不早衰。植株塔形，较松散，叶片中等大小。铃卵圆形，吐絮畅。区域试验结果：生育期127 天，株高 105 厘米，第一果枝节位 7.7 个，果枝数 13.0 个，单株结铃19.5 个，铃重 6.3 克；霜前花衣分 41.7%，籽指 11.2 克，霜前花率 92.9%，僵瓣花率 5.3%。2007 年和 2008 年经农业部棉花品质监督检验测试中心测试（HVICC），纤维长度 29.3 毫米，比强度 28.3cN/tex，马克隆值 5.1，整齐度85.5%，纺纱均匀性指数 139.3。山东棉花研究中心抗病性鉴定：高抗枯萎病，耐黄萎病，高抗棉铃虫，增产 15.5%。2011 年在南大港试验站，生育中期遇旱以 5 克/升微咸水灌溉，亩产籽棉 239.6 千克，增产 13.4%，表现出显著的耐盐能力。

2. 冀 3816（审定编号：冀审棉 2010003 号）

选育单位：河北省农林科学院棉花研究所

品种来源：（1468×1555）

属转基因抗虫棉品种，全生育期 129 天左右。株高 102.5 厘米，单株果枝数 13.8 个，第一果枝节位 6.8，单株成铃 16.2 个，铃重 6.7 克，籽指11.2 克，衣分 40.4%，霜前花率 89.3%。亩产皮棉 100.6 千克，亩产霜前皮棉 90.5 千克。

3. 沧 198（审定编号：冀审棉 2007006 号）

选育单位：沧州市农林科学院

品种来源：8820【（7315×PD2164）×陕276】×SGK199

属转基因抗虫棉品种，全生育期133天。株高93.4厘米，单株果枝数12.8个，第一果枝节位6.7，单株成铃15.0个，铃重5.7克，衣分40.5%，籽指11.1克。霜前花率91.4%。平均亩产皮棉95.5千克，霜前皮棉89.6千克。

4. 创优168（审定编号：津审棉2008002）

选育单位：石家庄市民丰种子有限公司

品种来源：M306×KM139组合杂交后代

属转基因常规棉花品种，植株健壮，株型塔型，较松散，茎秆粗壮，中上部果枝较短，单株果枝11.7台，叶片大小适中，叶色绿，铃重6.5克左右，呈卵圆形，籽指10.9克，衣分39.8%。平均亩产籽棉328.72千克，霜前皮棉平均亩产124.06千克。

5. 冀优861（审定编号：冀审棉2010002号）

选育单位：河北省农林科学院棉花研究所

品种来源：（冀棉22×冀228）

属转基因抗虫棉品种，全生育期129天左右。株高102.5厘米，单株果枝数14.4个，第一果枝节位6.8，单株成铃16.5个，铃重6.6克，籽指11.1克，衣分40.2%，霜前花率89.2%。亩产皮棉99.8千克，亩产霜前皮棉91.8千克。

6. 冀杂2号（审定编号：国审棉2007005）

选育单位：河北省农林科学院棉花研究所、中国农业科学院生物技术研究所

品种来源：（Z1×GK12）选系258-1×（冀棉20×9119）选系120

转抗虫基因中熟杂交一代品种，春播生育期122天，苗期长势一般，中后期长势好，后期叶功能较好，不早衰。株型较松散，株高102厘米，茎秆粗壮，茸毛较多，叶片中等偏大、绿色，第一果枝节位7.4节，单株结铃16.2个，铃卵圆形，吐絮畅，单铃重6.7克，衣分39.2%，籽指11.1克，霜前花率93.9%。籽棉、皮棉、霜前皮棉亩产分别为250.1千克、98.0千克和92.0千克。

7. 沧棉666（审定编号：鲁审棉20160030）

选育单位：沧州市农林科学院、德州市德农种子有限公司、河北大禹种业有限公司

品种来源：（冀589×612）与冀589回交选育

属转基因中早熟品种。出苗快，苗期长势强，中后期长势稳健。植株塔形、较松散，叶片中等大小。铃卵圆形、中等大小，吐絮较畅。区域试验结果：生育期 119 天，第一果枝节位 6.4 个，株高 104 厘米，果枝数 13.5 个，单株结铃 18.5 个，铃重 6.3 克，霜前衣分 39.7%，籽指 11.9 克，霜前花率 90.1%，僵瓣花率 3.2%。籽棉、霜前籽棉、皮棉、霜前皮棉平均亩产 330.4 千克、315.7 千克、135.0 千克和 129.5 千克。

8. 冀棉 958（审定编号：国审棉 2006005）

选育单位：河北省农林科学院棉花研究所、中国农业科学院生物技术研究所

品种来源：（冀棉 10 号×538）F1×冀棉 22 后代系谱法选育而成

转基因抗虫常规品种，春播生育期 139 天，植株塔形、稍紧凑，株高 102.5 厘米，茎秆粗壮、茸毛较多，叶片中等大小、深绿色，苞叶较大，果枝始节位 7.2 节，单株结铃 15.3 个，铃卵圆形，单铃重 5.3 克，衣分 40.3%，籽指 10.4 克，霜前花率 86.3%。籽棉、皮棉和霜前皮棉亩产分别为 235.5 千克、94.8 千克和 89.5 千克。

9. 邯郸 885（审定编号：冀审棉 2006004 号）

选育单位：邯郸市农业科学院。

品种来源：邯郸 284×邯郸 109。

株型塔型。株高 85.3 厘米左右，生育期 131 天左右。单株果枝数 11.8 个左右，第一果枝着生节位 6.9 左右，单株成铃 14.7 个左右，铃重 6.1 克左右，籽指 11.1 克左右，衣分 41.1% 左右，霜前花率 94.4% 左右。转基因抗虫棉品种 2003 年抗枯萎病，耐黄萎病。2004 年抗枯萎病，耐黄萎病。纤维长度 29.6 毫米，整齐度指数 84.0，比强度 31.0 厘牛/特克斯，伸长率 7.0%，马克隆值 3.6，反射率 74.6，黄度 8.3，纺纱均匀性指数 150。2003—2004 年河北省春播棉组区域试验结果，平均亩产皮棉分别为 104.3 千克、88.5 千克，霜前皮棉分别为 99.6 千克、82.8 千克。2004 年同组生产试验结果，平均亩产皮棉 87.9 千克，霜前皮棉 82.6 千克。

10. 邯杂 429（SGK26）（审定编号：冀审棉 2006010 号）

选育单位：邯郸市农业科学院。

品种来源：SGK321AX 邯 R251。

株高 88.8 厘米左右，生育期 127 天左右。单株果枝数 13.1 个左右，第一果枝着生节位 5.7 左右，单株成铃 15.9 个左右，铃重 5.8 克左右，籽指 9.9 克左右，衣分 41.2% 左右，霜前花率 94.2% 左右。转基因抗虫棉杂交

种，抗枯萎病，耐黄萎病。纤维长度 29.2 毫米，整齐度指数 84.1，马克隆值 4.6，比强度 30.5 厘牛/特克斯，伸长率 6.9%，反射率 75.1，黄度 6.6，纺纱均匀指数 144，短纤维指数 8.2。2003、2005 年河北省春播抗虫棉组区域试验结果，平均亩产皮棉分别为 92.7 千克、101.1 千克，霜前亩产皮棉分别为 87.4 千克、94.3 千克。2005 年同组生产试验结果，平均亩产皮棉 99.3 千克，霜前皮棉 92.9 千克。

11. 国欣棉 6 号（审定编号：国审棉 2006008）

选育单位：河间市国欣农村技术服务总会、中国农业科学院生物技术研究所、北京市国欣科创生物技术有限公司。

品种来源：GK12 选系 0106×82 系。

转基因抗虫杂交一代品种，黄河流域棉区春播生育期 126 天。株形松散，株高 98.3 厘米，茎秆坚硬、茸毛多，果枝多而长，叶片中等大小、深绿色，掌状叶有皱褶，缺刻较深，果枝始节位 6.9 节，单株结铃 16.9 个，铃卵圆形，单铃重 5.9 克，衣分 41.6%，籽指 11.1 克，霜前花率 91.0%。出苗较快，苗期较短，幼苗壮。耐枯萎病，耐黄萎病，抗棉铃虫。纤维长度 30.2 毫米，断裂比强度 28.5 厘牛/特克斯，马克隆值 4.6，断裂伸长率 7.4%，反射率 75.7%，黄度 8.0，整齐度指数 84.8%，纺纱均匀性指数 139。2003—2004 年参加黄河流域棉区春棉组品种区域试验，籽棉、皮棉和霜前皮棉亩产分别为 214.3 千克、89.2 千克和 81.2 千克，分别比对照中棉所 41 增产 13.4%、15.6% 和 16.0%。2005 年生产试验，籽棉、皮棉和霜前皮棉亩产分别为 253.1 千克、103.4 千克、100.2 千克，分别比对照中棉所 41 增产 15.7%、18.9% 和 18.6%。

12. 邯 102（冀审棉 2012007 号）

选育单位：邯郸市农业科学院

亲本组合：邯 5158×MH-6（邯 333 选系）

属转基因抗虫常规棉品种，全生育期 136 天左右，株高 94 厘米，单株果枝数 10.9 个，第一果枝节位 5.8，单株成铃 15.1 个，铃重 6 克，籽指 10.4 克，衣分 39.8%，霜前花率 85.2%。2009 年河北省东部春播棉组区域试验平均亩产皮棉 102 千克，亩产霜前皮棉 96 千克；2010 年同组区域试验平均亩产皮棉 98 千克，亩产霜前皮棉 75 千克。2011 年生产试验平均亩产皮棉 94 千克，亩产霜前皮棉 80 千克。

第六节　棉花病虫害的发生与防治

相对于其他农作物来讲，棉花生长期较长，受自然因素的影响较大，病虫害发生种类多，为害期长。当病虫害发生较重时，如防治不当，就会造成大幅度减产，严重的甚至绝收毁种。棉花病虫害防治采取"预防为主，综合防治"的方针。所谓综合防治，就是从农业生态系统的整体观念出发，本着预防为主的指导思想和安全、有效、经济、简易的原则，合理利用农业、化学、生物、物理的方法以及其他有效的生态手段，把病虫害控制在不足以为害的水平，以达到保护人、畜健康和增加生产的目的。事实上，单纯依靠化学农药、剧毒农药，既破坏了棉田生态平衡，增加了防治成本，污染了生态环境，防治效果也不是很好。因此，防治棉花病虫害，一定要根据病虫害的种类及其发生为害特点，以防为主，通过选用抗病品种、加强肥水管理以及创造不利于病虫害发生的环境等综合栽培措施，同时辅以科学的化学防治，实现经济、安全、有效的目的，达到经济效益、社会效益、生态效益皆好的水平。

一、棉花病害

（一）黄骅市棉花病害发生概况

我国已发现的棉花病害有 40 多种。黄骅市常见的有立枯病、炭疽病、红腐病、枯萎病、黄萎病、茎枯病、疫病、黑斑病、红粉病、角斑病、猝倒病、黑果病、凋枯病、根结线虫病等 15 种。从病原菌来分，黄骅市常见的 15 种棉花病害中除细菌性角斑病、根结线虫病、生理性凋枯病外，主要是真菌性病害。从为害程度来看，以枯萎病和黄萎病为害最为严重。

棉花病害最常见的症状为：棉株地下部丧失原本应该洁白、有光泽、圆润、根系发达的正常特征，而表现变色、腐烂、畸形、根系瘦弱、侧根稀少，带之而来的是地上部弱小、暗淡、枯黄乃至叶片脱落。叶片丧失正常的平展、有光泽、嫩绿（上部）或油绿色（中下部），而表现为褪绿、变黄、变红、出现网纹、皱缩、斑点或斑块、畸形、枯焦甚至脱落。蕾、铃表现为褪色腐烂、易脱落。茎秆瘦弱、外表暗淡、局部变色、有斑块、腐烂、内部输导组织变黄褐色等。病害与药害以及由于气候、肥、水、缺素及管理不当产生的生理性症状不同之处在于：病害症状在田间先表现零星株，再表现出点片发生，后期扩散面积更大，乃至全田；由于气候、肥、水、缺素及管理不当产生的生理性病害则一开始就在大面积上同期表现，由轻而重；而药害症状则表现在地上部分，不表现扩散和传播为害的特性。

棉花病原菌的传播途径主要有以下 6 种：①种子带菌。在病株上收下来的种子以及健康种子与带菌种子混合收、轧、储藏传染引起。②土壤带菌。病种子生长的土壤，其病株残体散落在土壤中污染的结果，连茬种植多年后，辗转侵染，土壤中带菌量累积越来越多，导致恶性循环。③粪肥带菌。用带病植株残体沤制土粪肥，未能经高温杀死病原菌，施入土地后继续污染土壤和种子。④气流传播。大风雨不仅携带病原菌，而且，也能造成植株摩擦成伤口，有利于病菌直接侵染。⑤昆虫传播。害虫咬食植株后，造成伤口，通过气流和昆虫携带病原菌而侵染。⑥人为活动。人们无节制地调运未经检疫的种子，是病害人为传播的主要途径。在上述 6 种传播途径中，种子带菌是最主要的，病株残体是土壤和粪肥的直接污染源，应作为控制病害的着眼点。

（二）黄骅市主要棉花病害的发生与防治

1. 枯萎病和黄萎病

棉花枯萎病与黄萎病是黄骅市乃至全国棉花生产的严重病害。它们是两种完全不同的病害，其发病时间、发生规律、发病症状截然不同。枯萎病由尖孢镰刀菌萎蔫专化型引起，黄萎病由大丽花轮枝菌引起。但它们都是由真菌侵染引起的维管束病害，其病原菌侵染特点、致病原理及所导致的为害后果、防治方法基本相同。

（1）主要症状

①枯萎病从棉花苗期就可以表现症状，通常有 6 种症状类型。

黄色网纹型：子叶或真叶叶脉褪绿变黄，叶肉仍保持绿色，病部出现网状斑纹，渐扩展成斑块，最后整叶萎蔫或脱落。

黄化型：多从叶片边缘发病，局部或整叶变黄，最后叶片枯死或脱落，叶柄和茎基部的导管部分变褐。

青枯型：棉株遭受病菌侵染后突然失水，叶片变软下垂萎蔫，不变色，接着棉株青枯死亡。

红叶型：气温较低时，棉叶现出紫红色斑，病部叶脉也呈红褐色，叶片随之枯萎脱落。

皱缩型：表现为叶片皱缩、增厚，叶色深，节间缩短，植株矮化。

半边黄化型：棉株感病后只半边表现病态黄化枯萎，另半边发育正常。有时几种类型同时发生，但多少不一。

以上不同时间出现的各类型病株的茎秆、叶柄和根部的导管均变褐色或黑褐色。

②黄萎病较枯萎病发生晚，一般不导致植株死亡。7月后，植株下部叶片开始发病，向上发展，病叶边缘和叶脉之间的叶肉部分出现不规则黄色斑块并逐渐扩大，叶片边缘向上微卷，随后叶缘及斑块变褐色，进而枯焦，后期脱落。病株维管束变黄褐色或褐色。通常有3种类型：

落叶型或光秆型：该菌系致病力强，病株叶片叶脉间或叶缘处突然出现褪绿萎蔫状，病叶由浅黄迅速变为黄褐色，病株主茎顶梢侧枝顶端变褐枯死，病铃、苞叶变褐干枯，蕾、花、铃大量脱落，仅10天左右病株成为光秆。

枯斑型：叶片症状为局部枯斑或掌状斑，枯死后脱落，为中等致病力菌系所致。

黄斑型：叶片出现黄色斑块，后扩展为掌状黄条斑，叶片不脱落。在久旱高温之后，遇暴雨或大雨漫灌后，叶部尚未出现症状，植株就突然垂萎，这是黄萎病的急性型症状。

③枯、黄萎病混生型　黄骅市是棉花枯、黄萎病混合发生区，常常在一株棉花上发生两种病害，故症状更为复杂，称之为同株混生型，大体可分为3种类型：

混生急性凋萎型：同一株上可出现枯萎病的黄色网纹型、黄化型或紫红型，而另一些叶片出现黄萎病的掌状斑块，病株发病快，叶片很快干枯脱落，植株死亡。

混生慢性凋枯型：同一株上，苗期出现枯萎病症状，到现蕾期后又出现黄萎病症状，但病程发展慢，病株不会迅速死亡。

矮生枯萎型：病株矮小，叶片皱缩变厚，颜色暗绿，下部叶片出现网纹状斑、紫红色斑和掌状斑块。

（2）发病规律　棉花枯、黄萎病主要通过带菌的棉籽、棉籽饼、棉籽壳、病株残体、土壤、肥料、流水和农田管理工具等途径传播蔓延。土壤中的棉花枯、黄萎病菌，遇到适宜的温、湿度，病菌孢子或微菌核萌发出菌丝，由棉花根系的根毛或伤口处侵入，穿过表皮细胞，在皮下组织内生长，进入木质部的导管，在导管内繁殖，产生大量小孢子，小孢子随植物营养输送到植株的各个部位。由于菌丝及孢子大量繁殖，并刺激邻近的薄壁细胞产生胶状物质等堵塞导管。病原菌还可产生毒素，使植株萎蔫枯死。在病区，棉花连茬种植时间越长，发病越重，因为土壤和种子带菌是病害发生的内因，气候条件有利于否是发病的重要外因。枯萎病20℃时即可表现症状，随着土温升高，病株率增加，到棉花现蕾土温增加到25~30℃时，出现第一次发病高峰；盛夏土温上升到33℃时，表现隐症；秋季温度下降，出现第二次发病高峰。枯萎病菌可以在土壤中腐生7—10年，寄主与宿主有40余种，其中，半数为野生植物。黄萎病发病的最适温度为25~28℃，低于25℃或高于30℃发病缓慢，超过35℃时，症状隐蔽；7—8月棉花花铃期为发病高峰。黄萎病菌可在土壤中存活6—7年，寄主有600多种。

（3）防治技术　棉花枯、黄萎病防治策略是"保护无病区、控制轻病区、消灭零星病区、改造重病区"。防治方法主要有。

①加强植物检疫　严格检疫制度，严禁从病区向无病区调运棉种。

②选用抗、耐病品种，坚决拒绝感病品种　目前，生产上推广的品种几乎都是抗枯萎病、兼耐黄萎病的品种，如GK12、DP99B、邯4849、冀丰197等。抗黄萎病的品种极少，抗性且不稳定。

③农业措施　推广平衡施肥，增施有机肥，搞好健身栽培，提高棉株的抗病、耐病性，特别是要注意增施钾肥和配施微肥。

④倒茬轮作　枯、黄萎病两种病菌均不为害小麦、玉米、水稻、高粱、谷子和糜子等禾本科作物，通过与小麦、玉米、谷子等轮作，消灭或减少土壤病菌。轮作年限3年以上。

⑤化学防治　注意田间调查，特别是阴雨天气后。发现病株及时用药防治，杀菌剂可选用多菌灵、甲基立枯磷、枯黄急救、枯黄绝杀、抗枯灵等，防治时要做到叶面喷雾防治与灌根防治相结合，病株周围重点防治与大田防治相结合。叶面喷雾防治时，药液用杀菌剂十叶面肥防治效果较好。

2. 苗病

棉花苗期病害分根病和叶病两大类。根病主要有立枯病、炭疽病、红腐病等；根病常导致出苗前烂籽、烂芽和出苗后的根腐或茎基腐，是造成缺苗断垄和大片死苗的主要原因，为害大于叶病。叶病主要有黑斑病、茎枯病、角斑病、枯萎病等。叶病一般不造成死苗。

（1）症状表现　根病类多发生在子叶期至2片真叶期，由于幼苗根茎过于幼嫩，抗病能力弱，易遭受病菌侵染而腐烂，通常称作烂根。最常见的有3种：

立枯病：病株嫩茎靠近地面处初现淡黄色病斑，凹陷，严重时病斑扩大到嫩茎四周，幼茎缢缩成蜂腰状，棉苗失水较快，死苗易从土中拔出；叶边缘形成不规则坏死斑，腐烂，形成病、弱苗乃至枯死。

炭疽病：病苗茎基部出现红褐色纵裂条斑，扩展到四周，缢缩，直至死亡。子叶受害边缘出现圆型或半圆形黄褐斑。湿度大时病斑上有红色黏状物。

红腐病：芽苗出土前发病，幼芽变为黄褐色，腐烂死亡。出苗后发病，先从根尖、侧根发黄变褐，而后根全部变为黄褐色，幼茎和根变肥、肿大，有黄褐色病斑，后变黑褐色，干腐乃至死亡。

叶病类发生在棉苗的子叶或真叶上。主要有以下 4 种：黑斑病：多发生在 1~2 片真叶期。病苗子叶上出现很多黑色病斑，引起子叶枯焦，叶柄上出现黄褐色病斑，围绕叶柄发展，形成环切斑，致使叶片脱落。黑斑病的病斑由紫红色侵染点发展引起，病斑周围有紫红色反应圈，病斑近圆形或不规则形。

茎枯病：叶片上病斑呈淡褐色，近圆形，边缘紫红色，斑内可见一些小黑点（病斑的孢子器）。嫩梢上及叶柄上为褐色梭形，可引起嫩梢枯死，叶柄及叶片凋枯。

角斑病：是细菌性病害，发生在子叶、真叶及嫩茎上，病斑最初呈水渍状，后变黑褐色。在真叶上，因受叶脉限制而呈多角形，有时病斑沿叶脉发展呈长条弯曲状。子叶上病斑沿叶柄发展可侵染到子叶节。嫩茎上的病斑呈黑绿色，发展成黑褐色。

苗期枯萎病：病苗根茎外表无症状，但茎内的木质部呈褐色条纹，最后病苗萎蔫枯死。主要有青枯型、黄化型、黄色网纹型、皱缩型、红叶型等。

（2）发生规律 苗期低温多雨，湿度大，病害易于流行。低温高湿一方面是利于病菌入侵，另一方面是不利于棉苗生长，棉苗对病害的抵抗力弱。

（3）防治方法 防治棉花苗病，要立足于防。防治方法主要有种子处理、农业措施、喷药保护 3 种。

①种子处理 用杀菌剂拌种或种衣剂包衣种子，不仅可消灭种子表面的病菌，也可消灭种子周围土壤中的病菌。常用的杀菌剂有多菌灵、代森锰锌、甲基托布津等。棉花专用种衣剂中含有杀菌剂、杀虫剂、生长调节剂等，采用包衣种子防治苗病效果显著。

②适期播种 播深适宜棉花播种过早、过深，土温低，出苗慢，病菌侵染时间长，棉苗抵抗力弱，容易感病。黄骅市目前种植的品种多在 130 天左右，一般情况下，春播地膜棉以 4 月 20~25 日、春播露地棉以 4 月 25~30

日播种较好，播深3厘米左右为宜。

③农业措施　清洁棉田，扫除残枝败叶，集中处理；增施有机肥，早中耕，勤中耕，雨后中耕松土，提高土温，促进幼苗生长；及时间苗，剔除病苗，培育壮苗。

④药剂防治　出苗后，根据天气预报，如有低温多雨天气或寒流侵袭，在降温前喷杀菌剂防治。病害发生时，用杀菌剂加叶面肥喷雾防治。杀菌剂可用50%多菌灵800倍液，或70%百菌清500倍液，或70%甲基托布津1 000倍液，或50%福美双250~300倍液等。叶面肥选用全营养棉花专用叶面肥。

3. 棉花铃病

棉花铃期遭受多种病菌的侵害而造成的棉铃腐烂、纤维腐朽，统称为烂铃。据多年调查，一般年份因烂铃要减产10%~20%，严重年份减产30%以上，而且，严重影响了棉花的品质，给棉农造成较大的经济损失。

（1）种类　棉花铃病种类主要有疫病、角斑病、炭疽病、红腐病、红粉病、软腐病、黑果病等。引起烂铃的病菌从侵入和发病的情况来看可分为两大类：第一类是致病性较强而能直接侵染健全棉铃的强寄生菌，如角斑、疫病病菌；第二类是只能通过伤口或棉铃裂缝侵入的弱生菌，如红腐、红粉病病菌。

（2）发生规律　棉花铃病是由多种病原菌侵染发生的病害。病菌附着在种子上或带病铃壳的残体上及遗留在田间越冬，第二年病菌借气流、雨水、昆虫传播，由虫孔、病斑、机械伤口、棉铃裂口侵入或直接侵入，引起烂铃。8—9月多雨，湿度大，天气闷热，特别是遇到大风、暴雨引起棉铃受伤，可使铃病发生严重；棉花密度大或氮肥过多，造成枝叶徒长，整枝、打老叶等措施没有及时跟上，造成棉田通风透光不良，田间湿度大，铃病发生就重；害虫的为害，造成大量伤口，利于病菌的侵入，发生就严重。

（3）防治方法　根据铃病的发生原因及发生规律，采取农业的、化学的方法进行防治。

①农业防治方法

合理密植：采用大小行种植，一般棉田亩留苗3 000~3 500株，株高控制在90厘米左右。

合理的肥水管理：做到深沟高畦，沟沟相通，雨停不积水，晴天及时中耕散湿；干旱时采用沟灌法浇水，且忌大水漫灌，并不断推株并垄，以增加通透性；对旺长棉田少施氮素化肥，多施磷、钾和有机肥。

化学调控：合理使用缩节胺，控制棉株徒长。

及时整枝打杈：减空枝，打老叶，"开天窗"，改善株间通风透光条件，并及时采摘烂铃。

②化学防治方法

防治好棉铃虫、金刚钻、象鼻虫等害虫的为害。

喷药防治：喷药部位多以嫩铃、青铃、病铃为对象，喷药种类有 1∶2∶200 的波尔多液，或 50%甲基托布津可湿性粉剂 1 000 倍液，或 50%多菌灵可湿性粉剂 500 倍液，或 80%代森锌可湿性粉剂 600~800 倍液，隔 5~7 天喷第二次。

4. 凋枯病

又称棉花红（黄）叶枯病，红叶茎枯病，是一种棉花开花结铃期由于肥水失调引起的生理性病害，是棉花生育中后期重要病害。

（1）主要症状　叶片上产生红叶或黄叶。生育中期，棉株顶端的心叶先变黄，后渐变成红色，由上而下，从里向外扩展，叶脉仍保持绿色，叶肉褪绿，叶脉间产生黄色斑块，叶质增厚变脆，有的全叶变黄褐色很像黄萎病，但维管束不变色。生育后期，病叶先变黄，后产生红色斑点，最后全叶变红，严重的叶柄基部变软或失水干缩，叶片干枯脱落，株顶干枯。

（2）发病原因　该病发生的因素与土壤、营养、气候及耕作条件关系密切，尤其是钾肥至关重要。高温干旱、久旱遇雨或长期阴雨，有利于发病，沙性过重地、肥力不足地、连作地易发病。钾肥不足，加剧病情发展。

（3）防治方法　增施有机肥，改良土壤结构，提高土壤肥力，增强土壤蓄肥、保水能力。加强栽培管理，天旱灌水后中耕保墒，多雨天气注意排水防涝。采用配方施肥技术，后期注意增施磷、钾肥。后期出现黄叶茎枯症状时，叶面喷施磷酸二氢钾 2~3 次。

二、棉花虫害

我国为害棉花的害虫 300 多种，黄骅市常见的棉花害虫 30 多种，主要是直翅目的蝼蛄、蝗虫，缨翅目的棉蓟马，半翅目的棉盲蝽，同翅目的棉蚜、棉叶蝉，鳞翅目的棉铃虫、地老虎、棉红铃虫、玉米螟、金刚钻、斜纹夜蛾、棉小造桥虫，鞘翅目的蛴螬、金针虫、棉象虫、麻天牛，双翅目的根蛆，还有蛛形纲蜱螨目的棉红蜘蛛等。

（一）棉盲蝽

棉盲蝽俗称天狗蝇、小臭虫，属半翅目，盲蝽科，是为害棉花各种盲蝽的总称，也是当前黄骅市棉花生产中的第一大害虫。棉盲蝽食性很杂，寄主植物非常广泛，有棉花、小麦、枣树、葡萄、玉米、蔬菜等多种作物。

1. 为害特点

成虫、若虫以刺吸式口器从棉株嫩头、嫩叶、幼嫩蕾、花和幼龄吸取汁液为害，造成种种为害状。棉花顶部受害，形成无头棉，以后形成多头棉；若幼叶被害，先形成黑色小点，使局部组织坏死，随叶子长大，形成破洞；真叶出现后生长点被害，侧生许多不定芽，形成"破叶疯"或"扫帚苗"；若幼蕾、幼铃被害先成黄褐色至黑褐色，最后干枯脱落。棉盲蝽对棉花为害从幼苗一直到吐絮期，时间很长，为害期长达 3 个月。

2. 形态特征

中小型昆虫，体长圆形，有卵、幼虫和成虫 3 种虫态。成虫有翅 2 对，前翅基部半革质，端部膜质，口器刺吸式，喙 4 节，复眼 1 对，无单眼。在我国北方棉区，主要有绿盲蝽、三点盲蝽、苜蓿盲蝽和中黑盲蝽 4 种，以绿盲蝽为主。

3. 生活习性

（1）绿盲蝽　一年发生 3~5 代，以卵在棉花枯枝铃壳内或苜蓿、蓖麻茎秆、果树皮或断枝内及土中越冬。翌年 3—4 月越冬卵孵化为若虫。孵化后的若虫大多在越冬寄主上为害，棉苗出土后，开始迁入棉田为害。6 月中旬为第一代发生盛期，7 月中下旬为第二代发生盛期，8 月下旬为第三代发生盛期。随着寄主衰老，成虫产卵越冬。成虫寿命长，产卵期 30~40 天。羽化后 6~7 天开始产卵。非越冬代卵多散产于棉花的嫩叶、茎、叶炳、叶脉、嫩蕾等组织内，外露黄色卵盖，卵期 7~9 天。成虫飞行能力强，有转移迁飞的习性和趋光性，上午 9 时以前或下午 5 时以后，在棉株顶部活动，中午多茬棉株的中部及叶背面休息。若虫有趋阴性，常隐蔽在嫩头内、嫩叶背面和蕾花铃苞叶内生活为害。主要天敌有寄生蜂、草蛉、捕食性蜘蛛等。

（2）三点盲蝽　一年发生 3 代，以卵在杨槐、柳、榆、杏树树皮内越冬。越冬卵翌年 4 月下旬至 5 月上旬开始孵化为若虫，并能借风力传播到棉田为害。7 月中旬为第一代发生盛期，成虫多在晚间产卵，卵多产于棉花叶柄与叶片相接处，其次在叶柄、叶脉附近。

（3）中黑盲蝽　一年发生 4~5 代，以卵在苜蓿及杂草茎秆或棉花叶柄内越冬。越冬卵翌年 4 月孵化为若虫。孵化后的若虫在苜蓿、杂草上为害。一代 5 月上中旬出现，二代 6 月下旬，三代 8 月上旬，四代 9 月上旬。

（4）苜蓿盲蝽　一年发生 3~4 代，以卵在枯死的苜蓿秆、杂草秆、棉花柄内越冬。成虫多在夜间把卵产在光滑的嫩茎或叶柄上。

4. 发生规律

棉盲蝽性喜温暖潮湿，一般温度在 25~30℃，相对湿度在 80% 左右，最适宜繁殖。卵在相对湿度 60% 以下时，不能孵化；温度在 11℃ 以下或 35℃ 以上，就要停止或推迟发育。因此，早春发育的决定因素是温度，夏季发生的决定因素是降水量和湿度。6—8 月份月降水量达 100~150 毫米以上时，就有可能大发生。早春温度高，发生时间早；寄主上虫口基数大，发生就重；临近越冬寄主的棉田，发生重；生长偏旺棉田，发生重；管理粗放棉田，发生重。

5. 防治技术

对棉盲蝽的防治应采取农业防治和化学防治相结合的综合措施。

（1）农业防治　加强田间管理，减少虫源，创造不适于棉盲蝽发生、繁殖的条件；3 月以前清除田埂路边杂草，消灭越冬卵，减少虫口基数；合理施肥，忌施过量氮肥，防止棉花旺长，搞好化控，减轻棉盲蝽的为害。棉花生长期出现多头苗时及早进行人工整枝，去丛生枝，留 1~2 枝壮秆，使棉株加快生长，补偿损失。

（2）化学防治　棉花打顶前，当新株被害率达 2%~3% 或百株有虫 3 头以上时进行防治；棉花打顶后，新株被害率达 5% 或百株有虫 5 头以上时进行防治。防治关键期为若虫期，在上午 9 时以前或下午 5 时以后用药防治较好，关键时期所有棉田进行统一防治，以防止成虫串飞。注意连续防治，在发生盛期，7~10 天防治 1 次。药剂选择触杀和内吸性较强的药剂混合喷施并进行交替使用，以有机磷和菊酯类农药为主，如氯氰菊酯、溴氰菊酯、敌百虫、盲蝽绝杀等。

（二）棉蚜

棉蚜别名蜜虫、腻虫、油汗等，属同翅目蚜科，是棉花苗期的重要害虫。寄主有棉花、茄子、辣椒、瓜类、花椒、小麦等。

1. 为害特点

以刺吸式口器刺入棉叶背面或嫩头吸食汁液。苗期受害，棉叶卷缩，开花结铃期推迟；成株期受害，上部叶片卷缩，中部叶片现出油光，下位叶片枯黄脱落，叶表有蚜虫排泄的蜜露，易诱发霉菌滋生。蕾铃受害，易落蕾，影响棉株发育。

2. 形态特征

干母体长 1.6 毫米，茶褐色，触角 5 节，无翅。无翅胎生雌蚜体长 1.5~1.9 毫米，体色有黄、青、深绿、暗绿等色，触角长约为体长之半。有翅胎生雌蚜大小与无翅胎生雌蚜相近，体黄色、浅绿至深绿色。无翅若蚜共 4 龄，夏季黄色至黄绿色，春、秋季蓝灰色，复眼红色。有翅若蚜也是 4 龄，夏季黄色，秋季灰黄色，2 龄后现翅芽。

3. 生活习性

北方棉区年发生 10~20 代，以卵在花椒、木槿、石榴等越冬寄主上越冬。翌年春季越冬寄主发芽后，越冬卵孵化为干母，孤雌生殖 2~3 代后，产生有翅胎生雌蚜，4—5 月迁入棉田，为害刚出土的棉苗，随之在棉田繁殖，5—6 月进入为害高峰期，6 月下旬后蚜量减少，但干旱年份为害期多延长。10 月中下旬产生有翅的性母，迁回越冬寄主，产生无翅有性雌蚜和有翅雄蚜。雌雄蚜交配后，在越冬寄主枝条缝隙或芽腋处产卵越冬。棉蚜在棉田按季节可分为苗蚜和伏蚜。苗蚜发生在出苗到 6 月底，5 月中旬至 6 月中下旬至现蕾以前，进入为害盛期。苗蚜适应偏低的温度，气温高于 27℃ 繁殖受抑制，虫口迅速降低。伏蚜发生在 7 月中下旬至 8 月，适应偏高的温度，27~28℃ 大量繁殖，当日均温高于 30℃ 时，虫口数量才减退。大雨对棉蚜抑制作用明显，多雨的年份或多雨季节不利其发生，但时晴时雨的天气利于伏蚜迅速增殖。一般伏蚜 4~5 天就增殖 1 代，苗蚜需 10 多天繁殖 1 代，田间世代重叠。有翅蚜对黄色有趋性。棉蚜发生适温 17~24℃，相对湿度低于 70%。天敌主要有寄生蜂、捕食性瓢虫、草蛉、蜘蛛等。其中，瓢虫、草蛉控制作用较大。

4. 防治技术

（1）农业防治　冬、春两季铲除田边、地头杂草，结合间苗、定苗、整枝打杈把去除的虫苗、虫枝带到田外集中烧毁。

（2）种子处理　用含有灭蚜的种衣剂包衣棉种，播种后可有效地减轻苗蚜的发生为害。药剂拌种可用 10% 吡虫啉 50~60 克拌棉种 100 千克。

（3）药剂喷雾　防治苗蚜 3 片真叶前，卷叶株率 5%~10%，4 片真叶后卷叶株率 10%~20%；伏蚜卷叶株率 5%~10%，及时进行药剂防治。用 10% 吡虫啉可湿性粉剂 2 000 倍液，或 50% 抗蚜威可湿性粉剂 1 000~1 200 倍液，或 50% 辛硫磷乳油 1 500 倍液喷雾均可。棉蚜对菊酯类杀虫剂的敏感性很差，不宜选用菊酯类杀虫剂防治棉蚜。

（三）棉蓟马

棉蓟马又称烟蓟马，属缨翅目、蓟马科。分布几乎遍及全国各地，寄主有棉花、葱、蒜、苹果、梨、葡萄、烟草等。

1. 为害特点

成若虫以其锉吸式口器锉吸心叶、嫩梢、嫩叶、花及幼果汁液。子叶期生长点受害，形成"无头棉"，棉苗不久即死亡，造成缺苗断垄；真叶出现后生长点受害，形成没有主茎的"多头株"，花蕾大大减少。子叶受害，叶背出现银白色斑点，正面出现黄褐色斑点，严重的焦枯脱落；真叶受害后叶背沿叶脉出现银白色斑点、斑块和黑色小点，正面出现黄褐色斑点，严重的焦枯破裂。

2. 形态特征

成虫体长 1.0~1.3 厘米，黄褐色，背面色深。触角 7 节，复眼紫红，单眼 3 个，其后两侧有一对短鬃。翅狭长，透明。卵乳白，长 0.2~0.3 厘米，肾形。若虫体淡黄，触角 6 节，第四节具 3 排微毛，胸、腹部各节有微细褐点。4 龄翅芽明显，不取食可活动，称伪蛹。

3. 生活习性

华北地区一年可发生 6~10 代。多以成虫、若虫在棉田土缝里或未收获的葱、蒜叶鞘及杂草残株卜越冬，少数以伪蛹在土中越冬。春季葱、蒜返青开始恢复活动，棉花出苗后便飞到棉花上为害繁殖。成虫活跃，能飞善跳，扩散快，白天喜在隐蔽处为害，夜间或阴天在叶面上为害。卵多产在叶背皮下或叶脉内，卵期 6~7 天。初孵若虫不太活动，多集中在叶背的叶脉两侧为害。喜暖和干旱环境，气温低于 22~25℃，相对湿度 60% 以下适宜发生。10 月早霜来临前迁入葱、蒜、白菜、萝卜等蔬菜田。主要天敌有小花蝽、姬猎蝽、带纹蓟马等。

4. 防治技术

一是早春寄主田的防治，压低虫口，减少向棉田迁移。

二是农业防治冬、春及时铲除田边地头杂草，结合间苗、定苗排除被为害的无头棉和多头棉。

三是药剂拌种或种衣剂包衣，防治苗期蓟马。

四是化学药剂防治 3 片真叶前，百株有虫 10 头；4 片真叶后，百株有虫 20~30 头，用药防治。辛硫磷、吡虫啉或拟除虫菊酯类农药均可。

（四）棉铃虫

棉铃虫属鳞翅目夜蛾科，为害棉花、玉米、高粱、小麦、番茄、菜豆、芝麻、向日葵、烟草、花生等多种作物。

棉铃虫在黄骅市一年发生 4 代，第一代主要为害小麦、蔬菜。温度在 25~28℃、相对湿度在 72%~90% 时最适于棉铃虫害发生。1 代棉铃虫成虫的卵多散产在棉花嫩头、嫩叶正面，以后各代多在上部嫩叶及蕾、铃苞叶上。2 代（棉田 1 代）卵盛期在 6 月中下旬，3 代卵盛期在 7 月中下旬，4 代卵盛期在 8 月下旬至 9 月上旬。天敌有赤眼蜂、茧蜂、草蛉、小花蝽、螳螂、蜘蛛等。

为抑制棉铃虫的为害，近年来，黄骅市推广了基因抗虫棉。之后，棉铃虫就不再是黄骅市棉田第一害虫。虽然棉铃虫退居为次要害虫，但对棉铃虫的防治却不可忽视，否则，也会造成巨大损失。要做好基因抗虫棉田棉铃虫的防治，首先要对基因抗虫棉有一个正确的认识，一是抗虫棉并不是对所有的棉田害虫都有抗性，只是对棉铃虫等鳞翅目害虫具有抗性；二是抗虫棉也绝不是无虫棉，棉铃虫照常在棉株上产卵、孵化和取食，取食后的大部分棉铃虫受棉株体内的毒蛋白的毒害而发育迟缓直到死亡；三是对抗虫棉来讲，既不是有虫即治，也不是有卵就防，而是根据残虫量的防治指标开展必要的化学防治。

基因抗虫棉田 2 代棉铃虫发生期基本上处于棉花的蕾期，棉株对棉铃虫有很好的抗性，一般无须进行化学防治。但在棉铃虫大发生条件下，2 代棉铃虫也必须适当辅以化学防治，其防治指标为百株 2 龄以下幼虫 15~20 头。

3~4 代棉铃虫时棉株的抗虫性减弱，要加强田间调查，达到防治指标及时防治，防治指标为百株 2 龄以下幼虫 20 头。

（五）棉叶螨（红蜘蛛）

属蜱螨目，叶螨科。寄主有玉米、甘薯、木薯、豆类、瓜类、棉花、茄子等。一年可发生 12~15 代。若螨和成螨群聚叶背吸取汁液，使叶片呈灰白色或枯黄色细斑，严重时叶片干枯脱落，影响生长，缩短结果期，造成减产。5 月上中旬棉苗出土后侵入棉田为害，6 月中下旬繁殖加快，为害猖獗，7 月上中旬棉花被害严重时表现满叶，形成光秆。气温 29~31℃，相对湿度 35%~55% 适其繁殖，一般 6—8 月为害重，相对湿度高于 70% 繁殖受抑。天敌主要有腾岛螨和巨须螨 2 种。防治指标为棉叶出现黄、白斑株率 20% 时，药剂可用克螨特、齐螨素等。

黄骅市常见棉花害虫的发生情况与防治指标见表 7-1 所示。

表 7-1　黄骅市常见棉花害虫的发生情况与防治指标

害虫名称	发生情况	防治指标
棉盲蝽	1 年发生 3~5 代，喜温暖潮湿，温度 25~30℃，相对湿度在 80% 左右，最适宜繁殖。卵在相对湿度 60% 以下时不能孵化；温度在 11℃ 以下或 35℃ 以上，停止或推迟发育。发生盛期 6—7 月	打顶前，新株被害率达 2%~3% 或百株有虫 3 头以上时；打顶后，新株被害率达 5% 或百株有虫 5 头以上时，进行防治
棉蚜	1 年发生 20~30 代，发生适温 17~24℃，相对湿度低于 70%。按季节分为苗蚜和伏蚜。苗蚜发生在棉花出苗期至 6 月底，为害盛期在 5 月中旬至 6 月中下旬；7 月份为伏蚜发生期，为害高峰期多出现在 7 月中下旬	苗蚜 3 片真叶前，卷叶株率 5%~10%，4 片真叶后卷叶株率 10%~20%；伏蚜卷叶株率 5%~10%
棉铃虫	1 年发生 4 代，个别年份可发生不完整的 5 代。温度 25~28℃，相对湿度 72%~90% 时最适其发生。1 代卵盛期在 5 月上中旬，2 代卵盛期在 6 月中下旬，3 代卵盛期在 7 月中下旬，4 代卵盛期在 8 月下旬至 9 月上旬	基因抗虫棉田 2 代棉铃虫百株 2 龄以下幼虫 15~20 头；3~4 代棉铃虫百株 2 龄以下幼虫 20 头
棉蓟马	1 年发生 6~10 代。喜暖和干旱环境，气温低于 22~25℃，相对湿度 60% 以下适其发生。为害盛期 5—6 月	3 片真叶前，百株有虫 10 头；4 片真叶后，百株有虫 20~30 头
棉叶螨	1 年发生 12~15 代。气温 29~31℃，相对湿度 35%~55% 适其繁殖，相对湿度高于 70% 繁殖受抑。一般 6—8 月为害重	棉叶出现黄、白斑株率 20%
地老虎	小地老虎 1 代卵孵化盛期在 4 月中旬，4 月下旬至 5 月中旬为幼虫为害期。黄地老虎 1 代卵孵化盛期在 5 月中旬，5 月下旬至 6 月中旬为幼虫为害期	定苗前，新被害株 10%；定苗后，新被害株 5%

第八章　绿　豆

　　绿豆，又名文豆、吉豆。中国是绿豆的起源中心之一，已有2 000多年的栽培历史。绿豆在全世界从热带到温带地区都有广泛种植。在我国各地也都有种植，主要集中在黄淮海流域及华北平原。以河南、山东、山西、河北等省种植面积较大。20世纪50年代初期，我国绿豆种植面积达2 500万亩左右，总产量和出口量曾居世界首位。以后开始减少，只有零星种植。近年来，随着人们饮食观念的改变和耕作制度的发展，绿豆种植面积和产量逐年恢复，不断增加。绿豆是重要的粮食、蔬菜、药用作物。因此，大力发展绿豆生产，具有重要的经济意义和社会价值。

　　绿豆是营养丰富的作物，其籽粒中含有蛋白质22%~26%，淀粉50%左右，脂肪含量较低，一般在1%以下。另外，还含有丰富的维生素、矿物质等营养素。绿豆应用价值广泛，具有食用价值、药用价值和饲用价值等。绿豆是高蛋白、中淀粉、低脂肪、医食同源作物。可加工制作成各种糕点、食品、饮料和风味小吃，生产的绿豆芽、绿豆苗可充当新鲜蔬菜。绿豆还具有药用价值，属清热解毒类药物，有消炎杀菌作用，绿豆芽可以解酒毒、利三焦，并含有较强的抗癌物质。另外，绿豆茎叶是牲畜的优质饲料。同时，绿豆也是我国重要的出口物质，具有较高的经济价值。

　　绿豆在作物种植制度中起着举足轻重的作用，绿豆适应性广，播种期长，生育期短，抗逆性强，耐旱、耐瘠、耐荫蔽。对抵御自然灾害、发展高效农业起着不可忽视的作用。

第一节　绿豆栽培的生物学基础

一、绿豆的特征特性

（一）绿豆的类型

绿豆主要有两种类型，一为金黄色类型，种子黄色或金黄色，产量较低，常用种作饲料和绿肥。二为典型类型，种子绿色或深绿色、比较丰产，裂荚性较小，种植比较普遍。还有两种次要类型，即大粒型（种子黑色）和褐色类型（种子褐色）。根据一些性状和要求分类，还分以下类型。

1. 按种皮光泽分

有光泽型（浅绿，种皮上有蜡质）和无光泽型（毛绿，种皮上无蜡质）。

2. 按豆粒大小分

有大粒型（百粒重 6 克以上）、中粒型（百粒重 4~5 克）、小粒型（百粒重 3 克以下）。

3. 按株型分

有直立型、半蔓型（半直立）、蔓生型。

4. 按生育期长短分

有早熟型（生育期 70 天以内）、中熟型（生育期 70~90 天）、晚熟型（生育期 90 天以上）。

5. 根据结荚习性分

有 3 种类型：①有限结荚习性类：结荚紧密，着生在主茎花梗上与主茎和分枝顶端，以花簇封顶。②无限结荚习性类：结荚比较分散，多集中在中部和顶端，节间长，结荚少，只要条件适宜，可以无限结荚。③亚有限结荚习性类：是介于无限和有限之间的一种类型。

6. 根据叶片性状分

有两类（绿豆的真叶为三出复叶）：一为三出复叶的叶片为椭圆形或倒卵形，即正常型。二为三出复叶的叶片有深缺刻，即花叶型。

（二）绿豆对环境条件的要求

1. 温度

绿豆是喜温作物，发芽最低温度为 12~14℃。温度为 15~17℃时可以播种，低于 14℃时发芽、出苗缓慢，30~40℃时出苗快，但苗弱，最适宜发芽出苗温度为 15~25℃。幼苗对低温有一定的抵抗力，真叶出现后抗寒力减弱。

绿豆开花结荚期 18~25℃时生长发育良好，高于 30℃时不利于生长发育，低于 15℃时对根系和茎叶生长发育都不利，并延迟开花和成熟。开花期若气温低于 20℃或高于 28℃开花很少，以 22~26℃最好。绿豆整个生育期需要 10℃以上积温 2 200~2 800℃，早熟品种约为 2 200℃，中熟品种为

2 300~2 500℃，晚熟品种为 2 500~2 800℃。

2. 日照

绿豆属短日照植物，只有满足一定的短日照条件才能开花结荚。绿豆多数地方品种对日照长短要求不严格，不论春播、夏播或秋播均能开花结果，但由于某一品种长期适应某种光照条件，改变播种期会影响产量，所以，适于夏播的品种，最好不在春季或秋季播种。

3. 水分

绿豆是需水分较多的作物，叶片相对含水量低于 70%时光合作用就会受到影响。在苗期需水较少，开花结荚期需水最多。播种时要求土壤田间持水量在 70%以上，苗期土壤水分略少有利于蹲苗。开花结荚期生长旺盛，光合生产率高，需要充足的水分，成熟期绿豆较耐涝，但不耐淹，水淹会大量落荚，甚至全株死亡。

4. 土壤

绿豆对土壤要求不严格，在微酸性和微碱性土壤中均能生长良好。最好的是中性和弱碱性、土层深厚、富含有机质、排水良好而保水力又好的土壤。

5. 肥料

苗期需肥较少，开花结荚期需肥较多。通常每生产 100 千克绿豆需吸收氮 9.68 千克、磷 0.93 千克、钾 3.51 千克，还需要钙、镁、钼等元素。

第二节 绿豆高产栽培技术

1. 轮作选茬

绿豆忌连作，连作后根系分泌的酸性物质增加，不利于根系生长，抑制根瘤菌的活动和发育，植株生长发育不良，产量、品质下降。绿豆种植要选择适宜的茬口，如果前茬是大白菜地块，也会出现和连作一样的症状，同时病虫为害严重。因此，种植绿豆要安排好地块，最好是与禾谷类作物轮作，一般以相隔 2—3 年轮作为宜。有利于绿豆根系生长发育和根瘤的活动，也能提高下茬作物的产量。

2. 整地施肥

绿豆在播种前要精细整地，因地制宜施足基肥。春播绿豆要在上年秋作物收获后及时进行深耕，一般耕深 15~25 厘米，结合深耕亩施有机肥 1 500~3 000千克，因地制宜增施磷、钾肥，以增补土壤耕层有机质，增强保水、保肥能力和通气性能。深耕施肥后，要耙细整平地面。夏播绿豆多在麦收后播种，要在麦收前浇好麦黄水。小麦收获后，及早整地，浅犁耕，深度为 12~15 厘米，要耙透、耙平，清理根茬，掩埋底肥。另外，套种绿豆因受条件限制，无法进行整地，应加强套种作物的中耕管理，为绿豆播种创造良好的条件。

3. 选用良种

根据当地的耕作制度，因地制宜地选用高产、优质、抗病抗逆性能强、丰产性状好的品种。夏播品种可选用中绿 1 号、中绿 2 号、高阳绿豆、60 天还仓等品种，这些品种生育期一般在 60~75 天。

4. 种子处理

绿豆种子成熟不一，其饱满度和发芽能力不同，为了提高种子纯度和种子发芽率，播前应进行种子处理。

（1）晒种、选种　在播种前选择晴天，将种子薄薄摊在席子上，晒 1~2 天，要勤翻动，使之均匀，切勿直接放在水泥地上暴晒。选种，可利用风选、水选、机械或人工挑选，清除秕粒、小粒、杂粒、病虫粒和杂物，选留饱满大粒。要求发芽势和发芽率均在 95% 以上。

（2）拌种或接种　在播种前用钼酸铵等拌种或用根瘤菌接种。一般每亩用 30~100 克根瘤菌接种，或 3 克钼酸铵拌种，或用种量 3% 的增产菌拌种，或用 1% 的磷酸二氢钾拌种，都可增产 10% 左右。

5. 播种技术

（1）播种方法　绿豆的播种方法有条播、穴播和撒播，以条播为多，条播时要防止覆土过深，下种要均匀，行距一般 40~50 厘米。间作、套种和零星种植大多为穴播，每穴 3~4 粒种子，行距 60 厘米。撒播时要做到撒种均匀一致，以利于田间管理。

（2）播种时期　绿豆生育期短，播种适期长，既可春播亦可夏播。一般春播自 4 月下旬至 5 月上旬，夏播在 5 月下旬至 6 月，不宜晚于 6 月底。及时播种，应掌握春播适时、夏播宜早的原则。防止过早或过晚播种，以免影响绿豆的生长发育和产量、品质。

（3）播量、播深　播量要根据品种特性、气候条件和土壤肥力，因地制宜。一般下种量要保证在留苗数的 2 倍以上。如土质好而平整、墒足，小粒型品种，播量要少些，反之可适当增加播量。在黏重土壤上要适当加大播量。适宜的播种量应掌握：条播每亩 1.5~2 千克，撒播每亩 4 千克，间、套作绿豆应根据绿豆种植行数而定。播种深度以 3~4 厘米为宜。墒情差的地块，播深4~5厘米；多雨季节，气温高应浅播；春天土壤水分蒸发快，气温较低，可稍深，若墒情差，应轻轻镇压。

6. 合理密植

适宜的种植密度是由品种特征特性、生长类型、土壤肥力和耕作制度来决定的。

（1）合理密植的原则　一般掌握早熟型密，晚熟型稀；直立型密，半蔓生和蔓生型稀；肥地稀，瘦地密；早种稀，晚种密的原则。

（2）留苗密度　各种类型的适宜密度为：直立型品种每亩留苗以0.8万~1.5万株为宜，半蔓生型品种每亩以0.7万~1.2万株为宜，蔓生型品种每亩留苗以0.6万~1万株为宜。一般高肥水地每亩留苗0.7万~0.9万株，中肥水地块留苗0.9万~1.3万株，瘠薄地块留苗1.3万~1.5万株。间、套作地块根据各地种植形式调整密度。

7. 田间管理

（1）播后镇压　对播种时墒情较差、坷垃较多的和沙性土壤地块，播后应及时镇压。做到随种随压，减少土壤空隙和水分蒸发。

（2）间苗定苗　在查苗补苗的基础上及时间苗、定苗。一般在第一片复叶展开后间苗，第二片复叶展开后定苗。去弱苗、病苗、小苗，留大苗、壮苗，实行留单株苗，以利于根系植株生长。

（3）中耕培土　播种后遇雨地面板结，应及时中耕除草，在开花封垄前中耕3次。结合间苗进行一次浅锄，结合定苗进行第二次中耕，到分枝期进行第三次深中耕，并结合培土。培土不宜过高，以10厘米左右为宜。培土后有利于将田间多余的水分排除。

（4）适量追施苗肥　绿豆幼苗从土壤中获取养分能力差，应追施适量苗肥，一般每亩追尿素2~3千克，底肥没施磷的，可追施过磷酸钙25~30千克，追肥应结合浇水或降雨进行。后期缺肥，应进行叶面喷肥，喷肥时可加入适量农药，兼治虫害，延长叶片功能期。

（5）适时灌水　绿豆苗期耐旱，三叶期以后需水量增加，现蕾期为需水临界期，花荚期达需水高峰。绿豆生长期间，如遇干旱应适时灌水。有水浇条件的地块可在花前浇1次，以增加结荚数和单荚粒数；结荚期再浇1次，以增加粒重。缺水地块应集中在盛花期浇水1次。另外，绿豆不耐涝，怕水淹，应注意防水排涝。

8. 适期收获

绿豆有分期开花、结实、成熟的特性，有的品种易炸荚落粒，因此，要适时收摘。过早或过晚，都能降低品质和产量。应掌握在绿豆植株上有60%~70%的荚成熟后，开始采摘，以后每隔7天左右摘收一次。

第三节　抗旱耐盐丰产绿豆品种简介

1. 中绿1号

由中国农业科学院作物科学研究所从亚洲蔬菜发展中心引入。株高45~60厘米，植株直立粗壮，株型紧凑，叶浓绿，主茎生有3~5个分枝。花黄色，主茎有12~14节，每节结荚4~7个，结荚集中，每荚有种子12~15粒，成熟一致，为炸荚。粒大白脐，百粒重7.7克。春播生育期90多天，夏播65天。抗叶斑病，早熟不早衰，丰产性好，一般亩产可达120千克左右。夏种力争早播，春种适期晚播。密度视地力而定。

2. 中绿2号

由中国农业科学院作物科学研究所从国外引入。株高50厘米，抗倒伏，主茎分枝2~3个，单株结荚25个左右。单株结荚集中，成熟一致，不炸荚。籽粒碧绿有光泽，品质好，百粒重6克左右。属早熟种，夏播70天左右成熟。丰产稳定性好，产量高于中绿1号。抗逆性强，耐湿、耐阴、耐干旱性均优于中绿1号，较抗叶斑病。适应性广，均适合麦收夏播和与其他作物间套种。

3. 冀绿豆2号

由河北省保定市农业科学研究所选育而成。该品种株型直立、紧凑、自封顶，顶部结荚，叶色浓绿，不炸荚。前期生长稳健，后期不早衰，株高55厘米，分枝3个左右，单株结荚30个。一般亩产100千克左右，最高亩产162.8千克。该品种属早熟品种，生育期65~70天。可春播、夏播或作为救灾作物从4月20日至7月20日均可播种。一般中水肥地春播亩留苗6 500株，夏播亩留苗7 000~8 000株。

第四节　绿豆病虫害的发生与防治

（一）绿豆病害防治

1. 绿豆立枯病

为害症状：绿豆立枯病又称根瘤病。发病初期，幼苗茎基部产生红褐色到褐色病斑，皮层裂开，呈溃烂状。严重时病斑扩展并环绕全茎，导致茎基部变褐、凹陷、缢缩、折倒，直至枯萎，植株死亡。发病较轻时，植株变黄，生长迟缓。病害从绿豆出苗后 10~20 天发生，可一直延续到花荚期。

发病规律：绿豆的立枯病是由半知菌亚门细丝核菌侵染引起的真菌性病害，能在土壤中存活 2—3 年。在适宜的环境条件下，从根部细胞或伤口侵入，进行侵染为害。发生的适宜温度为 22~30℃，以出苗后 4~8 天的幼苗易被丝核菌侵染。

防治方法：选用抗病品种，实行轮作，2—3 年轮作一次，增施无病粪肥，清除田间病株。药剂防治于发病初期用 75% 百菌清可湿性粉剂 600 倍液或 50% 多菌灵可湿性粉剂 600 倍液喷洒。

2. 绿豆枯萎病

为害症状：绿豆枯萎病又称萎蔫病。在生育期间一般零星发生，但为害性很大。常造成植株萎蔫死亡。绿豆染病后，植株发育不良，萎蔫矮小。重病株叶片由黄变枯全部脱落。后期，病株茎基部出现暗褐色至黑褐色的坏死斑，并有粉色霉状物，病株维管束变褐而死亡。

发病规律：绿豆枯萎病是由镰刀菌浸染引起的真菌性病害。病原菌可在粪土中存活多年，甚至可腐生 10 年以上。夏、秋之间气候温暖潮湿是发病的高峰季节，一般地势低洼、排水不良的地块枯萎病发生严重。连作地块发病重。

防治方法：选用抗病品种、合理轮作、加强田间管理。药剂防治可在发病初期，用 10% 甲基布津可湿性粉剂 800~1 000 倍液，或百菌清 600 倍液，或 70% 敌克松 1 500 倍液喷洒植株基部，每隔 7~10 天喷 1 次，连续喷 2~3 次。

3. 绿豆病毒病

为害症状：绿豆病毒病又称花叶病、皱缩病。绿豆从苗期至成株期均可被害，以苗期发病较多。表现症状为花叶、斑驳、皱缩花叶和皱缩小叶丛生花叶等。发病轻时，在幼苗出现花叶和斑驳症状植株，叶片正常；发病重时，苗期出现皱缩的花叶和小叶丛生花叶植株，叶片畸形、皱缩，形成疱斑。植株矮化，发育迟缓，花荚减少，甚至颗粒无收。

发病规律：为害绿豆的病毒主要有豇豆蚜传花叶病毒和黄瓜花叶病毒。病毒在种子内越冬。播种带毒的种子后，幼苗即可发病，在田间扩展蔓延，形成系统性再侵染。病毒的致死在 45~65℃ 温度下只需 10 分钟。

防治方法：选用无病种子和中绿 1 号、中绿 2 号等抗病毒品种，建立无病留种田，及时防治传毒昆虫，特别要及时防治有翅蚜虫。

4. 绿豆叶斑病

为害症状：叶斑病是绿豆中重要病害，在绿豆开花前后发生。发病初期在叶片上出现水渍斑，以后扩大成圆形或不规则黄褐色至暗红褐色病斑，病斑中心灰色，边缘红褐色。到后期几个病斑连接形成大的坏死斑，导致植株叶片穿孔脱落，早衰枯死。

发病规律：绿豆叶斑病是由半知菌亚门尾孢真菌侵染所致。病菌随植株残体在土壤中越冬，翌年春条件适宜，随风和气流传播侵染。叶斑病的发生与温度密切相关，在相对湿度85%~90%、温度25~28℃条件下病原菌萌发最快，当温度达到32℃时病情发展最快。

防治方法：选用抗病优良品种，建立无病繁种基地，与禾本科作物轮作或间作，加强田间管理，合理密植，及时清除病残体。药剂防治，在绿豆现蕾期开始喷洒50%的多菌灵或50%苯来特1 000倍液或80%的可湿性代森锌400倍液，每隔7~10天喷洒1次，连续喷2~3次。

（二）绿豆虫害防治

1. 蛴螬

为害症状：蛴螬是金龟子的幼虫，俗称"白地蚕"。主要有东北大黑金龟子和华北大黑鳃金龟子，为害最重。蛴螬为杂食性害虫，幼虫能咬断绿豆的根、茎，使幼苗枯萎死亡，造成缺苗断垄。成虫可取食叶片。

发病规律：蛴螬的发生和为害与温度、湿度等环境条件有关，最适宜的温度是10~18℃。温度过高或过低则停止活动，春、秋两季为害最重；连阴雨天气，土壤湿度较大，发生严重。

防治方法：用50%辛硫磷药剂拌种，按药、水、种子量1∶40∶500比例拌种，拌种后堆闷3~4小时，待种子吸干药液再播种。药剂防治可在蛴螬1龄期，每亩用50%辛硫磷乳油0.25千克加水2 000千克，灌绿豆根；或向地里撒配制好的毒谷或毒土，每亩用干谷0.5~0.75千克煮至半熟，捞出晾干后拌入2.5%的敌百虫粉0.3~0.45千克，沟施或穴施，可于播种前撒在播种沟内。

2. 蚜虫

为害症状：为害绿豆的蚜虫主要有豆蚜、豌豆蚜、棉长管蚜等，其中，以豆蚜为害最重。豆蚜又名花生蚜、苜蓿蚜。蚜虫为害绿豆时，成若蚜群聚在绿豆的嫩茎、幼芽、顶端心叶和嫩叶背面、花器及嫩荚处吸取汁液。绿豆受害后，叶片卷缩，植株矮小，影响开花结果。一般可减产 20%~30%，重者达 50%~60%。

发生规律：蚜虫一年发生 20 多代，在向阳地堰、杂草中越冬，少量以卵越冬。蚜虫繁殖与豆苗和温、湿度密切相关，一般苗期重，中后期较轻。温度高于 25℃、相对湿度 60%~80% 时发生严重。

防治方法：用 2.5% 敌百虫粉 0.5 千克，对细沙 10~20 千克调制成毒土，每亩撒 50 千克。在早上或傍晚时将药撒入绿豆植株基部；用 2.5% 敌百虫粉等于早上或傍晚每亩喷药 2 千克进行防治。

3. 红蜘蛛

为害症状：在绿豆上常发生的红蜘蛛是朱砂叶螨，又名棉红蜘蛛，俗称大蜘蛛。红蜘蛛以成虫和若虫在叶片背面吸食植物汁液。一般先从下部叶片发生，逐渐向上蔓延。受害叶片表面呈黄白色斑点，严重时叶片变黄干枯，呈火烧状，植株提早落叶，影响籽粒形成，导致减产。

发生规律：红蜘蛛一年发生 10~20 代，北方是雌成虫集聚在土缝或田边杂草根部越冬，翌春开始活动并取食繁殖，4—5 月为害绿豆。红蜘蛛发生的最适温度为 29~31℃，相对湿度 35%~55%。一般在 5 月底至 7 月底发生，高温低湿为害严重，干旱年份为害严重。

防治方法：主要采用药物防治，可用 3% 蛴螨素 3 000 倍液，每隔 5 天喷洒 1 次，连续喷洒 2~3 次。

4. 豆荚螟

为害症状：豆荚螟又称刺槐荚螟、大豆螟蛾等。是一种寡食性害虫，只为害豆料植物。主要是幼虫蛀入荚内取食豆粒，被害豆粒发芽能力弱，食味苦。

发生规律：豆荚螟在华北地区一年发生 2~3 代，以老熟幼虫在土中丝茧内越冬。成虫昼伏夜出，有趋光性。卵产于嫩荚、花蕾和叶柄上。幼虫蛀食豆粒，迁荚为害，高温干旱时发生严重。

防治方法：在成虫盛发期和卵孵化盛期之前，用 90% 敌百虫晶体 1 000 倍液，50% 杀螟松乳油 1 000 倍液，2.5% 溴氰菊酯 2 500~3 000 倍液，20% 杀灭菊酯 3 000~4 000 倍液，每隔 7~10 天喷洒 1 次，连喷 2~3 次。

第九章　红小豆

　　红小豆，又名红豆、赤豆、赤小豆，古名小菽、赤菽，是中国的杂粮作物之一，红小豆的生产主要为食用。红小豆起源于中国，在我国已有 2 000 多年的种植历史，产区主要分布在华北、东北、西北地区、黄河流域、长江流域和华南地区，红小豆生产几乎遍及全国。每年产量为 20 万～40 万吨。随着商品经济和加工业的发展，红小豆的经济价值提高了，种植面积和栽培品种也不断地增加。目前，栽培主要是改良的农家品种和引进品种。有大粒红小豆、小粒红小豆。

　　红小豆有丰富的营养价值。红小豆籽粒含蛋白质 21.4%～29.2%、脂肪 0.41%～3.64%、脂肪酸 0.71%、皂苷 0.27%、淀粉 55.94%～60.98%。另外，红小豆籽粒还含有烟酸、糖类、维生素 A、维生素 B_1、维生素 B_2 等人体所必需的营养物质，叶含刺槐苷。红小豆具有广泛的食用价值，可以煮吃，可用来做多种食品，也可做成各种豆沙糕点及小食品等。

　　红小豆有很高的药用价值。自古就被人们所采用。李时珍的《本草纲目》对红小豆的医药功能有详细的记载。红小豆味甘酸、性平、无毒，能利水除湿、和血排脓、清胀解毒。红小豆对治水肿、黄胆、泻痢、便血、痈肿等有明显效果。经常食用对人体有很好的保健作用。红小豆还是一种出口创汇的作物。我国的红小豆在国际市场久负盛名。近几年大量出口日本、韩国和东南亚各国。货源供不应求。日本是世界上最大的红小豆消费国，年消费量在 10 万～12 万吨，而其产量只有 6 万～9 万吨，所进口的红小豆绝大部分来自中国。

　　红小豆在农业生产中的作用不可忽视，它可以充分利用地边及空闲地、旱薄地等。红小豆在农作物的轮作中是良好的前作。茎、叶蛋白质含量丰富，是优质饲料和绿肥；由于小杂粮的地位逐年提高，其种植面积在逐步发展，栽培技术有所提高。

第一节　红小豆栽培的生物学基础

（一）红小豆的形态

植株有直立、半蔓生等不同类型。茎多绿色，少数紫色，高 30~150 厘米。同一品种夏播的比春播的株型小，并可由半蔓生型变为直立型。子叶不出土，初生叶对生，次生叶为三出复叶，小叶多数为圆型。总状花序，蝶形花黄色。成熟荚长筒形，无毛，有浅黄、浅褐、深褐、黑、白等色。籽粒矩圆或圆柱形，脐白色，长条形不下凹。粒色有红、白、杏黄、绿、褐、黑、花斑和花纹等。

（二）红小豆生长对环境条件要要求

1. 光、温

红小豆是喜温、喜光作物，夏播红小豆全生育期10℃以上，有效积温一般需 2 000~2 500℃。一般 8~12℃ 开始发芽。从播种至出苗所需积温在 160~200℃。分枝期有效积温 800~1 000℃，开花期有效积温 700~900℃，结荚期有效积温 500~750℃。红小豆对光反应较敏感，播种过早会延长生育期，而不能提早成熟。

2. 土壤

红小豆是抗涝、耐瘠作物，适于在中性土壤、疏松的腐殖土壤或沙土地种植，可提高籽粒颜色和光泽。因红小豆的根瘤是好气性细菌，则要求土壤疏松、透气，土壤 pH 值 5~8 发育良好，在轻度盐碱或酸性土壤上也能生长。

3. 肥水

红小豆在生育期间比较耐旱、耐瘠。苗期需水量很少，以开花前后需水量最多。若开花结荚期间遇高温干燥，易落花落荚；过湿，植株易倒伏。后期需水较少，成熟期间需要晴朗的天气。红小豆需氮肥较多，开花结荚期需较多的磷、钾肥料。此期增施磷、钾肥，有利于提高粒重和产量。

第二节　红小豆高产栽培技术

1. 种植方式

（1）红小豆与夏玉米（谷子）间作　在夏玉米或夏谷子播种时，在大行内播种一行红小豆，红小豆株距 5 厘米左右。

（2）春甘薯间作　红小豆一般是在甘薯地里隔沟墩播红小豆，墩距 20 厘米左右，一墩 5~6 株。红小豆收获后正值甘薯膨大的第二高峰期，不影响甘薯产量，每亩还能收几十千克红小豆。

（3）棉花与红小豆间作　春天待棉花播种出苗后，在大行内穴播一行红小豆，穴距 33 厘米，每穴 3~5 株。选生育期短而棵小的品种，这样不影响棉花的生长发育。另外，当棉花、花生或甘薯等作物缺苗断垄时，可以成墩补种红小豆。

2. 整地施肥

夏播红小豆，在前茬作物收获后，要及时灭茬耕地，精细整地，并结合整地施土杂肥和磷肥。一般每亩施土杂肥 1 500~3 000 千克，过磷酸钙 50 千克，钾肥 5 千克。

3. 选用良种

根据播期和播种方式，因地制宜地选用优质、高产品种。春播品种可选用生育期偏长的高产、优质中晚熟良种；夏播品种可用生育期短的中早熟优质良种。

4. 播种期

豆荚到雨季容易腐烂。夏播应掌握越早越好，一般在 6 月上中旬播种。间套种的红小豆从 4 月下旬至 7 月上旬都可以播种。

5. 播种量

一般每亩播种量 2~2.5 千克。应根据种粒大小、留苗密度及播种方式和播种时期确定适宜的用种量。夏播红小豆因前期生长快、发棵早、棵大、荚大，应适当比春播的留苗稀些。平作红小豆，行距 24~33 厘米，株距 15 厘米左右，留苗时双株、单株均可。

6. 播种深度

因种子小，播种深度要浅，一般不应超过 4~5 厘米为宜。过深影响出苗，造成缺苗断垄。播后遇到干旱时，要进行镇压，以利于保墒。

7. 中耕除草

红小豆幼苗期间，注意及时锄草、松土，以利于根系和根瘤的生长。

8. 适时打顶

红小豆开花后期植株生长旺盛时，应适时打顶，除去花梗以下无效枝，减少无效蕾的消耗，使养分集中到荚上，促进籽粒饱满。

9. 追肥、浇水

红小豆开花初期，亩施肥 5 千克左右。红小豆开花前后需水较多，此时缺水，会引起蕾荚大量脱落，因此，遇旱要及时浇水。

10. 病虫害防治

见第四节。

11. 适时收获

红小豆易炸荚落粒，为减少收获损失，人工收割应在荚变黄、叶片全部脱落前进行，若叶片全部脱落后再收割，就易造成炸荚损失。使用机械收获时，应注意调整机车行进速度和脱粒滚筒的转速，以降低破碎率。采收最好在早晨或傍晚进行，严防在烈日下作业，避免机械性炸荚，降低田间损失率，做到颗粒归仓。

第三节　抗旱耐盐丰产红小豆品种简介

目前，黄骅市红小豆栽培的品种较多，现介绍几个主要品种。

1. 冀红小豆 2 号（80166）

品种来源：选育单位为河北省农业科学院粮油作物研究所。亲本组合为深泽县农家品种变异单株。1984 年育成。1988 年 1 月审定。

特征特性及品质：子叶不出土，幼茎绿色。株高 55 厘米，半蔓生型生长习性。单株平均分枝 4~5 个，分枝角度小，株型紧凑。叶片圆形、中等大小、叶色浓绿。花黄色。荚长 7 厘米，镰刀形，荚熟时呈黄白色。籽粒短圆柱形，整齐、饱满，种皮鲜红色，有光泽，白脐。单位株结荚 20 个左右，单株粒数 120~150 个，单株粒重 20 克左右，属大粒种，百粒重 12~13 克。属夏播早熟种，全生育期 95 天左右，生长势中等。根系发达，抗倒能力强，较耐旱。无限结荚习性。丰产、稳产性能好，适应范围广，抗病毒病。耐瘠薄、耐盐碱、耐阴性强，适宜与高秆作物间作套种。蛋白质含量 22.55%，淀粉含量 35.1%。籽粒外观符合出口标准。

产量表现：一般亩产 100 千克左右，高产可达 150 千克。

栽培要点：一般 6 月 20 日前后播种为宜。平作每亩播种量 3 千克左右。播种深度 3~4.5 厘米为宜。及时间苗、定苗。留苗密度：高水肥地 8 000 株/亩，中水肥地 10 000 株/亩，低水肥地 12 000 株/亩为宜。苗期及时中耕除草，开花初期亩追氮肥 5 千克，促苗早发。有浇水条件的地方适时灌开花、鼓粒水，以减少花荚脱落。注意及时用乐果防治苗期蚜虫和红蜘蛛；用敌敌畏乳剂防治花、荚期豆荚螟和棉铃虫等害虫。75%以上的荚成熟时适时收获。

2. 冀红小豆 3 号（保 801180）

品种来源：选育单位为保定地区农业科学研究所。亲本组合为冀红小豆1 号×日本大纳害红小豆。1987 年育成。

特征特性：株高 82.8～88.2 厘米，叶色浓绿，叶片略窄，茸毛密。单株粒重 15.0～25.1 克，籽粒较大，百粒重 15.6～17.5 克，粒色鲜红，粒形近似天津红。符合出口标准，商品性状好。株型半匍匐，生育期 88 天左右。早熟性明显，抗旱、耐涝、耐病。

产量表现：一般亩产 100 千克左右。

栽培要点：在低洼地一般 6 月 20—25 日为适播期，播量 2 千克，播深3～4 厘米，行距 50 厘米，留苗密度：肥地宜稀，瘠薄地宜密；早播宜稀，晚播宜密。在中等水肥条件下，亩留苗 6 000～8 000 株，在低水肥条件下，亩留苗 9 000～10 000 株。足墒下种，苗期适当蹲苗，在两片三出复叶展开后定苗，并注意防治蚜虫、红蜘蛛。花荚期防干旱，防治棉铃虫、钻心虫、虫荚螟等害虫。注意轮作倒茬。

3. 冀红小豆 4 号（414）

品种来源：选育单位为河北省农林科学院粮油作物研究所。亲本组合为天津朱砂红小豆（194）×日本大纳害红小豆。1992 年 3 月审定通过。

特征特性：株高 47.2 厘米，单株分枝 2.8 个，单株结荚 23.6 个，单荚粒数 5.56 个，百粒重 13.17 克，单株粒重 14.07 克。粒型短圆，粒色为红色。粒大、整齐，有光泽，符合外贸出口标准。株型直立，生育期 88 天左右，属早熟品种，抗倒性强，抗病。

产量表现：一般亩产 110 千克左右，最高亩产可达 180 千克。

栽培要点：适宜大面积平作，更适宜与高秆作物玉米以 2：4 的形式间作套种。该品种是夏播早熟品种，力争抢墒早播，延长生育期，增加粒重和产量，每亩播量 3 千克左右，种植密度：地块高水肥 10 000 株，中水肥11 000 株，低水肥 12 000 株。适时中耕、锄草，以防苗期草荒。开花初期亩施氮肥 5 千克左右，促苗早发，开花、鼓粒期遇旱及时浇水，防止落花落荚。并适时用敌敌畏 1 500 倍液防治蚜虫、棉铃虫、豆荚螟、钻心虫等害虫，75%荚成熟时及时收获。

4. 保 8824

品种来源：选育单位为保定市农业科学研究所。亲本组合为［F3（冀红

1号×台9）×日本大纳害〕F2×冀红3号。1999年2月审定通过。

特征特性：株型直立、收敛，株高47厘米左右，分枝4左右。叶色浓绿，叶片较窄。花较大，黄色。单株结荚17左右，荚粗，粒长圆形，红褐色，百粒重21.2克。籽粒大，外形美观。属早熟品种，夏播生育期87天左右，有限结荚习性。耐水肥，耐涝，抗倒伏，抗病。

产量表现：大田生产一般亩产130千克左右，高产可达170千克。

栽培要点：6月15—25日播种为宜，亩播量2~2.5千克，播深3~4厘米。中等水肥条件下亩留苗7 000~8 000株。施种肥后一般不再追肥，遇旱适量浇水。苗期注意除治蚜虫、红蜘蛛、地老虎，花荚期注意防治豆荚螟、斜纹夜蛾、棉铃虫等害虫。

5. 天津赤豆

株高30~100厘米，茎上无毛，主茎侧枝少而短，每个花梗上结1~5个荚，每荚内种子4~16粒，粒赤褐色，短圆形，籽粒大，千粒重130~210克。春播在5月中旬播种，生育期110天左右，夏播6月下旬播种，生育期70~75天。较耐阴，不抗涝，田间不能积水。

第四节　红小豆病虫害的发生与防治

一、红小豆病害

红小豆的病害主要有病毒性病害、真菌性病害和细菌性病害。

1. 红小豆花叶病毒病

该病严重时颗粒无收。患病株主要症状为叶片皱缩和花叶；小叶皱缩丛生、叶脉发黄、茎和叶脉上有坏死备纹；叶片畸形、叶肉隆起、植株矮小、不能开花结荚。

2. 红小豆锈病

茎叶荚均会被侵染。叶片上染病初期有褪绿色的小圆斑，然后病斑形成凸起的黄褐色或暗褐色锈疱状的夏孢子堆，破裂后散出锈状夏孢子，因阳光有杀菌作用，故叶背面病斑量最多，严重时叶片由黄变枯而脱落；茎秆和荚上的锈斑与叶片上的锈斑相似。病菌孢子可借风雨在田间传播，因此，红小豆播种早最易得锈病。

防治方法：①选育抗病品种。②轮作。③间套作。④药剂防治。在发病初期用0.001%的粉锈灵药液进行喷洒，有效率高达85%~90%。

3. 红小豆角斑病

主要为害叶片，但也侵害叶柄、茎和荚等部位。主要症状为叶片发病初期，叶背出现褪色小点很快扩大成水渍状透明病斑，后变成黑褐色，病斑因受叶脉限制而呈多角形或不规则形。以后病斑部变灰褐色，坏死，常常撕裂脱落。有时病斑沿叶脉呈长条弯曲状黑褐色病斑。严重时叶片上病斑密布，连成不规则的褐色枯死大斑块。茎和荚上发生的病斑与叶片上的相似。该病由种子带病传染，风雨和农具传播。发病最适温度30℃，致死温度50℃。

防治办法：①合理轮作、间套作。②清除病残植株。③药剂防治：用500倍液代森锌或1 000倍液多菌灵液及160倍液等量波尔多液喷洒。间隔7~10天喷1次。

二、红小豆害虫

红小豆的害虫主要有蚜虫、豆荚螟、豆象等。

1. 蚜虫防治

蚜虫分为有翅和无翅两种体型。有翅蚜虫可以迁飞。所以，大面积治蚜时必须及时喷洒农药。可用50%磷胺乳剂3 000~5 000倍液或50%西维因可湿性粉剂400倍液。喷粉可用2%杀螟粉剂或2.5%亚胺硫磷粉剂，每亩1.5~2千克。

2. 豆荚螟防治

必须在幼虫未钻进豆荚时进行药剂防治。可用2.5%敌百虫粉每亩1.5千克，或50%杀螟松乳剂800~1 000倍液，或90%晶体敌百虫800~1 000倍液喷雾。

3. 豆象防治

豆象的幼虫主食豆粒，严重时会完全被吃光。有时豆粒上有一个或几个孔，失去食用价值。可用药物熏蒸法进行防治。溴甲烷每立方米30克计，在室温20℃以上时密闭熏蒸2~3天，在20℃以下时熏蒸3~5天，然后开窗通风2~3天，2周后方可食用，以免中毒。

第十章 苜 蓿

　　苜蓿属豆科苜蓿属，是一种多年生草本植物，起源于土耳其、卡塔尔和土库曼斯坦，距今已有3 000多年的栽培史。在中国苜蓿栽培也已有2 000余年的栽培历史，主要分布于我国的西北、华北、东北和西南及长江流域。其产品营养丰富，富含粗蛋白、粗脂肪和粗纤维，特别是粗蛋白含量高达18%~26%，并含有多种氨基酸、维生素及微量元素，是畜禽类的优质饲料。鲜嫩的苜蓿芽叶以其丰富的营养和鲜美的口味也成为人们餐桌上的佳肴。苜蓿适应性强，耐盐、抗碱，更因其主根发达且根部生有大量的根瘤菌，能够固定土壤中的游离氮素，所以抗旱、耐瘠薄，适宜在滨海旱薄盐碱地区种植。黄骅市苜蓿栽培已有多年历史。近年来，受天气干旱和生产资料价格不断上涨的影响，种植苜蓿因成本低、投入小、经济效益明显高于种植粮、棉、油、菜等其他作物，黄骅苜蓿种植面积不断扩大，2016年全市苜蓿种植面积已达到19万亩。目前，在我国苜蓿属的植物约有十几个种，苜蓿按其花序颜色分类，常见的有紫花苜蓿、黄花苜蓿、天兰苜蓿、南苜蓿等。紫花苜蓿是苜蓿属中人类利用历史最悠久、饲用价值最高的一种牧草。因此，通常所说的苜蓿多指紫花苜蓿。黄骅市栽培的苜蓿品种主要有中苜1号~3号、美国金皇后、赛特等紫花苜蓿。紫花苜蓿因其种植面积大、表现好，有"牧草之王"之称。

第一节 苜蓿栽培的生物学基础

一、生物学特性

1. 形态特征

　　紫花苜蓿的叶为羽状三出复叶，即每一个复叶上长有3片小叶，小叶多为椭圆形、倒卵形和倒披针形，叶片左右边缘全缘，仅在小叶的顶部边缘有锯齿；总状花序，腋生，每序有小花20~30朵，花紫色或蓝色，蝶形；荚果为螺旋状，旋叠1~4圈，每个荚果内含种子2~9粒；种子呈肾形，黄褐色，千粒重约 2 克；茎直立或倾斜，基部多分枝，株高 60~100 厘米；直根系，侧根多，主根发达，多年生的苜蓿主根入土深度可达 10 余米。通常苜蓿一次播种可多年利用。

2. 适应性

紫花苜蓿喜温暖半干旱气候，生长最适温度 25℃左右。因根系入土深，故抗旱能力很强。可耐-30~-20℃的低温，有雪覆盖可耐-40℃的低温。紫花苜蓿适应性强，对土壤要求不严，耐盐、抗碱，更因其主根发达且根部生有大量的根瘤菌，能够固定土壤中的游离氮素，所以抗旱、耐瘠薄，适宜在滨海旱薄盐碱地区种植。苜蓿不耐积水，地下水位最好不超过 1.5 米，适宜的土壤 pH 值为 6.8~8.1。但以土层深厚、富含钙质的土壤最为适宜。最适宜在年降水量为 500~800 毫米的地区生长。

二、生育期

苜蓿为多年生植物。一般播种后的翌年开始正常收获，3—5 年产量达到高峰，管理得当收获年限可达 10 多年。按照苜蓿的生长发育顺序主要分以下几个时期。

1. 出苗期

在温度和湿度适宜时，苜蓿播后 7 天左右开始出苗，从出苗到 80% 的幼苗出土，这个时期就称为出苗期。因其是多年生植物，以后每年春季随着气温的回升，植株开始出芽、生长，这个时期称为返青期。

2. 分枝期

苜蓿在出苗或返青后，经过一段时间的生长，根颈部开始长出新的枝条，这个时期为分枝期。一般苜蓿出苗后 30~35 天，返青后 10~15 天即进入分枝期。

3. 现蕾期

从分枝到现蕾约需 24 天，当 80% 以上的枝条出现花蕾时称现蕾期。现蕾期植株生长最快，每天株高增长 1~2 厘米，此时，是水肥供应的临界时期。

4. 开花期

又分初花期和盛花期。苜蓿现蕾后 20~30 天开花，开花期可延续 40~60 天。当约有 20% 的小花开花时，这个时期就是苜蓿的初花期。当约有 80% 的小花开放时，称盛花期。开花期植株生物量达最高值，从产草量和质量角度考虑，初花期是收获干草的最佳时期。

5. 成熟期

开花后 30 天种子陆续成熟，当全株约 80% 的荚果变为褐色时为成熟期。

三、主要特点

1. 产量高

水肥条件好的地块，每年可收获 5 茬，每亩收获鲜草 5 000~8 000 千克，折合干草 1 200~2 000 千克，一般地块可收获鲜草 4 000~5 000 千克，旱薄盐碱地可收获鲜草 2 000~3 000 千克。

2. 品质好

一般苜蓿粗蛋白质含量可以达到 18%~26%，其营养价值远远高于玉米、小麦、高粱等粮饲作物。

3. 生态效益高

苜蓿通过根部的根瘤菌，固定土壤中的游离氮素，可以有效地培肥地力。

第二节 高产栽培技术

一、选地

苜蓿的适应性很广，适合在各类土壤中种植，但要实现优质、高产，最好选择在地势较高、地下水位埋深超过 1.5 米的平坦、排水性好、土质肥沃、有机质含量高、杂草少、土壤酸碱度为中性或微碱性、含盐分不超过 0.3% 的地块上种植。达到旱能浇、涝能排，特别是要防止积水，因苜蓿连续浸泡 24 小时将成片死亡。

二、整地与施肥

1. 整地

苜蓿种子小，幼苗较弱，早期生长缓慢。整地质量的好坏直接影响苜蓿的出苗率和整齐度以及以后的管理和收获，所以，整地要精细。整地时要做到深耕、细耙、耱平，上松下实，以利出苗。耕地深度应在 20 厘米以上，将前茬作物根茬清理干净，耕后进行晾晒，然后耙平无土堡，再用钉耙耙平地面，做到地面细碎平整，无杂草，播前进行一次镇压，使播种层紧密，以便播种时能够控制深度，一般播种后还要进行一次镇压，这样也有利于在播种后控制覆土深度。要掌握好适耕期，一般黏壤土含水量在18%~20%、沙壤土在20%~30%时为最佳整地时期。生产中常把10~20厘米土层的土，用手捏成团，土团落地马上散碎，这时作为合适的整地时期。

2. 施肥

苜蓿一次播种多年收获，而且，在生长期间需磷、钾肥多，田间追肥有一定困难，所以，施肥以底施为主。首先要施足优质腐熟有机肥，然后，配施化肥、复合肥。施肥方法是结合整地施底肥。施肥量一般每亩施优质腐熟农家肥2 000~3 000千克、磷肥（P_2O_5）9.6~14.4千克（折合过磷酸钙80~120千克）、氮肥（N）4.6~11.5千克（折合尿素10~25千克）。土壤速效钾低于180毫克/千克时，每亩施钾肥（K_2O）3.3~8.3千克（折合硫酸钾10~25千克）。另外，要结合当地土壤条件，在底肥中适量配施微肥。

3. 浇水

两年以下的苜蓿抗旱能力较弱，遇旱需进行浇水，但灌水量不宜过大，更不要渍水，一般每亩灌水量在25~30立方米。

三、品种选择与种子处理

1. 品种选择

在土壤条件好，9月上中旬播种的水浇地上，建议选择金皇后、皇冠、爱菲尼特、牧歌等美国品种，这几个品种生长快，一年可以割4~5茬，但是对水肥要求都比较高。在水肥条件较差、播期较晚的地块可选用中苜1号、WL-323、WL-323MF、赛特、阿尔冈金等适应性强、抗旱、抗寒、耐盐、抗碱、产量高、品质好的品种。选用进口种子时，要选用种子纯度高、成熟度好，经过检疫，没有检疫性病虫害的品种。

2. 种子处理

为了提高种子发芽率，播种前要对种子进行处理。一种方法是对种子进行暴晒，即播种前将苜蓿种子，尤其是当年繁育的新种子，用碾米机轻碾，白天摊在阳光下晾晒，夜间将种子转到阴凉处，并经常加一些水使种子保持湿润，同时进行清选，使种子纯净度达到98%以上，以保证发芽率在85%以上。如此3~5天后种皮开裂就可以播种了。第二种方法是变温处理，即将苜蓿种子置于60℃的温水中浸泡0.5小时后捞出，晒干备用。一般在苜蓿等豆科作物根系中有一些棕黑色的瘤状物，这是它们同根瘤菌共生而形成的根瘤，能够将空气和土壤中的氮素转化为植物可利用的物质，但在没种过苜蓿的地块中根瘤菌往往数量很少，需要接种。接种后既可提高苜蓿产草量，又可以提高苜蓿的质量，增产效果可持续两年。所以，第一次种植苜蓿的地块播种前最好接种根瘤菌。接种方法很简单，每千克苜蓿种子与 10 克根瘤菌剂充分混合，尽可能使每粒种子都均匀沾到菌剂。应当注意的是根瘤菌因为是活菌，不能与杀菌剂同用，存放时避免阳光直射。利用机械播种时，播前每千克种子加 7~10 千克过筛细沙，混匀待播。如选用包衣种子可直接播种。

四、播 种

1. 播种时间

苜蓿播种期应根据当地的气候条件（如温度、降雨、风速等）、土壤水分条件、杂草状况、轮作制度等，确定适宜的播种期。能否掌握好最适宜的播种时间，将直接影响到苜蓿的出苗率和保苗率。适宜种子发芽和幼苗生长的土壤温度为 10~25℃，土壤湿度为田间持水量的 75%~80%，并且疏松透气。苜蓿的播期一般为春播、夏播和秋播 3 个时期，以秋播为最好。

（1）春播　一般春天播种在 3—4 月，旬平均气温达到 9~11℃ 时为宜。如果土壤进行冬灌且春季墒情好的情况下也可在 2 月底至 3 月初进行顶凌播种。

（2）夏播　播种期在 6 月中旬至 7 月底。此时气温高，雨水多，幼苗生长快，但同时病虫害和杂草也多，会影响出苗和保苗，严重时甚至造成缺苗断垄。因此，夏播时一定要注意土壤耕作质量，要防治病虫害、清除杂草，尽可能避开播后遇暴雨或暴晒，一般应该在雨后抢墒播种，前茬多为收获较早的瓜类作物。播种苜蓿后无灌水条件而靠降雨出苗的田块适宜此时播种。

（3）秋播　为了保证苜蓿在播种当年能安全越冬，播种时间一般最迟不能超过初霜前的 40 天，一般掌握在 8—9 月，旬平均气温 20℃ 左右为最好，最晚不能晚于 9 月 30 日。此时正值雨季之后，土壤墒情好（秋季播种时土壤墒情要求 0~20 厘米土壤含水量为田间持水量的 70%~80%），温度适宜，杂草生长势减弱，适于播种。一般瓜类、早玉米等作物收获后的田块最为适宜。

2. 播种方式

苜蓿播种以条播或撒播为主，也可混播、间播或穴播（穴播只用于繁种田）。大面积播种提倡条播，出苗整齐，利于管理。

（1）条播　一般采用机械或人工按着一定的间距将苜蓿分行条播，也是苜蓿种植中最常用的播种方法，一般行距以 15~20 厘米为宜。其优点是成苗率高、通风透光好，也便于中耕除草、施肥灌水和机械化作业，有利于苜蓿产量的提高。条播时要掌握土湿稍浅、地干稍深，黏土地稍浅、沙土地稍深的原则。春播一般播深 2~3 厘米，播后镇压；夏播、秋播播深为 1~1.5 厘米，不能超过 2 厘米，秋播后要镇压，夏季播种土壤湿度过大时不宜镇压。为控制播量且播种均匀，可掺入小米一起播种。如果土壤质地黏重，易干旱板结，秋播后如无降雨要立即浇蒙头水，并且要浇足、浇透，以利出苗。

（2）撒播　用人工或机械将种子均匀地撒在整好的地表，然后用钉耙耱一遍或轻耙覆土，随即镇压。苜蓿在播种时，无论采用哪一种方法，都要求下种均匀，播种后镇压，利于土壤保墒，同时，可以使种子与土壤紧密接触，有利于种子很快吸水萌发和出苗。

3. 播种量

播种量的大小直接影响到苜蓿幼苗的长势、植株密度以及苜蓿的产量和品质。一般要求苜蓿出苗后亩苗数在 35 万~45 万株，播种量应根据种子的千粒重、发芽率与土壤情况等因素确定。一般条播时每亩播种量 1~1.5 千克，撒播 2~2.5 千克，种子田可适当减少播量。

五、田间管理

田间管理包括中耕、施肥、灌溉、除草和病虫害防治等。搞好田间管理是苜蓿优质、高产的基础，同时，也可延长草地的使用寿命。

1. 耙地

在早春土壤解冻后，苜蓿开始萌生之前进行耙地，既可保墒、提高地温、促进返青，又可以消灭早期萌芽的杂草。收割完之后，由于地面裸露，土壤水分蒸发强烈，应进行耙地保墒。对生长 5 年以上的老龄苜蓿于第二茬收割后，用圆盘耙深切 10 厘米左右，切裂根颈，促进其更新，可提高牧草产量 15%~20%。

2. 追肥

在每割过一茬牧草之后进行追肥，可提高苜蓿产量。主要是追施磷、钾肥。由于苜蓿生长期内追肥比较困难，可在早春发芽前和夏、秋收割后结合耙地进行追肥，每亩施过磷酸钙 50~100 千克、速效钾 7 千克以及部分微肥。条播的苜蓿开沟施入，撒播苜蓿均匀撒在地表，追肥后最好再浇一次水，以防止阳光照射，肥料挥发，造成浪费。如果不能浇水，则要根据天气预报和经验在下雨之前抓紧施入。

3. 除草

杂草防治是苜蓿田间管理中的重要一环，因为杂草的生长不但影响苜蓿的产量，同时也会降低苜蓿的品质。

（1）播前除草　如果在种植前地里杂草较多，播前先用农达等灭生性除草剂处理一次，并在播种前进行深耕。播种要避开杂草高发期，尽量采用秋播。

（2）人工除草　对杂草来说，尤其是一年生的杂草，在杂草形成种子之前进行除治可取得事半功倍的效果。一是在早春土壤解冻后，苜蓿开始萌生之前进行耙地，可以消灭早期萌芽的杂草。二是对当年播种的苜蓿长出 3 片真叶以后，要及时人工除草 2~3 次。三是在杂草种子成熟前及时刈割。

（3）化学除草　如果播后苗前或者是收割后还有杂草，建议在杂草高度不到 5 厘米时用苜蓿专用除草剂处理。常用的专用除草剂有豆草除、苜豆保、普施特等。施用方法见除草剂说明。对当年播种的苜蓿长出 3 片真叶以后，可采用化学除草，对单子叶杂草发生重的地块，每亩用 5%的快锄 40 毫升加水 30 千克喷雾。对单子叶、双子叶杂草混生的地块每亩用 25%苯达松 200 毫升加 5%快锄 40 毫升加水 30 千克喷雾。

4. 灌水

苜蓿是深根植物，根系发达，主根入土深度可达 2~6 米，能吸收深层土壤水分，一般土壤田间持水量在 35%~85%，苜蓿可以正常生长。但苜蓿又是一种需水较多的植物，一般水浇地苜蓿产量比旱地苜蓿产量可提高 1 倍以上。在苜蓿的整个生长期内，有条件的如果灌水 1 2 次，可使苜蓿的产量大幅度提高。苜蓿的灌水次数和灌水量要根据生长情况、气温高低、干旱程度等灵活掌握，一般每亩、每次灌水 30~80 立方米。生产上一般第一水为冬（冻）水，在 11 月中下旬土壤夜冻昼消时灌水，有利于苜蓿的越冬和返青；灌溉第二水在 5 月中旬第一茬苜蓿收获后，天气干旱、没有降雨时进行。当年播种的苜蓿，苗期 0~20 厘米土层含水量低于田间持水量的 60%时开始浇水。浇水应在幼苗长出 3 片真叶后进行。每次收割后视土壤墒情进行浇水，再生草低于 10 厘米时不要灌溉。在临近苜蓿收割时不要灌溉。苜蓿不耐涝、怕积水，雨季要及时排除积水。

5. 病虫害防治

见第四节。

六、收割

苜蓿的收获对苜蓿干草质量的影响很大，也是苜蓿加工的第一步，一般牧草收购都实行优质优价，收获是否科学将直接影响种植苜蓿的经济效益。

1. 收割时间

一般来说，以初花期刈割为最佳时期，这时产量高，草质也好。秋播苜蓿当年不收割。非当年播种的第一茬应在 5 月上旬收割，延迟收割会降低苜蓿干草品质。最后一茬收割应在立冬前 25~30 天结束，否则，将影响苜蓿越冬和翌年返青。

2. 收割次数

刈割次数，不同的品种、不同的水肥条件，产量不同，收割次数也不同。一般春播苜蓿当年收割两次，夏播苜蓿当年收割一次，秋播苜蓿当年不收割。从播种翌年开始，根据水肥条件和管理情况的不同，每年可以割 3~5茬，一般每隔 25~40 天收割一次。

3. 收割方法

苜蓿根茎冠的冠部是再生草的生长点，留茬高低直接影响下茬草的产量和质量，应在苜蓿根茎的上部收割。刈割时一般留茬高度在 5 厘米左右，留茬太高影响当年的产量，末次收割留茬略高些，以 7~10 厘米为宜，太高不但影响产量，也不利翌年返青，太低则影响苜蓿安全越冬。大面积种植时，建议采用割草机收割，效益高，留茬高度一致，收割时留茬高度在 5~7 厘米。收割时最好用切割压扁机械，以保证干草的品质。人工收割时随割随放，不堆大堆。收取种子以生长第三、第四年的苜蓿较好，一年之中以头茬籽产量最高。

七、晾晒

机械或人工收割完毕后，就地晾晒，每数小时翻动一次，待水分减至50%左右时集成小堆，任其风干。若遇阴雨，应覆盖草苫或塑料布防雨，待天晴时再翻晒，直到干燥为止。种植面积较大时，收割后就地晾晒数小时，然后用搂草机搂成草垄，继续干燥至含水量 20%~25% 时，用打捆机打成草捆。苜蓿晾晒时注意以下几点：一是晾晒的时间要尽量的短。二是避免雨、露淋湿和阳光下的暴晒。三是在晾晒的末期要使苜蓿各个部分的含水量尽量一致。四是翻草、搂草、聚堆、打捆尽量在苜蓿还很柔软，不易掉叶、不易折断的时候进行。

八、运输和存放

苜蓿草晒干后要及时打捆装运或散装运出田外，防止雨淋受潮，发生霉变，降低品质。运输工具要洁净无污染，最好专货专运，特别不能与化肥、农药和工业品等混装、混运。苜蓿草的存放地点必须干燥通风、防雨、防潮，同时，严禁与有毒物品一起存放。

第三节　抗旱耐盐丰产苜蓿品种简介

一、中苜1号（审定（登记）编号：宁审苜2003006）

1. 特征特性

株高80～100厘米，株型直立；主根明显，入土深度3～6米，侧根较多根系发达；根茎部多分枝，单株分枝6～14个，茎上具棱，疏被绒毛。叶色深绿，羽状三出复叶，疏被绒毛，托叶二片，小叶倒卵形，长1.5～3.5厘米；总状花序，花冠紫色或浅紫色，小花7～25朵，荚果螺旋形2～3圈，种子肾形，种皮黄色，千粒重2.0克。经宁夏农科院分析测试中心化验分析：水地两茬鲜草平均含粗蛋白17.03%，粗脂肪1.65%，粗纤维33.51%，无氮浸出物33.02%；旱地两茬平均含粗蛋白18.00%，粗脂肪1.47%，粗纤维32.33%，无氮浸出物31.60%。优点是早熟、抗旱、耐瘠薄、耐寒、耐盐碱，生长迅速、再生能力强。营养丰富，家畜喜食。缺点是抗霜霉病能力一般，抗倒伏能力一般。

2. 产量表现

一般旱地鲜草亩产2 000～4 700千克；水浇地亩产4 000千克以上，种子亩产40～60千克。

3. 栽培技术要点

（1）选择土层深厚疏松的中性或微碱性沙壤土、壤土地种植　干旱严重地区应在播种前进行镇压。

（2）播种时间和方式　在地温稳定达到5℃以上，土壤墒情好时，4月初至7月20日均可播种。

（3）播量与播深　生产苜蓿干草的亩播量1.2～1.5千克，一般播深2厘米，行距15～30厘米。

（4）施肥　播种前一次施过磷酸钙每亩20千克，或在每茬刈割后撒施尿素每亩5～7千克。

（5）病虫鼠草害防治　用化学药剂或提前刈割的办法防治病虫害。

（6）刈割时期与留茬高度　第一茬在苜蓿初花期收割（6月初），留茬3～5厘米，霜冻来临前的20～30天应停止刈割。

4. 适宜种植区域

适宜在水、旱、盐碱地及中低产田种植。

二、中苜 3 号

2006 年经全国牧草品种审定委员会的审定，登记为育成品种，填补了我国黄淮海地区长期以来缺乏高产苜蓿品种的空白。

1. 特点特性

以中苜 1 号为亲本材料，在含盐量为 0.21%～0.46% 的盐碱地上，通过盐碱地表型选择，耐盐性一般配合力的测定，让其中，分枝多、叶片大、耐盐性一般配合力较高的植株相互杂交，完成第一次轮回选择。然后又经过二次轮回选择、一次混合选择、品种比较试验、区域试验、生产试验得到耐盐苜蓿新品种。在河北、山东等地实验，其干草产量 3 年平均达 1 000 千克/亩，比中苜 1 号产量提高 10%～15%，在黄淮海地区中低盐碱地表现了较好的适应性。

2. 产量表现

该品种有侧根发达、生长迅速、分枝多、高产和早熟、耐盐等特点。一年可以刈割 4～5 次，侧根株数占总株数的 31.3%，比中苜 1 号苜蓿提高 21.7%，比保定苜蓿提高 23.2%。适宜在华北地区种植，不仅适用于黄淮海平原渤海湾一带以 NaCl 为主的盐碱地，而且，在内陆盐碱地种植表现也很好。在黄淮海平原、渤海湾一带年刈割 3～4 次，亩产干草 1 000 千克/亩。

3. 适宜推广地区

山东、河北以及甘肃、内蒙古和东北等地盐碱地和中低产田。

三、沧州苜蓿

品种特征特性植株斜生型，主根明显，侧根发达，三出复叶，总状花序腋生，花冠浅紫色，荚果螺旋形，种子肾形，千粒重 1.71～2.01 克。在当地生育期 107 天左右，属中熟品种。在自然条件下收两茬草一茬种子，每亩产干草 1 034～1 123 千克，种子 15～19 千克。该品种适应性广，寿命长，耐热，较耐盐碱。

适宜在河北东南部、山东、河南、山西部分地区栽培。

第四节　苜蓿病虫害的发生与防治

苜蓿病虫害防治要坚持"预防为主，综合防治"的方针，采取农业、物理、生物、化学等措施相结合的方法，进行病虫害防治。一是选用抗病品种。二是加强栽培管理，增强植株抗病力。三是进行轮作，避免重茬，减少通过土壤传播的病害发生。四是适期刈割牧草。五是化学防治病虫，要选用高效、低毒、低残留的农药品种，最好选用生物农药和植物农药。六是在苜蓿生长期内严禁家畜进入田间，避免病菌传播。

一、苜蓿病害

黄骅市苜蓿的主要病害有6种：苜蓿褐斑病、苜蓿花叶病、苜蓿霜霉病、苜蓿炭疽病、苜蓿白粉病和苜蓿锈病。

1. 苜蓿褐斑病

主要是叶部病害，它会使叶片由下部开始大量脱落而影响植株生长力及草产量。

发病症状：小叶上出现1~3毫米的圆形褐色病斑，边缘呈齿状，病斑会扩大汇合；后期病斑中央有浅褐色小盘状物凸起；严重时全株均出现病斑，株体衰弱矮小。

防治方法：使用抗病品种。此外，当田间旬平均气温在10.2~15.2℃时，旬平均空气湿度在58%~75%时，此病最容易流行。当温度适中时，湿度是病害流行的主导因素。因此，控制湿度在58%以下会抑制此病害发生。

防治措施：

（1）选育和使用抗病品种。

（2）草地管理措施　与禾本科牧草混播，可明显降低发病率。留种草地应宽行条播；冬季燃烧病残株体，减少翌年春初侵染菌源；根据当地苜蓿生长发育情况和病害发生情况，第一次刈割利用宜在病害高峰之前，以减轻下茬草的病害程度；播种前认真进行种子的清洁去杂工作，或用菲醌（种子重量的0.3%）或福美双拌种。

（3）药剂防治　科研地、种子田等，必要时可用以下药剂定期（7~10天/次）喷施保护：①70%代森锰600倍液；②75%百菌清500~600倍液；③50%苯来特可湿性粉剂1 500~2 000倍液；④70%甲基托布津1 000倍液；⑤40%灭菌威（多硫胶悬液）800倍液；⑥25%多菌灵可湿性粉剂800倍液；

⑦50%速克灵可湿性粉剂 2 000倍液等均可获得较好的防治效果。

2. 苜蓿花叶病

苜蓿植株叶部症状有淡绿或黄化的斑驳（花叶），叶或叶柄扭曲变形，枝茎矮化。

发病症状：花叶症状主要在春、秋季节较冷凉条件下，表现于感病型的苜蓿上。夏季叶上症状不明显。叶部症状有淡绿或黄化的斑驳（花叶），叶或叶柄扭曲变形，枝茎矮化。一些株系可以引起某些基因型苜蓿植株长势逐渐衰弱，另一些株系可在接种后几周内引起根系坏死和植株死亡。苜蓿花叶病毒的感染，可导致苜蓿植株受干旱或霜冻的危害。因花叶病造成产量损失的大小，受病毒株系、苜蓿遗传型、温度、土壤和其他环境因素等影响。

防治措施：

（1）利用抗蚜苜蓿品种　可限制病毒在田间传播。

（2）管理措施　选留健株的种子播种。虽然没有抗所有病毒株系的品种，但有许多遗传型可以抗 1 个或几个病毒株系，可以通过适当方式筛选或培育出抗病品种。

3. 苜蓿霜霉病

是冷凉潮湿条件下的流行病，主要发生在温带和亚热带高海拔地区。霜霉病的发生会使苜蓿的产草量和种子产量大幅度下降，最后影响到苜蓿寿命。

发生症状：叶片背向卷曲并出现不规则、边缘不清的浅黄色病斑，严重时病叶坏死腐烂；病株节间缩短、褪绿，明显短于健康植株；病株整个矮小萎缩，不能开花结实，严重时坏死腐烂。

防治方法：选用抗病品种。

4. 苜蓿炭疽病

病斑出现于植株的各部位，但以茎秆上常见。

发病症状：在抗病植株的茎上，有少数小的、不规则形的黑色斑，在感病植株的茎上，出现大的卵圆形至棱形病斑，大病斑稻草黄色，具褐色边缘。病斑变成灰白色，其上出现黑色小点，即病菌的分生孢子盘，用手持放大镜很容易看到。当病斑扩大时，相互汇合，环茎一周。同一病株内常有 1 个至几个枝条受害枯死。苜蓿草地的明显症状是夏秋季节，有稻草黄至珍珠白色的枯死枝条分散在整个田间，这些死亡的枝条如果是被大的病斑环绕并突然枯萎，可呈牧羊杖形状。炭疽病最严重的症状是青黑色的根茎腐烂。当感染后枝条枯死并自根茎部断掉时，常可看到这种症状。如果茎基部是青黑色并断掉，在死的枝条上部看不到病斑，这是炭疽病的特征。如果茎基部是淡褐色，则是镰刀菌枯萎或丝核菌冠腐病。这几种病害可同时发生在同一田块内。叶部可产生不规则形病斑，常占据整个叶片。叶柄受害时变黑枯死。根部受侵染产生黑色或褐色病斑。

防治措施：

（1）培育和使用抗病品种。

（2）管理措施　注意清除刈割机具上的残留牧草碎片，注意草地卫生，刈割时尽可能降低留茬高度，减少田间菌源。

（3）药剂防治　50%退菌特可湿性粉 600~800 倍液、40%多福混剂 600~1 000倍液、65%代森铸 500~700 倍液、50%多菌灵可湿性粉 400~600 倍液、50%敌菌灵可湿性粉 500~600 倍液、75%百菌清可湿性粉 400~600 倍液喷洒。

5. 苜蓿白粉病

苜蓿的常见病，它在高温高湿通气不良的气候条件下发病严重。得白粉病的苜蓿还有毒性，影响家畜采食、消化能力及健康。

发病症状：叶、茎、荚果、花柄等地上部分均可出现霉层；最初为蜘蛛丝状小圆斑，后来扩大增厚并呈白粉状，后期霉层内出现许多黄色、橙色至深褐色小点。

防治方法：使用抗病品种，同时，在栽培管理中注意株体间通风透气，避免形成高温高湿的生长环境。

防治措施：①选育和推广抗病原良种。②适时刈割：在病原菌的闭囊壳未形成或开始形成，但还未大量成熟时，将田间的牧草刈割干净，不留残株，以减少越冬病原，病原菌为气传病害，所以，刈割草地宜大面积连片进行，减少刈割与非刈割的草相互传染。③在发病初期或前期，用40%灭菌丹 700~1 000 倍液喷雾，每隔 10 天一次，连续数次，即可降低发病率 72%~90%。

6. 苜蓿锈病

也是苜蓿的常见病，它对苜蓿的产量和品质的影响很大，病草还含有毒素，家畜采食后会引起慢性中毒。

发病症状：植株地上部分均可染病，但以叶片为主；染病后叶片两面产生小的近圆形褪绿疱斑，最初为灰绿色，以后表皮破裂，露出粉末状孢子堆；病叶常皱缩并提前脱落。

防治方法：使用抗病品种，栽培时注意植株密度不要太大，并防止土壤太潮湿。

防治措施：①选育和使用抗病品种：锈菌是严格寄生菌，选用抗病品种防治此病是最有效的方法。抗病性鉴定可通过田间表型选择和室内人工接种鉴定，选育抗病植株。②合理施肥：增施磷、钾肥和钙肥，适量施氮肥，可以提高苜蓿对锈病的抗性。③合理排灌：田间不应有积水，勿使草层湿度过大，以减轻病害。④发病严重的草地应尽快刈割，不宜留种。⑤药物防治：喷施内吸杀菌剂，在锈病发生前喷施70%代森锰锌可湿性粉剂600倍液或波尔多液（硫酸铜：生石灰：水）用1∶1∶200药液喷雾。发病初期喷施20%粉锈宁乳油1 000~1 500倍液，或75%百菌清可湿性粉剂每亩100~120克，加水70升，均匀喷雾。

二、苜蓿害虫

黄骅市苜蓿害虫主要有8种：蚜虫、东亚飞蝗、花蓟马、苜蓿夜蛾、华北大黑鳃金龟、苜蓿盲蝽、大造桥虫和草地螟。

1. 蚜虫

发生特点：苜蓿蚜虫一年可发生十几代，为害的高峰期在春秋两季。为害后叶子变黄、卷曲，植株生长矮小，严重时全株枯死造成严重减产。

防治方法：①物理防治：虫害将要发生时，应尽快提前收割。②药物防治：在蚜虫发生初期施药，可起到好的防治效果。选用50%抗牙威可湿性粉剂3 000倍稀释液喷雾。

2. 东亚飞蝗

东亚飞蝗 *Locusta migratoria manilensis*（*Meyen*）别名蚂蚱、蝗虫，为迁飞性"杂食性大害虫。东亚飞蝗属昆虫纲，直翅目，蝗科。据统计，蝗总科共有223个属，859种。东亚飞蝗在自然气温条件下生长，一年为两代，第一代称为夏蝗，第二代为秋蝗。飞蝗有六条腿；驱体分头、胸、腹3部分；胸部有两对翅，前翅为角质，后翅为膜质。体黄褐色，雄虫在交尾期呈现鲜黄色。雌蝗体长39.5~51.2毫米，雄蝗体长33.0~41.5毫米。成虫善跳，善飞。

防治措施：准确掌握蝗情，歼灭蝗蝻于3龄以前，每公顷用50%马拉硫磷乳油900~1 350毫升或25%敌马乳油2 250~3 000毫升，也可每亩用4%敌马粉剂2千克，喷粉防治。采用微量喷雾防治。

3. 花蓟马

花蓟马是一种小型昆虫，一年发生多代，为害叶、芽和花等部位。花蓟马以幼虫和成虫为害苜蓿，在苜蓿返青以后数量剧增，开花期达到高峰。为害部位卷曲，皱缩以致枯死。花蓟马还可传播病毒病。

防治：花蓟马为害初期用药物进行防治。选用70%艾美乐分散粒剂每亩2克，加水进行喷雾。

4. 苜蓿夜蛾

每年发生2代。以蛹在土中越冬。成虫羽化后需吸食花蜜作补充营养，并有趋光性。成虫白天在植株间飞翔，取食花蜜，产卵于叶背面。卵期约7天。幼龄幼虫有吐丝卷叶习性，在叶内取食，受惊后迅速后退。长大后则不再卷叶，蚕食大量叶片。老熟幼虫受惊后则卷成环形，落地假死。第1代幼虫7月入土做土茧化蛹，成虫于8月羽化产卵。第2代幼虫除食叶外，并大量蛀食豆荚、棉铃等果实，为害严重，9月幼虫老熟入土做土茧化蛹越冬。

防治方法：①清除田间、地边杂草，消灭幼虫，减少虫源。②药剂防治：应于幼虫低龄期用药。20%氰戊菊酯1 500倍液+乐克（5.7%甲维盐）2 000倍混合液喷雾。

5. 苜蓿盲蝽

苜蓿盲蝽是盲蝽科节肢动物。一年发生3~4代，完成一个世代需4~6周，以卵在紫花苜蓿地残茬中越冬，5月上中旬为卵孵化盛期，5月下旬初花期前成虫开始大量出现，盛发期主要集中在6月中旬至8月下旬，在紫花苜蓿整个生育期盲蝽虫态重叠，对每一茬紫花苜蓿都可造成为害。盲蝽寄主较为广泛，紫花苜蓿是盲蝽最喜好的寄主植物，飞行能力较强，很容易从成熟的杂草、牧草或其他作物上迁移到紫花苜蓿地。

防治措施：苜蓿田以药剂防治为主，发生初期喷洒2.5%功夫乳油或20%灭扫利乳油2 000倍液等菊酯类药剂，采收前7天停止用药。

6. 草地螟

在我国北方年发生2~3代，因地区不同而不同，多以第1代为害严重，以老熟幼虫在滞育状态下土中结茧越冬，幼虫共5龄，有吐丝结网习性，1~3龄幼虫多群栖网内取食，4~5龄分散为害，遇触动则作螺旋状后退或呈波浪状跳动，吐丝落地；成虫白天潜伏在草丛及作物田内，受惊动时可做近距离飞移，具有远距离迁飞的习性，随着气流能迁飞到200~300公里外的地方，在迁飞过程中完成性成熟。

防治措施：

（1）除草灭卵 在卵已产下，而大部分未孵化时，结合中耕除草灭卵，将除掉的杂草带出田外沤肥或挖坑埋掉。同时，要除净田边地埂的杂草，以免幼虫迁入农田为害。在幼虫已孵化的田块，一定要先打药后除草，以免加快幼虫向农作物转移而加重为害。

（2）挖沟、打药带隔离　阻止幼虫迁移为害在某些龄期较大的幼虫集中为害的田块，当药剂防治效果不好时，可在该田块四周挖沟或打药带封锁，防治扩散为害。

（3）田间用药　考虑到幼虫通过低龄时间短、大龄幼虫具有暴食为害的特点，药剂防治应在幼虫3龄之前。

当幼虫在田间分布不均匀时，一般不宜全田普治，应在认真调查的基础上实行挑治。还要特别注意对田边、地头草地螟幼虫喜食杂草的防治。这样既可减低防治成本，提高防效，又减轻了对环境的污染。

当田间幼虫密度大，且分散为害时，应实行农户联防，大面积统治。

（4）药剂选择　选用低毒、击倒力强，且较经济的农药进行防治。如25%辉丰快克乳油2 000～3 000倍液，25%快杀灵乳油亩用量20～30毫升，5%来福灵、2.5%功夫2 000～3 000倍液，30%桃小灵2 000倍液，90%晶体敌百虫1 000倍液（高粱上禁用）。防治应在卵孵化始盛期后10天左右进行为宜，注意有选择地使用农药，尽可能地保护天敌。

第十一章　旱作与节水农业技术

第一节　测土配方施肥技术

肥料是作物的粮食，是农业生产资料中的最大投入品，其投入占到总投入的一半以上。施肥是最重要的农业增产措施，其对农作物产量的贡献率在30%~50%。农业生产实践证明：在人口不断增长、耕地资源日趋减少的情况下，要实现农产品总量的增长和质量的提高，科学施肥至关重要。

当前的肥料已然发生了深刻的变化，无论就其使用总量，还是就其应用种类，都已今非昔比。肥料已不再是当初氮肥、磷肥几个屈指可属的品种，为了适应新时期农业生产的要求，各种新品肥料悄然登场，不少农民朋友对新肥料知之甚少，对如何科学施肥存在许多困惑。致使施肥量过大，施肥比例失调，施肥方法不当等盲目施肥现象在不少地方仍很严重，这不仅导致生产成本增加，影响农民增收，而且带来严重的环境污染，威胁着农产品质量的安全。测土配方施肥是世界上普遍采用的一种科学施肥方法，它通过测土、配方、配肥、供肥和施肥技术指导5个环节的工作，提高了施肥的针对性和肥料的利用率。

一、什么是测土配方施肥

测土配方施肥是以土壤测试和肥料田间试验为基础，根据作物需肥规律、土壤供肥性能和肥料效应，在合理施用有机肥料的基础上，提出氮、磷、钾及中、微量元素等肥料的施用数量、施肥时期和施用方法。通俗地讲，就是在农业科技人员指导下科学施用配方肥。测土配方施肥技术的核心是调节和解决作物需肥与土壤供肥之间的矛盾。同时，有针对性地补充作物所需的营养元素，作物缺什么元素就补充什么元素，需要多少就补多少，实现各种养分平衡供应，满足作物的需要；达到提高肥料利用率和减少用量，提高作物产量，改善农产品品质，节省劳动力，节支增收的目的。

二、测土配方施肥技术原理

测土配方施肥是以养分归还（补偿）学说、最小养分律、同等重要律、不可代替律、肥料效应报酬递减律和因子综合作用律等为理论依据，以确定不同类养分的施肥总量和配比。为充分发挥肥料的最大增产效益，施肥必须与选用良种、肥水管理、种植密度、耕作制度和气候变化等影响肥效的诸因素结合，形成一套完整的施肥技术体系。

1. 养分归还（补偿）学说

作物产量的形成有 40%~80% 的养分来自土壤，但不能把土壤看作一个取之不尽、用之不竭的"养分库"。为保证土壤有足够的养分供应量和强度，保持土壤养分的携出与输入间的平衡，必须通过施肥这一措施来实现。依靠施肥，可以把被作物吸收的养分"归还"土壤，确保土壤肥力。

2. 最小养分律

作物生长发育需要吸收各种养分，但严重影响作物生长、限制作物产量的是土壤中那种相对含量最小的养分因素，也就是最缺的那种养分（最小养分）。如果忽视这个最小养分，即使继续增加其他养分，作物产量也难以再提高。只有增加最小养分的量，产量才能相应提高。经济合理的施肥方案，是将作物所缺的各种养分同时按作物所需比例相应提高，作物才会高产。

3. 同等重要律

对农作物来讲，不论大量元素或微量元素，都是同样重要、缺一不可的，即使缺少某一种微量元素，尽管它的需要量很少，仍会影响某种生理功能而导致减产。

4. 不可替代律

作物需要的各营养元素，在作物体内都有一定功效，相互之间不能替代。

5. 报酬递减律

从一定土地上所得的报酬，随着向该土地投入的劳动和资本量的增大而有所增加，但达到一定水平后，随着投入的单位劳动和资本量的增加，报酬的增加却在逐渐减少。当施肥量超过适量时，作物产量与施肥量之间的关系就不再是曲线模式，而呈抛物线模式了，单位施肥量的增产会呈递减趋势。

6. 因子综合作用律

作物产量高低是由影响作物生长发育诸因子综合作用的结果，但其中，必有一个起主导作用的限制因子，产量在一定程度上受该限制因子的制约。

为了充分发挥肥料的增产作用和提高肥料的经济效益，一方面，施肥措施必须与其他农业技术措施密切配合，发挥生产体系的综合功能；另一方面，各种养分之间的配合施用，也是提高肥效不可忽视的问题。

三、营养元素的主要生理功能及作用

1. 氮（N）

氮是构成蛋白质和核酸的成分。蛋白质中氮的含量占 16%～18%，蛋白质是构成作物体内细胞原生质的基本物质，在维持生命活动和提高作物产量、改善产品品质方面具有极其重要的作用。

2. 磷（P）

磷是作物体内的核酸、核蛋白、磷脂、植素、磷酸腺苷和多种酶的组成成分。增施磷肥，能增强作物的抗旱、抗寒能力，促进作物提早开花，提前成熟。

3. 钾（K）

钾是多种酶的活化剂。钾能增强光合作用和促进碳水化合物的代谢与合成。钾对氮素代谢、蛋白质合成有很大的积极影响。钾能显著增强作物的抗逆性，在薯类作物、纤维作物、糖用作物上施用钾肥，既可提高产量，还能改善产品品质。

4. 钙（Ca）

钙是细胞壁中胶层的组成成分，对作物体内氮代谢有一定影响。钙能中和作物代谢过程中形成的有机酸，有调节作物体内 pH 值的功效，有利于作物的正常代谢。

5. 镁（Mg）

镁是叶绿素和植素的组成成分。对碳水化合物的代谢、作物体内的呼吸均有重要作用。镁能促进脂肪和蛋白质的合成，还能促进维生素 A 和维生素 C 的形成，提高蔬菜和果品的品质。

6. 硫（S）

硫是构成蛋白质和酶不可缺少的成分。参与作物体内的氧化还原反应，影响呼吸作用、脂肪代谢、氮代谢、光合作用以及淀粉的合成。硫能促进豆科作物根瘤菌的形成，从而促进含氮量和种子产量的提高。

7. 铁（Fe）

铁主要集中于叶绿体中，是光合作用必不可少的元素。

8. 锰（Mn）

锰参与光合作用，对作物体内氧化还原有重要作用，能显著地促进水稻、玉米、油菜等种子萌发及幼苗早期生长，还能促进多种作物花粉管伸长。

9. 铜（Cu）

铜是作物体内多种氧化酶的组成成分，在催化氧化还原反应方面起着重要作用。含铜酶是叶绿体的组成成分，铜参与叶绿体内光化学反应。含铜黄素蛋白在脂肪代谢中起催化作用。

10. 锌（Zn）

锌主要参与生长素（吲哚乙酸）的合成和某些酶系统的活动。活性与体内含锌量有关的碳酸酐酶主要存在于叶绿体中，参与叶绿素的形成，在光合作用和碳水化合物的形成中起重要作用。

11. 硼（B）

对碳水化合物的运转起重要作用，对作物生殖器官的建成是不可缺的。硼能促进植物分生组织细胞的分化过程，促进蛋白质和脂肪的合成。硼能提高作物的抗旱、抗寒能力，能防止作物发生生理病害。

12. 钼（Mo）

钼在生物固氮中具有重要作用。缺乏时，休内维生素 C 含量减少。

四、作物缺乏营养元素的主要症状

1. 缺氮症状

缺氮时，植株矮小、瘦弱、直立，叶片呈浅绿或黄绿色。失绿叶片色泽均一，一般不出现斑点或花斑，叶细而直。缺氮症状从下而上扩展，严重时下部叶片枯黄早落；根量少，细长；侧芽休眠，花和果实量少，种子小而不充实，成熟提早，产量下降。

2. 缺磷症状

缺磷时，生长缓慢、矮小瘦弱、直立、分枝少，叶小易脱落，色泽一般呈暗绿或灰绿色，叶缘及叶柄常出现紫红色。根系发育不良，成熟延迟，产量和品质降低。缺磷症状一般先从茎基部老叶开始，逐渐向上发展。

3. 缺钾症状

缺钾通常是老叶和叶缘发黄，进而变褐，焦枯似灼烧状。叶片上出现褐色斑点或斑块，但叶中部、叶脉和近叶脉处仍为绿色。随着缺钾程度的加剧，整个叶片变为红棕色或干枯状，坏死脱落。根系短而少，易早衰，严重时腐烂，易倒伏。

4. 缺钙症状

缺钙，生长点首先出现症状，轻则呈现凋萎，重则生长点坏死。幼叶变形，叶尖呈弯钩状，叶片皱缩，边缘卷曲。叶尖和叶缘黄化或焦枯坏死。植株矮小或簇生，早衰、倒伏，不结实或少结实。

5. 缺镁症状

缺镁，叶片通常失绿，始于叶尖和叶缘的脉间色泽变淡，由淡绿变黄再变紫色，随后向叶基部和中央扩展，但叶脉仍保持绿色，在叶片上形成清晰的网状脉纹。严重时叶片枯萎、脱落。

6. 缺硫症状

缺硫，全株体色褪淡，呈淡绿色或黄绿色，叶脉和叶肉失绿，叶色浅，幼叶较老叶明显。植株矮小，叶细小，向上卷曲，变硬、易碎，提早脱落。茎生长受阻，开花迟，结果或结荚少。

7. 缺硼症状

缺硼症状表现多样化，有顶芽生长受抑制，并逐步枯萎死亡，侧芽萌发，弱枝丛生，根系不发达；叶片增厚变脆，皱缩，叶形变小；茎、叶柄粗短，开裂，木栓化，出现水渍状斑点或环节状凸起；肉质根内部出现褐色坏死、开裂；繁殖器官分化发育受阻，易出现蕾而不花或花而不实。

8. 缺铁症状

缺铁时症状首先出现在顶部幼叶。新叶缺绿黄白化，心（幼）叶常白化，叶脉颜色深于叶肉，色界清晰。双子叶植物形成网纹花叶，单子叶植物形成黄绿相间条纹花叶。

9. 缺锰症状

缺锰，首先表现在幼嫩叶片上失绿发黄，但叶脉附近保持绿色，脉纹较清晰，严重缺锰时叶面发生黑褐色细小斑点，逐渐增多扩大，散布于整个叶片，并可能坏死穿孔。有些作物的叶片可能发皱卷曲或凋萎，植株瘦小，花发育不良，根细弱。

10. 缺锌症状

缺锌植株矮小，节间短簇，叶片扩展和伸长受到阻滞，出现小叶，叶缘常呈扭曲和皱褶状。中脉附近首先出现脉间失绿，并可能发展成褐斑、组织坏死。一般症状最先表现在新生组织上，如新叶失绿呈灰绿或黄白色，生长发育推迟，果实小，根系生长差。

11. 缺铜症状

缺铜植株生长瘦弱，新生叶失绿发黄，呈凋萎干枯状，叶尖发白卷曲，叶缘灰黄色，叶片上出现坏死斑点，分蘖或侧芽多、呈丛生状。繁殖器官发育受阻，种子呈瘪粒。

12. 缺钼症状

缺钼所呈现的症状有两种类型：一种为脉间叶色变淡、发黄，叶片易出现斑点，边缘发生焦枯、向内卷曲，并由于组织失水而呈萎蔫。一般老叶先出现症状，新叶在相当长时间内仍表现正常。定型叶片有的尖端有灰色、褐色或坏死斑点，叶柄和叶脉干枯。另一种类型为十字花科作物叶片瘦长畸形、螺旋状扭曲，老叶变厚，焦枯。

五、测土配方流程

（一）化验土样的采集

采集检测土壤养分的土样应在种植下茬作物施肥之前，距离上茬作物最后一次施肥的时间尽量长些时间进行。黄骅市大田土样的采集时间多选在秋末。如果是用于制定追肥方案，则应在追肥前采样。按照棋盘法或蛇形法布设取样点，一般 100 亩以上的地块需要布设 15~20 个取土点。面积较小的地块，可采取 5 点取样法。采样时，沿着布点取土路线，按照随机、等量和多点混合的原则进行采样，各取土点的采样深度要一致，所取土壤的剖面上、下部厚度要一致，各点的取土量要相等。代表性土样要避开粪堆、田埂、沟地及特殊地形部位。各点取土后，将其混合均匀，用四分法反复取舍（将土摊平，整成圆形，划十字，舍去对角的两部分），最后保留 1 千克左右，一般制成风干样本，装袋，附内外标签，尽快送交化验部门。如果需化验二价铁、硝态氮、铵态氮等养分，则应制成鲜样，并及时送样。

（二）制定施肥配方的主要方法

制定施肥配方目的是确定各种肥料的施用量。目前采用的基本方法有：地力分区法、养分平衡法（包括作物目标产量法和地力差减法）和田间试验法（包括肥料效应函数法、养分丰缺指标法和氮、磷、钾配比法）。需根据土壤化验结果、前茬作物施肥情况、下茬作物目标产量、具体肥料品种、田间肥料效应试验结果和综合生产水平等条件制定配方。这里重点对养分平衡法及其地力差减法作一简介。

1. 养分平衡法

根据作物目标产量所需要的养分量与土壤所提供的养分及肥料所提供的

养分两者之和应达到平衡的原理来计算施肥量。以土壤养分测定值来计算土壤供肥量，计算公式如下。

$$肥料施肥量 = （作物养分吸收量 - 土壤供肥量）/$$
$$（肥料中养分含量×肥料当季利用率）$$

式中：作物养分吸收量=作物单位产量养分吸收量×目标产量

土壤供肥量=土壤养分测定值×0.15×土壤有效养分校正系数

土壤养分测定值以每千克土壤所含养分的毫克数表示（毫克/千克），0.15 为土壤耕层养分测定值换算为亩耕层土壤养分含量的换算系数。

2. 地力差减法

地力产量通常用基础产量（不施养分情况下的作物产量）来表示，它所吸收的养分全部来自土壤。从目标产量中减去基础产量，就是施肥所增加的产量。计算公式如下。

$$肥料施肥量 = （作物单位产量养分吸收量 - （目标产量 -$$
$$基础产量））/（肥料中养分含量×肥料当季利用率）$$

地力差减法不需要进行土壤测试，避免了养分平衡法的缺点，但基础产量不能预先获得，给推广带来困难。当土壤肥力越高、作物对土壤的依存率越大，需要由肥料供应的养分就越少，可能出现剥削地力的情况而不能及时发现，须引起注意。一般适用于有田间肥料试验而测土化验困难的地区。

3. 相关参数的确定

（1）目标产量　目标产量是根据该地块土壤肥力状况产前确定的当季作物的计划产量。目标产量的确定一般采用以下两种方法。

①以土定产法　即根据土壤肥力水平确定目标产量的方法。目标产量受土壤肥力的制约，因此，目标产量与基础产量（不施养分情况下的作物产量）之间存在一定的数量关系。通过布置多点（≥30）不同土壤肥力条件下的田间试验，获得成对的基础产量和施肥田最高产量，对两者进行相关分析，即可获得确定目标产量的经验公式，常见的是：目标产量与基础产量/（a+bX 基础产量）函数类型（式中 a、b 为常数，其具体值根据当地肥效的回归分析结果确定）。

上式的建立是以作物对土壤肥力依存率为其理论基础的，就是说土壤基础肥力决定目标产量，对于无障碍因子的土壤以及气候、雨量正常的地区具有普遍的指导意义。在土壤水分不能保证或存有其他障碍因子的情况下，确定目标产量应选择其他途径。

②经验增产率法　即在当地作物前 3 年平均产量基础上，低肥力地增加

15%~20%，中肥力地增加 10%~15%，高肥力地增加 5%~10%作为目标产量。

（2）基础产量　基础产量是指不施养分的作物产量，可通过田间试验获得。

（3）作物单位产量养分吸收量（养分系数）通过对正常成熟的某作物全株养分的化学分析，测定其每 100 千克经济产量所需养分量即为该作物单位产量养分吸收量（养分系数）。养分系数因作物品种、产量水平、气候条件、土壤条件和肥料种类变化而变化。

（4）土壤有效养分校正系数　土壤有效养分校正系数是指作物从土壤本身所吸收的养分含量占土壤有效养分测试含量的比值。

（5）肥料当季利用率　肥料当季利用率是指当季作物从所施肥料中吸收的养分占施入肥料养分总量的百分数。大量试验和生产实践结果表明，肥料利用率因作物种类、土壤肥力、气候条件和农艺措施而异，在很大程度上取决于肥料用量、用法和施用时期。

一般通过田间差减法来测定肥料利用率。利用施肥区作物吸收的养分量减去不施肥区作物吸收的养分量，其差值视为肥料供应的养分量，再被所用肥料养分去除，其商数就是肥料利用率。

肥料利用率（%）= 肥料养分被吸收量/肥料养分总量×100

式中：肥料养分被吸收量（千克/亩）= 施肥区作物吸收的养分量−不施肥区作物吸收的养分量

肥料养分总量（千克/亩）= 肥料施用量×肥料中养分含量（%）

（6）肥料中有效养分含量　无机肥料、商品有机肥料含量按其标明量获得，未标明养分含量的有机肥料其养分含量可参照当地不同有机肥养分平均含量获得。

（7）配方肥原料配伍　有条件的农民或乡村集体，可根据测土施肥配方自己配肥，就地施用。在配方肥的生产中，一定要注意粉粒掺混肥和颗粒掺混肥的原料配伍问题。如果基础原料肥选用不当，在配伍中出现吸潮、盐分解析、结块、养分损失转化等问题，不仅影响商品效果，而且会使有效性降低。配方肥生产、配料应注意如下问题：尿素+磷酸铵+氯化钾配伍是目前的最佳配伍选择，唯一缺点是养分浓度太高，微肥无法加入。尿素+过磷酸钙（或重钙）+氯化钾配伍带来的问题是过磷酸钙（或重钙）的主要成分磷酸—钙水合物与尿素反应生成化合物，释放出水，使肥料变湿结块，解决办法：一是要严格控制过磷酸钙（或重钙）的含水量，含水量必须控制在

3.4%以内；二是要进行氨化处理，处理后的含水量必须小于4%，可用碳酸氢铵对过磷酸钙进行氨化处理。碳酸氢铵的加入量要根据工艺要求严格控制。氨化处理完毕可同氮肥粒、钾肥粒掺混、装袋。另外，配方肥配伍时，硝酸铵和尿素不能同时作为氮源掺混；过磷酸钙和磷酸二铵不要同时使用，否则，会发生肥料变湿结块。

六、施用各类肥料的基本方法

（一）科学施肥的基本原则

1. 有机肥与化肥配合施用

有机肥具有养分齐全、肥效稳定持久的特点，它是土壤有机质的重要来源。有机质是土壤的重要组成物质，是良好土壤结构的胶结剂，对改善土壤通透性，提高其蓄水、抗旱、保肥性及土壤体系的缓冲能力起到重要作用。大量科学试验和生产实践证明，有机肥不仅增加土壤有机物，还可提高各种养分含量和有效性，因此，有机肥的优势是无可比拟的。但是它无法替代化肥的作用，化肥所含养分浓度高，并可快速、高强度地向作物供给有效养分，满足作物在生长发育的关键时期快速、大量吸收养分的需求。有机肥与化肥配合施用，缓急相济，优势互补，可提高施肥的总体效益。

2. 多种营养元素肥料合理供应

根据土壤肥力基础和作物生长发育进程，合理调控供应氮、磷、钾养分及各种微量元素营养，既防止最小供肥因子对作物生长发育产生制约，又避免"十全大补"式的盲目施用所谓"全元素"肥料，力求肥尽其效，增产、增收。

3. 底施与追施相结合

一般作物的生长期较长，根系分布深而广，施基肥可更好地使土肥相融，稳定地释放养分。而在作物的需肥敏感时期和需肥高峰期及养分的最大效益期进行追肥可更好地满足作物所需。底施与追施相结合，供需平衡，发挥土壤、作物增产潜力，避免浪费和污染。

4. 综合选择肥料品种

选择具体的肥料品种，主要考虑如下因素。

（1）气候条件　低温季节宜用养分活性较高的肥料，以利于作物吸收，尤其是磷肥；当高温雨季施速效肥时，养分易挥发和流失，应配施一定比例的有机肥或缓效肥，以稳定供肥强度，防止大起大落。

（2）土壤情况 沙性土壤保肥力弱，每次施肥不宜选用大量的速效肥料；黏质土壤对养分离子的吸持力强，宜选养分活性强的肥料；碱性土壤尽量不用碱性肥料。

（3）浇灌条件 有水浇保证的农田，基肥、追肥的比例较为灵活，适宜的肥料品种多；而无浇灌条件的农田以基肥为主，不宜都选速效肥，应速、缓搭配。

（4）肥料资源情况 以利用当地资源为主，特别是有机肥，首选作物适用的当地肥料种类，如塘泥、沼渣、养殖业产生的粪便、种植业产生的秸秆及居民生活"三废"等，既利于降低运输成本，更益于实现物质的多层次利用，保护和改善区域生态环境，一举多得。

（5）作物需肥特征及其生长发育进程 甘薯、烟草及一些果树忌氯，不可施含氯化肥；冬小麦苗期需磷少但对磷敏感，而拔节孕穗期需钾多。

（二）施用有机肥的基本方法

有机肥料类主要有农家肥、作物秸秆、精制有机肥及绿肥等。

1. 农家肥

主要包括人、畜禽粪便和堆沤肥、沼渣、土杂肥（如炕土、草木灰、塘泥）、饼渣肥（如棉籽饼、豆饼、酒糟）等。一般作基肥为主，也可追肥，最好经过腐熟再用，堆沤肥用量1 000~3 000千克/亩，饼肥等高浓度有机肥用量一般为50~130千克/亩。

2. 农作物秸秆

主要是麦秸、玉米秸及稻草等，施用方式有如下几种：①直接耕翻还田，尽量切碎施入，亩用量200~400千克；②覆盖还田，最好经高温堆沤，以消灭病虫及杂草种子，亩用量130~350千克；③挖沟埋施，需与工程措施相结合，隔行挖沟，埋深至40厘米以下，蓄水改土效果明显。秸秆还田后，要适当增加速效氮、磷肥施用量，因为秸秆在土壤中分解转化时，需吸收一定数量的速效养分。

3. 精制有机肥

一般是将有机肥作原料进行工厂化加工，经生物发酵、去除杂质、粉碎、造粒等工序制成，具有养分含量均匀、浓度较高、物理性状较好等特点，可基施，也可追施。

4. 绿肥

品种较多，华北地区主要有紫穗槐、苜蓿、田菁、油菜、草木樨、柽

217

麻、紫花地丁等，各地还常将各种豆类作物当作绿肥。可通过单作、间作、套种、插种、混作等方式种植绿肥，有些品种可多年生，有些可越冬种植。绿肥的主要利用方式有直接翻压入土和作有机肥原料。当然，把一些绿肥作饲草，通过养殖业过腹再还田，效益更高。不同绿肥分解释放养分的速度不同，一般情况下，分解快的绿肥肥效较猛而时间短，宜作追施，如果基施，则后期适量增施氮肥，以防"老来穷"；而施用分解慢的绿肥，在作物生长前期应适当增施速效氮肥。另外，作物幼苗期不宜翻压绿肥，以防其大量释放氨造成 pH 值升高和亚硝酸盐积累对幼苗造成为害。

（三）施用化肥的基本方法

化肥的类别繁多，包括氮、磷、钾大量元素肥，中微量元素肥，复合肥，复混肥，多功能叶面肥等。基本施用方法有基施、作种肥、追施及根外追施等。

1. 基施

即在作物播种前将化肥用作底肥，一般化肥均可作底肥。化肥与有机肥共同施用利于提高肥效，磷肥集中施用可减少土壤对有效磷的固定，分层施用利于作物不同生长时期根系对养分的吸收。

2. 种肥

即化肥随播种施用。种肥用量不宜太大，一般用量（折标）2.5~5 千克/亩，为避免种肥对种子出苗的影响，最好不直接与种子混合，可将化肥与有机肥按 1∶5 比例混匀后拌种，缩二脲含量较高的尿素不可作种肥。

3. 追施

即在作物的不同生长发育期施肥。宜选速效化肥，开沟施或穴施后埋土，尽量施在根系吸收的土层范围，不要沾到叶片上，以免烧伤叶片。水溶性强的化肥可采用湿施法：把肥对水 40~150 倍（苗期宜稀），随灌溉随施肥，效果较好，但多雨季节要防止肥料随雨水流失。

4. 根外追施

主要是叶面喷肥，它是对作物施肥的辅助方法，适于在作物需肥高峰期、对某种养分敏感期及根系吸收受到阻碍等情况下采用，或施用数量很少而作物急需的某些养分。叶面追施要注意肥液浓度、喷施部位和喷施时间，浓度不可过高。叶子背面吸收养分的能力较强，在作物体内不易移动的营养元素（如硼、钙）要注意喷施嫩尖、新叶，两次喷肥的间隔一般应在 7 天以上，喷肥时避开高温强光时段和大风天气，如果喷后 6~12 小时遇雨，应补喷一次。

第二节　小麦-玉米-棉花"两年三作"高效种植技术

一、技术概述

根据环渤海低平原区三大主要作物（冬小麦、夏玉米、棉花）的生长特点和当地的气候资源情况，结合中科院农业资源研究中心多年研究成果，提出了基于三大作物的"两年三作"（冬小麦-夏玉米-棉花）高效种植技术。该技术依据降水特点，旨在提高水分效益，水分经济利用效益，通过两年三作种植技术，可获得显著的经济效益与水分经济效益（图11-1）。

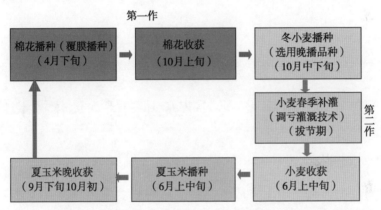

图11-1　冬小麦-夏玉米-棉花"两年三作"循环高效种植制度模式图

二、技术要点

1. 冬小麦管理技术

10月中下旬棉花收获后，及时耕翻土壤，重施磷肥。小麦采用晚播不晚熟品种，如小偃81，播期在10月中下旬，播种量15千克/亩。播后根据土壤墒情，灌溉冻水。春季及时灌溉返青水和拔节水，促小麦生长。

2. 夏玉米管理技术

6月上旬，小麦收获后，及时播种夏玉米，播种适宜期为6月10~15日。夏玉米品种选择中晚熟品种，如郑单958、HN866、先玉335等。在土壤干旱时，利用坐水种种植技术播种夏玉米，保证夏玉米出苗，起到节水效果。夏玉米可适当晚收，收获期在10月中上旬。

3. 棉花覆膜播种技术

适宜播期 4 月 20~30 日，选用抗逆早熟棉花品种。播种时，采用地膜覆盖，起到保墒、增温效果（图 11-2）。

图 11-2　冬小麦-夏玉米-棉花"两年三作"循环高效种植田间效果图

三、适宜区域

图 11-2 适合河北低平原冬小麦、夏玉米和棉花混合种植区。

第三节　夏玉米-冬小麦免耕沟播一体化技术

一、技术概述

针对环渤海低平原土壤盐碱瘠薄、结构差、季节性干旱缺水，降水量分布不均和雨水利用率较低等严重影响农业发展的问题，综合考虑地区降水、风和光热等资源的分布特点，组装实施了高产节水品种、秸秆覆盖抑盐技术、夏玉米深松施肥播种-冬小麦免耕施肥沟播一体化增产技术。

二、技术要点

1. 前茬小麦收获后，夏玉米采用深松精量播种机深松土层达 26~28 厘米，播种行距 55 厘米，播深 5 厘米，施肥量 25 千克磷酸二胺/亩，播种量 1.5~2.5 千克/亩。

2. 玉米出苗后适时间苗定苗，密度为 4 500 株/亩；大喇叭口期抢墒追施尿素 20 千克/亩，常规田间管理，机械收获。

3. 冬小麦采用免耕覆盖施肥旋播机沟播小麦，播幅宽度 200 厘米，行间深松 3 行，深松深度 25~26 厘米，播种 4 行，施肥深度在种下、种侧 5 厘米；播种量 12.5 千克/亩，播前施底肥二铵 20 千克/亩。

4. 返青后，小麦拔节期追施尿素 20 千克/亩；常规田间管理，机械收获（图 11-3）。

图 11-3　夏玉米深松播种-冬小麦免耕沟播一体化增产技术

三、适宜区域

主要适宜于低平原淡水资源缺乏、冬季寒冷干旱的中轻度盐碱地区。

第四节　盐碱地坑塘集雨栽培水稻技术

一、技术概述

针对黄骅市盐碱地面积大，盐分含量高、地下水苦咸，影响作物正常生长的情况，采用坑塘集水种稻，充分利用自然降水资源，实现了盐碱地脱盐、水稻增产高效，是盐碱地改良的有效途径。

二、增产增效情况

2013—2014 年黄骅旧城金星种植合作社（狼洼村），利用盐碱地种植水稻，实现了水稻优质高产，产量分别达到亩产 515.0 千克和 530.06 千克，亩效益 3 000 元以上，盐碱地盐分大幅度下降，基本实现了土壤脱盐（图 11-4）。

三、技术要点

1. 坑塘集雨

利用闲置坑塘，疏通沟渠集纳夏秋降雨，用于盐碱地脱盐和水稻栽培浇灌。水稻种植面积依坑塘积水量而定，每亩稻田需水量大约 1 200 立方米。

图 11-4　滨海盐碱地坑塘集雨利用高产优质水稻种植技术

2. 品种选用

选择高产、优质、抗病性好、生育期适宜的耐盐碱品种，可选用盐丰 47 等盐丰系列品种。经比重精选、晒种、拌种后用于育秧。

3. 软盘育秧

采用营养土大棚软盘育秧技术，利用无支架组合式大棚，按土和农家肥 3 : 1 的比例配置营养土，每盘 4 千克，每亩需 25 盘秧计算用量，每盘加入硫酸铵 2.5 克，过磷酸钙 10 克，硫酸钾 5 克，根据情况加入壮秧剂。营养土装盘后喷水，每盘播种量 100~110 克，覆土 0.3~0.5 厘米，除草剂封闭，盖膜。育秧大棚温度 30℃ 左右，到 2 叶 1 心降至 22℃ 左右。

育成机插秧苗标准：叶龄 3.5~4 叶，株高 50 厘米，茎宽 3~4 毫米，成苗 1.7~2.5 株/平方厘米。

4. 精细整地

做好标准化稻田基本建设，达到田间渠系畅通，灌排自如，实现格田面积规范化，每格面 1~3 亩，以提高洗盐、排盐、压盐效果。

整地实行旋耕翻耕结合。耕深度达到 15~18 厘米。要求田面平坦、上糊下松、无残茬、高低差小于 5 厘米。结合化学除草剂的施用，水耙地后沉实 3~5 天插秧。盐碱较重田块应增加泡田洗盐次数，以降低耕层土壤含盐量，促进秧苗生长。

5. 平衡施肥

采用平衡施肥技术，做到有机肥与无机肥配合使用，平衡施入无机氮、磷、钾及微肥。耕地前每亩施用腐熟的有机肥 1 500~2 000 千克，磷酸二铵 20~25 千克，过磷酸钙 10~15 千克，硫酸钾 7 千克，追好返青肥、分蘖肥、拔节肥，每亩每次追尿素 8~10 千克。后期追好灌浆肥每亩追施尿素 2~2.5 千克，或者用 0.2% 的磷酸二氢钾喷施叶面，作根外追肥。

6. 机械插秧

气温稳定在14℃以上时，可以尽量的早插秧。

采用机械插秧，适宜密度一般稻田30厘米×15厘米，每穴栽植4~5株，亩基本苗5万~6万株。插秧的时候，更要做到浅、匀、直、牢，一般插秧深度为2~3厘米。

7. 优化灌溉

用坑塘水浇灌，每次灌水3~7厘米，最迟于土壤水分含量达到田间持水量的70%~80%时灌下一次水；达到预期收获穗数时开始晒田，控制无效分蘖；孕穗、抽穗、开花期保持水层4~7厘米；乳熟前后期采取浅、湿间歇灌溉，保持水层5~10厘米；收割前7~10天逐渐落干水层。

8. 防病治虫

根据病虫害发生情况，及时防治二化螟、稻飞虱、稻水象甲及稻瘟病、纹枯病等病虫。

9. 适时收获

在水稻完熟期利用收割机适时收获。

第五节　苜蓿、春玉米轮作丰产增效技术

技术要点

1. 苜蓿–春玉米轮作模式

在苜蓿种植5—6年后，翻压种植春玉米2年，然后再种植苜蓿，5—6年后，翻压再种植春玉米2年。按照该程序进行苜蓿与春玉米的轮种。

该模式下，除养分管理技术不同于本地区常规春玉米生产外，其他技术措施基本一致。

2. 苜蓿翻压技术

翻压时间：与春玉米轮作时，一般选择在第一茬苜蓿刈割完后（现蕾期、5月1~10日）或第四茬苜蓿刈割完后进行苜蓿翻压。

翻压技术：地上部先行刈割，苜蓿留茬10~15厘米，然后利用翻耕机将苜蓿地深翻，翻耕深度30厘米以上。翻耕时可采取先翻耕后灌水（每亩30~50方），再施入适量石灰（亩4~5千克）。旱地翻耕要注意保墒、深埋、严埋，使苜蓿残体全部被土覆盖紧实。

3. 春玉米播种与养分管理技术

播种：第一茬苜蓿刈割完后，当年及时整地播种玉米；第四茬苜蓿刈割完后，进行深翻整地，翌年春天（5月20日左右）播种玉米。

底肥：磷酸二铵15~20千克/亩，硫酸钾5~7千克/亩，硫酸锌1~1.5千克/亩；或玉米专用肥25~35千克/亩。

追肥：轮作第一年玉米不追施肥料、轮作第二年玉米大喇叭口期亩施尿素5~7千克（较常规春玉米种植减施50%左右），即可得到等于或高于常规春玉米种植方式的玉米单产。

4. 再生苜蓿的处理

一般在苜蓿再生苗的苗期喷施75%二氯吡啶酸可溶性粉剂1 500~2 500倍液，同时结合播种整地进行深翻耕。

第六节 保护性耕作技术

保护性耕作是在地表有作物秸秆或根茬覆盖情况下，通过免耕或少耕方式播种的一项先进农业技术。

保护性耕作的主要目的：一是改善土壤结构，提高土壤肥力，增加土壤蓄水、保水能力，增强土壤抗旱能力，提高粮食产量；二是增强土壤抗侵蚀能力，减少土壤风蚀、水蚀，保护生态环境；三是减少作业环节，降低生产成本，提高农业生产经济效益。保护性耕作的基本特征是：不翻耕土地，地表有秸秆或根茬覆盖。

根据保护性耕作的技术原理和发展实践，提出小麦保护性耕作的关键技术要点和推荐技术模式。实际应用中，可根据区域特点，在遵循本技术要点的前提下，与其他技术进行集成，创新适合本区域的技术模式。

1. 主要技术模式

玉米联合收获（或人工摘穗）→机械粉碎秸秆还田→小麦免（少）耕施肥播种→小麦田间管理（机械喷施除草剂、追肥、病虫害防治）→小麦联合收获→酌情机械深松（2—3年）→玉米免耕覆盖播种→玉米田间管理（机械喷施除草剂、追肥、病虫害防治）。

2. 主要技术要求

（1）秸秆覆盖技术

玉米秸秆粉碎还田覆盖：采用玉米联合收获机或秸秆粉碎机将秸秆粉碎抛撒均匀覆盖地表。如秸秆量过大或地表不平时，粉碎还田后可以用圆盘耙进行表土作业；玉米秸秆粉碎还田作业质量要达到免（少）耕播种作业要求。

留茬覆盖：在风蚀严重、且农作物秸秆需要综合利用的地区，实施保护性耕作技术可采用留高茬覆盖模式。留茬高度控制在玉米茬不低于 20 厘米、小麦茬不低于 15 厘米，播种时留茬地表不做处理，用免（少）耕播种机进行作业。

（2）免（少）耕播种技术　在玉米秸秆或根茬覆盖地表的情况下，用小麦免（少）耕播种机一次完成施肥、播种、覆土和镇压作业。小麦免（少）耕播种作业要求：

播种量：比当地传统播量增加 5%～10%。

播种深度：播种深度一般在 2～3 厘米，落籽均匀，覆盖严密。

选择优良品种，并对种子进行精选处理。要求种子的净度不低于 98%，纯度不低于 97%，发芽率达 95% 以上。播前应适时对所用种子进行药剂拌种或浸种处理。

底肥要求高浓度（总含量 40% 以上）粒状复合肥或复混肥，施肥量为40～50 千克/亩。

优先选用播后沟状的技术模式。

（3）杂草、病虫害控制和防治技术　防治病虫草害是保护性耕作技术的重要环节之一。为了使覆盖田块农作物生长过程中免受病虫草害的影响，保证农作物正常生长，目前，主要用化学药品防治病虫草害的发生，也可结合浅松和耙地等作业进行机械除草。病虫草害防治所需使用的化学药品及用量、使用操作等，按农艺要求选择和进行。

（4）深松技术　深松的主要作用是疏松土壤，打破犁底层，增强降水入渗速度和数量；作业后耕层土壤不乱，动土量小，减少了由于翻耕后裸露的土壤水分蒸发损失。深松方式可选用夏季深松和秋季深松。

夏季深松：在小麦收获留茬后、夏玉米播种前，选用单独深松或深松、施肥、播种联合作业的方式进行深松作业。

秋季深松：在上茬作物秸秆粉碎还田或根茬覆盖的情况下，进行小麦播前深松。

主要技术要求：

作业条件。含水率适宜（12%～20%）的沙壤、轻壤、中壤、重壤和轻黏土。

作业要求。深松作业应有效打破犁底层，深度均匀一致，但其最小值应不小于 25 厘米；间隔深松行距应根据当地农艺要求确定，最好与当地玉米种植行距相同，但其最大值应不大于 70 厘米。

配套措施。深松作业后，应及时镇压和整地，播种后适时浇水。

3. 机具要求

参加保护性耕作作业的播种机应为辐宽 2 米以上的免（少）耕覆盖播种机。

第七节　农机深松技术

黄骅市大部分地区耕地长期采用旋耕机旋耕或铧式犁浅翻作业，在土壤耕作层与心土层之间都形成了一层紧硬的、封闭式的犁底层，厚度可达 8~12 厘米。它的总孔隙度比耕作层或心土层减少 10%~20%，阻碍了耕作层与心土层之间水、肥、气、热梯度的连通性，降低了土壤的抗灾能力。同时，作物根系难以穿透犁底层，根系分布浅，吸收营养范围减少，抗灾能力弱，易引起倒伏早衰等，影响产量提高。实施农机深松作业，可以有效打破犁底层，改善土壤水、肥、气、热条件。

1. 农机深松技术

是指利用深松机械作业，不翻转土层，保持原有土壤层次，局部松动耕层土壤和耕层下面土壤的一种耕作技术。深松深度一般在 25~40 厘米，以能打破犁底层为基准。农机深松可以增强土壤渗透能力，促使作物根系下扎，形成水、肥、气、热通道，使土壤深层养分与耕作层实现良性互动。作物根系腐烂后又形成新的孔隙，进一步改善土壤通透性，作物根系逐年发展，对未松动部分的土壤产生作用，实现自然熟化土壤、培肥地力、节本、增效，实现农业生产可持续发展。实施农机深松作业具有非常显著的效果。一是促进土壤蓄水保墒，增强抗旱防涝能力。据吉林省试点县测试，深松达到 30 厘米的地块比未深松的地块每公顷可多蓄水 400 立方米左右，相当于建立了一个"土壤水库"。深松地块伏旱期间平均含水量比未深松的地块提高 7 个百分点，作物耐旱时间延长 10 天左右。二是促进农作物根系下扎，提高抗倒伏能力。深松为作物生长创造了良好的土壤环境，改善了作物根系的生长条件，促进根系粗壮、下扎较深、分布优化，充分吸收土壤的水分和养分，促进作物生产发育。三是促进农作物生长，提高粮食产量。2011—2013 年，全省多点示范统计小麦平均亩增产率 9.69%、玉米平均亩增产率 11.71%。

2. 农机深松作业规程

第一，作业前应根据地块形状规划作业路线，保证作业行车方便，减少空驶行程。

第二，正式作业前要进行深松试作业，调整好深松的深度；检查机车、机具各部件工作情况及作业质量，发现问题及时解决，直到符合作业要求。

第三，作业时应保证不重松、不漏松、不拖堆。

第四，深松作业中，要使深松间隔距离保持一致。

第五，作业时应注意观察作业情况，发现深松铲柄上有挂草或杂物应及时清除。

第六，每个班次作业后，应对深松机械进行保养。清除机具上的泥土和杂草，检查各连接件紧固情况，向各润滑点加注润滑油，并向万向节处加注黄油。

第七，深松铲尖严重磨损影响作业性能时，应及时更换（图11-5）。

图11-5　土壤深耕（松）-免耕技术机械及效果

第八节 盐碱地改良增产技术

一、技术概述

滨海盐碱地改良增产技术通过选用抗旱耐瘠薄且综合表现较好的作物品种，是旱碱区粮食增产的关键；通过挖排水沟，建立完善的排灌系统，充分利用雨季降水通过深沟淋盐碱，降低地下水位，可有效地降低土壤耕层盐分含量，控制盐分上升；通过深松整地，可以减少土壤内水分蒸发，减缓盐分向地表转移，降盐蓄墒；通过测土配方施肥、适期施肥、适量施肥、合理追肥等措施以达到合理施肥，提高化肥使用效率；秸秆覆盖不影响降水在土壤中的均匀下渗，并可有效减少地表蒸腾，充分抑制了盐碱上升，起垄覆膜可提高地温，集雨蓄水，规避盐碱，采用起垄种植方式有利于将盐分聚集到垄上部，相应地降低了垄底部的盐分浓度，有利于作物的生长；通过化学改良剂与土壤中各中盐离子的相互作用进而改变土壤结构，以达到改良盐碱地的目的。通过滨海盐碱地改良增产技术的应用可有效改良盐碱地，既可改良生态环境，又能提高粮食产量。

二、技术要点

1. 挖沟排水，淋盐压碱

开挖排水沟，建立完善的排灌系统，使旱能灌，涝能排。排水沟一般布置在地面较低部分，或利用天然沟道，以便承泄更多的地面水和地下水。根据土地规模，一般布置2~3级固定排水明沟，即主沟、支沟和毛沟（图11-6、图11-7）。各级排水明沟宜相互垂直布置，排水线路宜短而直。主排水沟要深2米以上，支沟深1.5米以上，毛沟深1.2米以上。通过完善的毛沟渠水利设施，充分利用雨季降水通过深沟淋盐碱，降低地下水位，可有效地降低土壤耕层盐分含量，控制盐分上升。

2. 深松整地，降盐蓄墒

对土地进行保护性耕作，通过少耕、免耕、深松耕、秸秆还田等措施，使地表始终有覆盖物，可以减少土壤内水分蒸发，减缓盐分向地表转移。作物根系腐烂后，不仅可以使土壤有机质增加，而且，能加速土壤熟化，对提高地力具有重要的作用（图11-8）。主要措施。

（1）蓄住降水 围埝平整土地，减少地面径流，充分利用雨季降水。

图 11-6　挖排水沟图

图 11-7　主沟、支沟、毛沟

（2）深松耕蓄水降盐　深耕深松可打破犁底层，加速淋盐，防止返盐，增强保墒抗旱能力，改良土壤的养分状况。一般每 2—3 年深松、耕 1 次，耕深 25 厘米，秋季作业为好。

图11-8　深松整地技术

3. 因地制宜，科学选种

选用抗旱耐瘠薄且综合表现较好的作物品种是旱碱区粮食增产的关键，滨海旱碱区耐盐作物主要有，小麦冀麦32、沧麦6001、6003、6005，小偃系列；玉米主要有，郑单958、吉祥一号、良星4号、先玉335等品种。

4. 测土配施，多肥并施

通过测土配方施肥、适期施肥、适量施肥、合理追肥等措施，以达到合理施肥，提高化肥使用效率。主要措施如下。

（1）扩大套种、复种短期绿肥和豆科作物　推行粮—肥型种植模式，稳步提高绿肥种植面积。

（2）增施商品有机肥，培肥地力　有机肥料利于团粒结构的形成，可改良盐碱土的通气、透水和养料状况，分解后产生的有机酸能中和土壤的碱性，可大大减轻盐碱危害。一般亩施农家肥4~6立方米，同时，增施过磷酸钙100千克，撒施后深耕耙平。

（3）秸秆还田，改土蓄墒，镇压保墒　旱地连续用切碎玉米秸直接还田，可提高土壤有机质，降低土壤容重，降盐增墒，土壤改良效果显著。作业要求秸秆粉碎长度小于10厘米，铺散均匀，留茬高度小于15厘米。还田后及时旋耕，耕深不小于15厘米，然后及时适墒镇压。

5. 秸秆覆盖，起垄覆膜

秸秆覆盖具有保水、保肥、改善土壤理化性质，提高土壤肥力，抑制杂草生长的作用。秸秆覆盖不影响降水在土壤中的均匀下渗，并可有效减少地表蒸腾，充分抑制了盐碱上升。起垄覆膜可提高地温，集雨蓄水，规避盐碱，采用起垄种植方式有利于将盐分聚集到垄上部，相应地降低了垄底部的盐分浓度，有利于作物的生长（图11-9）。

图 11-9　起垄覆膜侧播技术

6. 改善土壤结构，化学抑盐

通过化学改良剂与土壤中各种盐离子的相互作用进而改变土壤结构，以达到改良盐碱地的目的。化学改良剂有两方面作用，一是改善土壤结构，加速洗盐排碱过程；二是改变可溶性盐基成分，增加盐基代换容量，调节土壤酸碱度。目前，较常见的土壤改良剂有硫酸铝、粉煤灰、磷石膏、沸石、泥炭、风化煤、糠醛渣等。

第九节　苜蓿-春玉米轮作减肥丰产增效技术

一、技术要点

经河北省农林科学院资环所多年研究，形成适宜该地区的草（苜蓿）粮（玉米）轮作丰产种植技术（图11-10至图11-13）。

1. 苜蓿-春玉米轮作模式

在苜蓿种植5—6年后翻压种植春玉米2年，然后再种植苜蓿，5—6年后翻压再种植春玉米2年。按照该程序进行苜蓿与春玉米的轮种。

该模式下，除养分管理技术不同于本地区常规春玉米生产外，其他技术

图 11-10　老苜蓿地春翻整地

图 11-11　不同轮作播种时间

措施基本一致。

2. 苜蓿翻压技术

翻压时间：与春玉米轮作时，一般选择在第一茬苜蓿刈割完后（现蕾期、5 月 1—10 日）或第四茬苜蓿刈割完后进行苜蓿翻压。

翻压技术：地上部先行刈割，苜蓿留茬 10~15 厘米，然后利用翻耕机将苜蓿地深翻，翻耕深度 30 厘米以上。翻耕时可采取先翻耕后灌水（每亩

232

图 11-12　轮作与未轮作田对比

图 11-13　轮作玉米田与未轮作苜蓿田

30~50 方），再施入适量石灰（亩 4~5 千克）。旱地翻耕要注意保墒、深埋、严埋，使苜蓿残体全部被土覆盖紧实。

3. 春玉米播种与养分管理技术

播种：第一茬苜蓿刈割完后，当年及时整地播种玉米；第四茬苜蓿刈割完后，进行深翻整地，翌年春天（5 月 20 日前后）播种玉米。

底肥：磷酸二铵 15~20 千克/亩，硫酸钾 5~7 千克/亩，硫酸锌 1~1.5 千克/亩；或玉米专用肥 25~35 千克/亩。

追肥：轮作第一年玉米不追施肥料、轮作第二年玉米大喇叭口期亩施尿素 5~7 千克（较常规春玉米种植减施 50% 左右），即可得到等于或高于常规春玉米种植方式的玉米单产。

4. 再生苜蓿的处理

一般在苜蓿再生苗的苗期喷施 75% 二氯吡啶酸可溶性粉剂 1 500~2 500 倍液，同时，结合播种整地进行深翻耕。

二、适宜区域

河北省的冀东平原、冀中平原、冀西北间山盆地，北京市平原县区，天津市等春玉米生产区。

主要参考文献

沧州农业局.2008.农业实用技术［M］.北京：中国农业出版社.

迟爱民.2005.小杂豆优质高产栽培技术［M］.北京：中国农业出版社.

龚绍先.1988.粮食作物与气象［M］.北京：北京农业大学出版社.

李伯航,魏义章.1994.河北玉米栽培［M］.石家庄：河北科学技术出版社.

李卫东,张孟臣.2006.黄淮海夏大豆及品种参数［M］.北京：中国农业科技出版社.

刘小京,阎旭东.2016.沧州市渤海粮仓科技示范工程主推技术［M］.北京：中国农业科学技术出版社.

农业部种植业管理司.2007.玉米"一增四改"生产技术手册［M］.北京：中国农业出版社.

山东农学院.1984.作物栽培学（北方本）［M］.北京：中国农业出版社.

山东省农业科学院.1986.中国玉米栽培学［M］.上海：上海科学技术出版社.